办公自动化基础教程

（第二版）

赵　文　编著

北京大学出版社

北　京

内 容 简 介

本书是在总结北京大学信息管理系多年的教学经验的基础上，为适应"办公自动化革命"的大趋势而编写的。书中介绍了办公自动化的基础知识，包括办公自动化(OA)系统的主要功能，通信和计算机网络，现代办公设备，办公自动化软件开发等内容，使读者能较全面地了解计算机在社会管理，特别是社会信息管理领域中的应用，了解相关的基本原理、概念、方法和技术，熟悉有关的应用系统，并具备一定的开发办公自动化系统的能力。

本书适合作为信息管理类、文秘类等专业的教材，也可作为广大文职工作者、公务员提高业务素质及掌握现代化办公技术的入门读物。

图书在版编目(CIP)数据

办公自动化基础教程/赵文编著.—北京：北京大学出版社，2007.7
ISBN 978-7-301-03508-5

Ⅰ.办… Ⅱ.赵… Ⅲ.办公室-自动化-教材 Ⅳ.C931.4

中国版本图书馆 CIP 数据核字(98)第 12488 号

书　　　名：办公自动化基础教程(第二版)
著作责任者：赵　文
责 任 编 辑：段晓青
标 准 书 号：ISBN 978-7-301-03508-5/TP·0368
出 版 发 行：北京大学出版社
地　　　址：北京市海淀区成府路 205 号　100871
网　　　址：http://www.pup.cn
电 子 信 箱：zpup@pup.pku.edu.cn
电　　　话：邮购部 62752015　发行部 62750672　编辑部 62752032　出版部 62754962
印　刷　者：北京飞达印刷有限责任公司
经 销 者：新华书店
　　　　　　787×1092　16 开本　16.25 印张　400 千字
　　　　　　2001 年 3 月第二版　2018 年 5 月第 14 次印刷
定　　　价：35.00 元

前　言

（第二版）

在我国即将加入 WTO 和世界经济一体化进程日益加快的形势下,提高我国政府系统的办公自动化水平已成为当前政府自身建设十分重要和紧迫的工作,20 年来中国办公自动化的实践,1999 年政府上网年对政府工作自动化的进一步推进,使大家看到了成效,提高了自动化技术的应用水平,也看到了面临的巨大挑战。为此,国务院办公厅于 2000 年 5 月下发了《关于进一步推进全国政府系统办公自动化建设和应用工作》的通知,提出了以"三网一库"为目标的建设任务,重点在全国范围内建立"全国政府办公业务资源网",实现网上为各级政府领导决策服务的信息分级共享和网上无纸化办公业务,如无纸化传送正式请示件等,以不断提高工作的效率和质量。

20 年来,办公自动化的应用环境、应用领域和技术也得到了很大的发展。第 1 代办公自动化系统以数据为处理中心,基于传统的关系型数据库的应用,以结构化数据为存储和处理对象,采用的是字符型界面。第 2 代办公自动化系统以工作流为中心,主要面向以局域网为中心的非结构化数据处理,开始注重对于网络的利用及信息的双向流动。第 3 代办公自动化以知识管理为核心,以数据分析、知识挖掘及信息服务为数据管理特点,以易学、易用、有效的手段支持多层次、全方位的办公管理活动。

基于这种趋势,本次教材修订的基本思想是,保持原有的较强的系统性和对于基本原理的重视,力图反映最新的环境变化与技术发展,并关注办公自动化系统中的难点、热点问题。

由于近年来计算机系统及其应用发展很快,在本次修订中,将原有的应用系统介绍升级到 Office 2000,并结合办公活动的具体问题进行了简单的案例讨论。

在本书修订之际,我首先感谢听过本课的我的学生们,感谢他们对本书的中肯意见、建议以及他们在问题讨论和课程设计中对我的启迪。感谢北京大学信息管理系诸位领导和老师对我工作的支持。北京大学出版社段晓青老师一直对本书给予了热情的关注、支持与指导,北京电子信息大学的罗锦珠老师为我提供了有关的新资料并对本书提出了具体的意见与建议,在此一并致谢。

编著者
2001 年 1 月于北京大学

目　录

第一章　办公自动化概述

管理与办公活动是人类社会活动的重要组成部分。随着经济、科技与社会的发展,管理与办公活动的重要性日益突出,引起了领导者、管理学者、技术人员等的普遍重视,一大批与此相关的学科应运而生,发展迅速。20 世纪 60 年代以来,随着微电子技术和通信技术的发展,特别是电子计算机的发展,办公室也开始了以自动化为重要内容的"办公室革命"或称"管理革命",借助先进的技术与设备提高办公效率与质量,将管理与办公活动纳入了自动化、现代化的轨道。

本章主要通过对传统办公系统的简单剖析及有关问题讨论,概要介绍办公自动化系统的基本概念及历史发展。

1.1　传统办公系统剖析

办公自动化,顾名思义,是将人们的办公行为纳入自动化的轨道。我们知道,任何一个自动化系统,都不可能脱离原有的(手工的)系统独立存在。因此,研究、设计办公自动化系统,首先要对现有办公系统有充分的了解,进行深入、细致地剖析。

1.1.1　办公室

办公室是人们对办公机构或办公场所的一种笼统的叫法。多少年来,人们试图给办公室下一个定义,特别是在办公自动化的研究中,人们希望对自动化的对象有一个明确的概念,但由于事实上存在着各式各样的办公室,每个办公室又存在于各式各样的环境中(如银行行长的办公室不同于高校教务办公室;同样是经济部门,公司的销售办公室和工厂的调度办公室也有很大区别),人们通常只是看到、描述这一复杂事物的某个侧面。

虽然目前还难以给办公室下一个抽象的定义,但这并不妨碍我们对其进行分类描述。从人员、职能等方面看,大致有如下三类办公室:

(1) 事务型办公室

又称确定型事务处理办公室,主要是处理比较确定的例行事务,从事的是有规律的、重复性工作。在这类办公室中,人们的主要工作是信息的收集、整理、存储和检索,同时有一些简单的信息生成。文件或资料的收发、归档和查找、接待来访、抄写、打字、复制、报表统计、拍电报、打电话、发电传、起草报告或文件等等,是这类办公室中最常见的工作,工作量大、繁琐,多为重复性、机械性劳动。

应该强调的是,事务工作是整个办公活动的基础,也是我们研究办公活动的切入点。

(2) 管理型办公室

这类办公室承担有事务处理和管理控制双重任务,即在完成内部事务性工作的同时,运用行政的、经济的、法律的等多种手段管理有关社会事务,并对与管理有关的信息进行控制和利用。

1

（3）决策型办公室

又称非确定型决策处理办公室，主要是从事与人的创造力密切相关的决策活动，并加强了管理的功能。这类办公室的工作内容是根据上级指示，结合本系统、本单位、本部门的实际情况和基础信息进行思考、研究和决策，制定出适当的实施计划，下达给具体办事部门；具体办事部门将计划实施情况，以数字、数据、报表形式反馈上来后，通过统计、分析、研究以获得事物发展状况的信息，并据此修改原计划，不断把事物推向更高一级的水平。

1.1.2 办公

办公是指处理人类集体事务的一类活动。按通常的理解，办公已经成为完成各种事务工作的总称，如办理行政事务、商务事务、公检法事务等等。总之，凡是从事非物质生产性活动的，都可以统称为"办公"。

办公的内容多种多样。不同办公室的不同办公人员具有不同的任务，如公文的拟定、阅读或转批，文档的收发、保存与检索，数据的收集、统计与分析，资源的分配与调度，会议的准备与组织等等，不胜枚举。归纳起来，办公活动主要有三种基本任务：

- 制定计划（安排）
- 组织实施（落实）
- 监督控制（检查）

无论是哪一级办公人员，无论是行政管理首脑还是普通办事员，都是在完成或者协助完成这三项任务。

一般来说，实现办公的基本条件是：

（1）办公地点

即办公的专用房间、场所或环境；

（2）办公目的

指从属于整个组织机构的工作目标，包括：具体工作项目的目的，资产的用途，使用电话、传真机、打字机等办公设备的目的等；

（3）文职工作

包括文字书写、文件分类、接待来访、打字复印、统计等。

只有同时具备上述三个条件，工作人员才能进行办公。

1.1.3 办公系统的基本功能

各类办公室、不同办公人员所处理的具体事务不同，必要时，应该采用诸如定点、跟踪、观察等方式，通过详细的描述、分析和归纳，提出其应实现的不同功能。但是，如果我们站在整个办公系统的高度，则可以忽略各子系统自身的特点，从中抽象出各类办公系统的共性，从宏观上进行探讨。

不同的办公系统确实存在着一个共同点，这就是对于信息的管理控制。从这个意义上说，办公系统的基本功能可以概括为：

（1）接收与生成信息

输入系统的信息包括两类：接收系统外部传来的信息和系统内部因办公活动而生成的信息。在行政事业单位，主要有下级机构所呈交的报表、公文，上级机构下发的文件，相关机构及环境所产生的信息等;在生产经营单位,主要是有关生产、技术、设计、货存、市场、价格、人事管理、劳动管理等类信息。

（2）记录与保存信息

将输入系统的信息以及经过系统加工与处理的信息,以规定的方式记录下来、组织起来进行保存,供需要时查询。

（3）加工处理信息

将输入与存储的信息按照其性质、内容和需要进行各种技术性加工,并且对信息的内容进行分析、综合、判断等深层次处理。

（4）利用信息

全部办公系统所支持的最终目的是对信息(主要是经过加工处理的信息)的利用。不同级别的办公人员或办公活动对信息加工程度的需求不同,利用的深度与方式也不同。对信息使用的结果会产生一些新的信息,这些信息既可能支持本办公系统内部工作与决策(如按某种需求安排完成任务的先后顺序),又包含输出至系统外部(如上级领导机关、相关机构、社会等)的决定、结果等。

（5）印出与传输信息

将系统内部经过加工、处理的信息或者决策信息等印出(如打印)以便利用保存,或者完成上传下达等传输工作。传输信息可利用纸张、通信工具等多种手段。

（6）销毁信息

各类办公系统(行政的或商务的等)都含有不同形态(纸基的或数字化的等)的保密信息,一旦被对手获得则会产生后患。这类信息如不需保留则应采用特定的技术手段销毁。

办公信息流及其管理控制如图 1.1 所示。

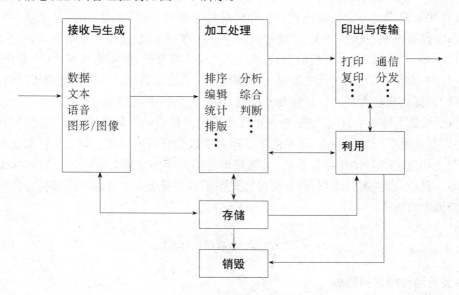

图1.1　办公信息流及其管理控制

3

1.1.4 问题

长期以来,办公系统是以手工处理为基础的。随着时代的发展,办公内容、办公环境以及人们对办公活动的要求等等也在不断变化。传统的、手工式处理逐渐显露出其不适应的一面。主要问题有以下几点:

(1) 办公是以脑力劳动为主的活动,但在传统的办公系统中,这种劳动建立在手工操作的基础上,因而办公效率低下。据国外有人统计,办公人员平均要用1/3的时间查找文件资料,另有1/4的时间用于事务性工作,如果再考虑到办公时间的其他活动,办公人员真正动脑工作的时间微乎其微。靠增加人员延长整个办公室的脑力劳动时间,则使得办公室逐渐成为劳动力密集型场所。这不能适应现代社会生产力的发展,也难以进一步提高办公效率。

(2) 现代社会已经是一个信息社会,大量信息的生成给办公室带来了极大的压力。效率低下与信息激增的矛盾,造成了办公人员与办公费用俱增。80年代初,世界经济发达国家第一次出现了白领人数超过蓝领人数的局面。世界各国都面临着办公经费紧张,办公人员、办公机构数量居高不下的问题。办公人员和办公机构的增加,还导致了管理和监控工作的增加、内耗的增加以及人员、部门之间的相互牵制。

(3) 办公系统是一个信息系统。信息社会对这类系统提出了新的要求:不仅要容纳、处理大量的信息,而且更应成为一个快速反应系统。高层办公系统、国家防御系统、商贸系统等等,需要在瞬息万变的战场、商场上,把握住稍纵即逝的时机,以求取理想的成绩。这种信息反应速度加快的形势,使得原来靠增加人力缓解矛盾的做法已不再有效,这是原有的手工处理系统所容纳不下的。

(4) 传统办公系统中,决策主要靠领导者个人的经验和领导艺术,即主要是经验型的决策,容易导致决策失误。办公决策现代化的趋势是科学决策,其标志是:①信息全面、准确、及时、可操作;②预测科学、及时、客观、准确;③目标明确、方向正确;④备选方案齐全,相互独立,具有互替代功能;⑤论证充分、分析恰当;⑥疏空得当,反馈及时;⑦实施步骤清晰、责任明确、要求具体。其中,大量的信息、大量决策规则、决策模型,是上述各项工作得以顺利实现的基础,而要想准确、快捷地获取大量的信息和参考模型,在手工系统中是非常困难的。

(5) 办公系统不是一个封闭系统,在一个逐步走向现代化的国际环境中,它要想与外界交换信息,要想与其他系统发展关系,就不能不立即着手改变自身的形象。如工厂自动化的发展要求一个与之相适应的自动化办公系统,大型超市与连锁店的发展要求一个自动化的商场管理系统等等。目前,有些国际组织、商务机构已宣布不再接受纸基文件。这些都使得传统办公方式面临着极大的挑战。

1.2　办公自动化系统

1.2.1　办公自动化概念的形成

办公自动化(Office Automation;OA)这一术语是由美国通用汽车公司D.S.哈特于1936年首先提出来的。自此以后几十年,OA专家们对其进行了热烈的讨论,各抒己见,产生了难以计数的OA定义,形成了若干OA学派。

有人从系统目的出发,认为OA就是"在办公室中应用计算机以支持那些有知识而又不是计算机专家的工作人员";"OA 的目的是改变办公制度和办公状态,而不仅仅是使用机器"。个人计算机派认为"OA 就是用个人计算机来处理目前大型计算机不能处理的业务"。文字处理机派认为"由于办公事务中文件编辑较多,只能用文字处理机进行处理。进行这种处理就是OA"。未来学派则提出"OA 的目标是充分利用个人计算机和文字处理机,以实现无纸办公"。还有人从支撑技术和设备角度,将 OA 定义为 C&C 办公综合系统,即由计算机(Computer)和通信网络(Communication)构成的系统。如此种种不一一细述。上述说法从不同角度、不同方面去阐述 OA 系统,各有侧重但都有失偏颇。

美国麻省理工学院 M. 季斯曼(M. Zismen)教授提出了一个较为全面的定义,指出:办公自动化是将计算机技术、通信技术、系统科学和行为科学等科学,综合应用于传统的数据处理技术所难以处理的、数量庞大且结构不明确的办公事务处理工作,包括非数值型信息的处理。

1985 年,我国召开了全国第一次办公自动化规划讨论会,与会专家学者经过热烈的讨论,提出如下定义:办公自动化是利用先进的科学技术,不断使人的部分办公业务活动物化于人以外的各种设备中,并由这些设备与办公室人员构成服务于某种目标的人-机信息处理系统。其目的是尽可能充分地利用信息资源,提高生产效率、工作效率和质量,辅助决策,求取更好的效果,以达到既定(即经济、政治、军事或其他方向的)目标。

进入 20 世纪 90 年代以后,计算机网络的发展不仅为办公自动化提供了信息交流的手段与技术支持,更使办公活动的超越办公室、超越地区和国界、跨时空的信息采集、信息处理与利用成为可能,并为办公自动化赋予了新的内涵和应用空间,也提出了新的问题与要求。正是基于这一点,在 2000 年 11 月召开的 OA'2000 办公自动化国际学术研讨会上,专家们建议将办公自动化(Office Automation)更名为办公信息系统(Office Information Systems;OIS),认为:办公信息系统是以计算机科学、信息科学、地理空间科学、行为科学和网络通信技术等现代科学技术为支撑,以提高专项和综合业务管理和辅助决策的水平效果为目的的综合性人机信息系统。在该系统中,指导思想是灵魂,规范标准是基础,信息资源是前提,硬件设备和软件系统是工具,系统管理和维护是保证,系统应用是目的。

总而言之,随着外部环境、支撑技术以及人们的观念的不断发展,OA 概念逐渐形成、演变,不断丰富、更新。

1.2.2 OA 系统构成要素

一个典型的办公自动化系统大致包括 6 种要素:人员、组织机构、办公制度与办公例程、技术工具、办公信息和办公环境。现分述如下。

1. 人员

在计算机应用中,信息处理与数值运算之间的一个关键性区别是处理过程中人的作用。后者是趋向于少人/无人干预,而前者则是不能离开人的参与。OA 系统是一个信息处理系统,那么,它当然是一个人-机系统。在 OA 系统中,人是一个至关重要的因素。按照工作性质,系统中的人员可以分为三大类:

(1) 信息使用人员

这类人员主要是决策人员和管理人员,他们所承担的主要是重复性较小、具有创造性或决策性的工作。其中,决策人员主要是利用系统提供的信息完成科学决策;管理人员则是利用信息了解决策执行情况并控制其执行过程。这类人员应该对系统有一个基本的认识,明了系统的信息范围(时间跨度、行业/学科范围、数据类型等)、服务方式等,以便知道系统能给自己提供哪些信息、解决哪些类型的问题。另外,系统应能使他们通过一些简单操作进行人-机对话,直接使用系统。

（2）系统使用人员

这类人员主要是办公室工作人员,其中,既有从事重复性事务处理活动的一般办事人员,如秘书、会计、统计员、通信员等,又有从事决策辅助工作的知识型人员,如行业专家、法律顾问等。他们的工作是辅助决策、管理人员减少事务性工作,简化工作程序,提高工作效率,因此,是利用系统完成业务工作的人员。这类人员应该熟悉系统和自己工作相关的部分,熟悉这部分的结构、功能、信息输入/输出格式、有关模型以及可能出现的问题和解决办法,应该能熟练地操作系统的相应部分完成工作。

（3）系统服务人员

这类人员是随着办公自动化系统而出现的人员,包括系统管理员、软硬件维护人员等。在中国当前情况下,汉字录入员也应归于这一类。他们的工作主要是保证系统的正常运行,提高系统的工作效率,因而应该非常熟悉整个系统的情况,勤于系统维护与完善。

上述三类人员共同构成 OA 系统中的人员要素,他们的自身素质、业务水平、敬业精神、对系统的使用水平和了解程度等,对系统的运行效率乃至成败至关重要。

2. 组织机构

现行办公组织或办公机构的设置很大程度上决定了 OA 系统的总体结构。目前我国的组织机构多采用管理职能、管理区域、管理行业和产品、服务对象以及工艺流程等划分方法,实际应用中,常综合上述方法进行划分。OA 系统必须考虑这一现状,以使其既有对现有机构的适应性,又能在机构调整时显示出一定的灵活性。另一方面我们也应该看到,在信息社会里,在先进的科学技术的冲击下,办公组织机构也会与传统状况发生悖离。随着 OA 系统应用的不断普及和深化,也应该运用系统科学的方法,重新分析、设计、组织办公机构,以适应社会的变革和技术的发展。当前国外普遍存在的一种办公组织——"行政支持"就是在文字处理机进入办公室之初,为了合理投资而对办公组织进行改革的结果。我国某些大的行政机构在推行 OA 系统时设置了新部门——办公信息处理中心,现已被很多机构所效仿,不失为一种行之有效的组织方式。

3. 办公制度

办公制度是有关办公业务办理、办公过程和办公人员管理的规章制度、管理规则,也是设计 OA 系统的依据之一。办公制度的科学化、系统化和规范化,将使办公活动易于纳入自动化的轨道。应该注意的是,由于 OA 系统往往要模拟具体的办公过程,办公制度的某些变化必然会导致系统的变化,同时,在新系统运行之后,也会出现一些新要求、新规定和新的处理方法,这就要求自动化系统与现行办公制度之间有一个过渡和切换。

4. 技术工具

技术工具包括支持办公活动的各种设备和技术手段,是决定办公质量的物质基础。OA 系统中的设备主要为三大类:计算机、通信设备和其他办公设备,如传真机、复印机、多功能电话、缩微系统、印字机、碎纸机等等。技术手段中,主要包括计算机技术、网络通信技术、信息处理技术、人-机工程等等,其中,信息处理技术中含有数据处理、文字处理、语音处理、图形图像处理等。技术工具的水平与成熟程度,直接影响 OA 系统的应用与普及。例如在我国,汉字信息处理技术,特别是汉字输入远未达到令人满意的程度,已经成为提高OA系统应用水平的障碍之一。

5. 办公信息

办公信息是各类办公活动的处理对象和工作成果。办公信息覆盖面很广,按照其用途,可以分为经济信息、社会信息、历史信息等;按照其发生源,又可分为内部信息和外部信息;按照其形态,通常有数据、文字、语音、图形、图像等。各类信息对不同的办公活动提供不同的支持:

- 为事务工作提供基础
- 为研究工作提供素材
- 为管理工作提供服务
- 为决策工作提供依据

OA系统就是要辅助各种形态办公信息的收集、输入、处理、存储、交换、输出乃至利用的全部过程,因此,对于办公信息的外部特征、办公信息的存储与显示格式、不同办公层次需要与使用信息的特点等方面的研究,是研制OA系统的基础性工作。

6. 办公环境

办公环境包括内部环境和外部环境两部分。内部环境指部门内部的物质环境(如办公室布局、建筑、设施、地理位置等)和抽象环境(如人际关系、人与自动化系统的关系、部门间协调等)的总和。外部环境指和本部门存在办公联系的社会组织或和本系统相关的其他系统。作为办公环境的社会组织与本部门之间,有的是上下级关系,有的是业务关系,也有的是服务与被服务关系。外部环境作为组织机构边界之外的实体原不包括在系统之内,但它对OA系统的功能和运行给出了约束条件,因此我们把环境也视为系统不可缺少的一个组成要素。

办公机构的划分与设置、资金分配等因素直接影响办公环境的界定,也影响OA系统的规模与功能。

1.2.3 OA系统的基本特征

OA系统至少应具备下列4个方面的特征:

(1)交互式

一般的数据处理是单一的控制流,有事先确定的输入输出,无需人的干预;OA系统则往往需要根据不同的输入调动不同的控制,因而人-机对话,人的干预是必不可少的。

(2)多任务并行

办公活动的处理往往不能由办公人员预先控制,许多工作要求随时出现随时处理。这是保证办公效率所必需的。

(3)自主性

这是指系统既要随时间、任务的推移按一定"周期"自动激活,又要能随着服务请求随时激活,作出必要的反应。

(4)集成化

这是现代OA系统最重要的特征。它需要综合利用多种学科(尤其是计算机、通信和现代科学管理)的理论、技术和工具,把一系列独立分散的设备和专用系统连接起来,构成一个能协调运转和相互通信的集成系统。

1.2.4 办公系统模型

模型是系统或过程的一种简化、模仿、抽象和类比表示,它包含有原系统或过程的本质特征,可以提供与原系统或过程相似的环境。模型可以理解为一组或者一个定量化分析的数学公式,也可以是一种处理问题的方法、模式或者程序流程等。按照模型的构成形式,可以分为物理模型、模拟模型、图表模型、数学模型等。按照模型行为与时间的关系,可以分为确定模型、随机模型、静态模型等。在自然科学、建筑、工程等领域中,科研人员和技术人员很习惯采用模型来简化、演示对象,以求以较小的代价解决复杂的问题。在社会科学活动中,同样需要引入这样一种手段。

从上述 OA 系统的基本特征可以看到,其处理过程中常常具有灵活性、无规律性、综合性,因而更具复杂性。就目前来说,人们还难以为办公活动给出一个严格的数学可控系统描述,传统的数据处理系统中适用的方法也不适于解决办公环境下的很多问题,这些为办公活动的描述和模型化带来了很大的困难。但是从另外的角度看,办公活动也有其自身的规律性。很多专家学者已经看到,办公活动描述是 OA 系统建设中的一个核心问题。纽曼(Newman)曾这样概括对办公模型的基本要求:

① 简明性。模型简单明了,有助于设计人员准确地理解、掌握系统的主要特征。

② 准确性。模型能完整无误地反映系统工作的过程。

③ 可模拟性。利用模型可以方便地完成对现实系统的模拟。

根据上述要求,在总结各类办公业务的基础上,Newman 提出了 OA 系统的五类模型:

(1) 信息流模型(Information Flow Model)

办公的核心是对信息的管理。因此,可以用信息在办公室内及办公室之间的流动来表示办公活动的情况。该模型就是描述这种信息传递与处理的状况,强调办公活动中信息的转换与流向。

(2) 过程模型(Procedural Model)

过程模型着眼于办公工作的动态活动,把办公看成是对信息有步骤的处理,以完成某项具体任务(如支付一张支票、安排一个会议)的过程。该模型就是描述为完成特定任务所具体执行的步骤。

(3) 数据模型(Data Model)

或称数据库模型(Data Base Model),是把办公看成是由若干记录组成的数据库,其中的数据就是办公对象,即各种形态的信息。该模型就是描述有关的数据结构、操作方式与约束机制。

(4) 决策模型(Decision-Making Model)

决策模型与系统科学、经济学的关系尤为密切。办公可以被看作是办公群体按已知的决策规律收集信息并完成决策的活动,这种已知规律的抽象表示就是决策模型。高层决策机构的决策模型往往牵涉到宏观经济问题,即国家或地区性的决策问题,如人口、环境、资源、工资与物价模型等等,而低层(企业级)的决策模型则较多地牵涉到微观经济模型,如市场、投资、销售、企业的战略发展规划等等。

(5) 行为模型(Behavioural Model)

办公信息处理是在人们的社会活动中得以发生并完成的,OA 系统是一个人-机相结合的系统,所以人的行为,人对系统的认识和看法是非常重要的。行为模型概括了人类思维活动的概念和规律,使人际关系更加协调,人-机接口更加顺畅。

现阶段的 OA 系统模型往往较多地关注信息流模型、过程模型、数据库模型,而未来的 OA 系统则会更多地重视决策模型和行为模型,最终朝着智能化地协调各方面关系、支持决策的方向发展。

选择适用的办公模型,准确反映(一项)办公活动的特点、内容、过程与目标,是研制 OA 系统必要的准备工作。

1.2.5 OA 系统的主要功能

社会中存在着各式各样的办公室,存在着各式各样的处理功能,也就很难存在一个能够满足社会全部办公需求的办公自动化系统。但是,设计一个能够支持办公系统基本功能的自动化系统还是可能的。人们可以以这些基本的、共同的系统功能为基础实现办公活动的统一自动化,同时还可以进一步进行系统开发,满足本部门的特殊需求。

各类办公活动共同的自动化功能主要有:

(1) 资料制作

资料可以分为两类:以文字文本为主的资料和以数据为主的资料,后者常常要利用数据制作图表。两类也可能共同出现在一份资料之中。任何一个办公室都涉及资料制作工作,这是 OA 系统必须具备的基本功能,图 1.2 为一资料制作系统的示意图。资料制作实际上就是文字处理、数据处理、制表与绘图等功能的综合利用。

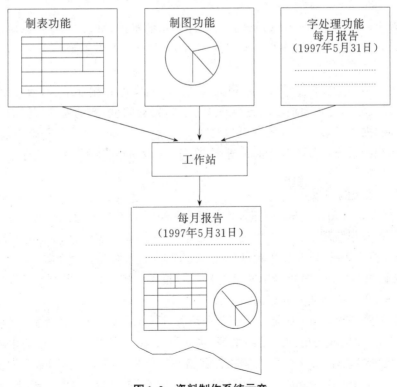

图 1.2　资料制作系统示意

（2）电子文档管理

保管资料是各类办公室的共同任务。电子文档管理就是用计算机对各种材料、文件、档案乃至书籍、刊物进行登录、保管和检索。与手工管理类似，它同样可以处理单份资料、文件夹、抽屉、文件柜等不同组合，也可以加锁。

（3）电子秘书

领导办公离不开秘书的帮助，秘书是各类办公室里的重要角色。电子秘书可以辅助秘书完成各类繁杂的日常工作，甚至可以在某种程度上取代秘书，它具有来访接待、日程管理、电话号码簿、名片管理、会议管理、会议室预约等多种预约办理功能。

（4）电子邮政

信息的传递与联通在办公活动中占有很大比例，电子邮政系统可以综合电话、传真、普通邮政及数据处理的多重优势，快速完成办公室所需要的信息交互。

（5）决策支持

领导者、管理人员和经营者要利用各类信息实现决策。决策支持功能就是利用系统所累积的全部信息（必要时要求追加信息）以便于观察、易于分析的形式显示出来，帮助决策者进行分析、判断，为决策提供可选方案。实际上，决策支持系统也需要前述各项功能的共同支持。

1.3 OA 系统的发展与前景

现代意义上的 OA 系统是 70 年代后期在美国形成的。OA 系统的产生主要来自两个方面的推动：

其一，随着工厂自动化（Factory Automation；FA）的推进，进入 70 年代以后，发达国家的生产率迅速提高，使得办公系统出现了明显的不适应。于是，人们开始关注办公信息处理手段的变革。

其二，80 年代初，微电子、计算机、通信三大技术迅猛发展并相互结合，为 OA 的发展提供了技术手段。以微处理芯片为核心的各种新式办公机器的问世，新的通信媒体的涌现，计算机通信网络的发展，推动了 OA 系统的应用与发展。

20 余年来，OA 系统在各国政府的促进下，在各类技术的支撑下，在各企业、公司的竞争中得到了长足的发展。

1. 国外 OA 系统的发展

美国是推行办公自动化最早的国家，其发展大致经历了 4 个阶段：

① 单机设备应用阶段（1975 年以前），主要是在办公室工作中使用文字处理机、词处理机、复印机、传真机等设备，以完成单项办公业务处理，支持事务处理类工作。

② 局域网阶段（1975～1982 年），主要是以计算机和程控交换机为中心，利用局域网将各种设备连接起来，实现部分业务处理的自动化。

③ 一体化阶段（1983～1990 年），即综合利用各种技术与设备，如计算机、多功能工作站、传真机、缩微设备、专用或公用的通信网络等，建立集成化、一体化的办公自动化网络，实现办公业务综合管理的自动化。1984 年，美国康涅狄格州哈特福特市将一幢旧金融大厦改建为"都市办公大楼（City Place Building）"，用计算机统一控制空调、电梯、供电配电、防火防盗系统，并为客户提供话音通信、文字处理、电子邮政、市场行情查询、情报资料检索、科学计算等多方

面的服务,成为公认的世界上第一幢智能大厦。

④ 90 年代以后,OA 系统进入了一个新阶段。光存储设备、智能化办公机器、语音处理设备与图形图像处理设备进入了实用阶段,成为了 OA 系统的重要组成部分。特别是 1993 年 9 月,克林顿政府正式宣布了"国家信息基础设施(NII)"计划,以光纤网技术为先导,谋求实现政府机关、科研院所、学校、企业、商店乃至家庭之间的多媒体信息传输,使得办公系统与其他信息系统结合在一起,形成一个高度自动化、综合化、智能化的办公环境。内部网可以和其他局域或广域网相连,以获取外部信息源产生的各种信息,更有效地满足高层办公人员、专业人员的信息需求,达到辅助决策的目的。

日本的办公自动化起步稍晚于美国。初期阶段(1979~1982 年)主要是引入单机设备,实现了文字处理、传真等单项业务的自动化。发展阶段(1983~1987 年)的重点是实现办公机械化,推行各种办公业务管理方式的统一化与标准化,实现各种办公作业过程的自动化。1988 年以后进入成熟期,实现了办公系统的一体化,使全部系统有机地结合起来。此阶段完成的日本东京都政府办公大楼是一座综合利用各种现代先进技术的智能大厦,代表了当代 OA 的先进水平。目前,日本 OA 系统的发展程度已与美国不相上下。

2. 我国 OA 系统的发展

我国办公自动化工作开始开 80 年代初,大致可以分为 3 个阶段:

(1)启蒙与准备阶段(1985 年以前)

80 年代初,世界性的新技术革命浪潮也对我国形成了冲击,管理现代化、决策科学化的重要性引起了各级领导的重视。在这一背景下,国内相当一批科技、信息工作者踊跃投身于 OA 的理论研究与基本知识的传播,借鉴国外先进经验,与国外公司联合举办展览会、研讨会并进行了 OA 技术与设备的引进。特别需要指出的是,计算机汉字信息处理技术突破性的进展,为 OA 系统在我国的实用化铺平了道路。

1985 年,国务院电子振兴领导小组成立了办公自动化专业领导小组,拟定了中国办公自动化的发展规划,确定了有关政策,为全国 OA 系统的初创与发展奠定了基础。

(2)初见成效阶段(1986~1990 年)

在有了比较充分的准备的基础上,国务院及其所属各部委及各省级人民政府在国内率先推进 OA 工作,对 OA 系统在全国普及起到了促进作用。1987 年 10 月,上海市府办公信息自动化管理系统(SOIS)通过鉴定并取得了良好的效果,在全国具有一定的示范性。

在这一阶段,我国的单机应用水平与国外相近,并且基于此时国内通信设施落后、网络水平低的情况,着手对全国通信网络进行全面改造。

(3)走向成熟阶段(1990 年以后)

伴随着全球网络化的热潮和全国分组交换网投入使用,我国 90 年代的 OA 系统呈现出网络化、综合化的趋势。这一阶段有两个发展群体,一个是国家投资建设的经济、科技、银行、铁路、交通、气象、邮电、电力、能源、军事、公安及国家高层领导机关等 12 类大型信息管理系统,体系较为完整,具有相当的规模。其中,由国务院办公厅秘书局牵头的"全国行政脑机关办公决策服务系统"于 1992 年启动,以国办的计算机主系统为核心节点,覆盖全国省级和国务院主要部门的办公机构,已经取得了很大的进展,计划到 1997 年底初步实现全国行政首脑机关的办公自动化、信息资源化、传输网络化和管理科学化。另一个群体是各企业、各部门自行开发的或者是一些软件公司推出的商品化的 OA 软件。这些软件往往侧重于某几个主要功能,或者适合于某种规模,或者满足某些特殊需要,在一些中、小型单位具有较大的市场。

综观我国 OA 系统的发展,经历了和发达国家类似的过程。目前影响系统发展的因素,有些是系统内部的问题,如设备、技术水平,而有些则需要借助各级领导乃至全社会的努力。值得我们重视的因素如:①基础设施(如网络通信);②思想观念与工作作风;③特殊需求(如汉字输入问题)等。特别是目前我国处于经济转轨时期,管理体制、管理方法等还未稳定,这也影响了我国 OA 系统的设计、使用与发展。相信这些问题会随着国家形势的发展、观念的转变和技术的进步逐步得到解决。

OA 的迅速发展在一定程度上满足了人们改善办公条件,减轻工作负担,提高办公效率的要求,但也更加刺激了人们对自动化系统的渴求。OA 系统的研制者们也在现代技术、设备的支持下,追求在更高层次上满足办公活动的需求。未来的 OA 系统将呈现如下发展趋势:

3. 未来的 OA 系统

(1) 小型化

早期的计算机是一个庞大的系统。今天的高性能微机,其各项性能指标已经大大超过了早些年的小型机甚至大型机,而且不必加特殊防护装置(如机房)。光、磁存储技术的发展,使得大规模数据存储成为可能,也使得计算机的体积进一步缩小。如今,台式设备以及便携式设备已经成为办公自动化的主流设备。据美国对自身市场的调查,1994 年,美国市场共销售了 2000 万台 PC 机,300 万台 Mac 机和 600 万台 Unix 工作站。PC 和 Mac 的市场销售份额已经占到了 25% 以上。小办公室/家庭办公(SOHO)设备迅速增长,系统的小型化已经成为一种趋势。

(2) 集成化

办公自动化系统最初往往是单机运行,至少是分别开发的。如一个跨国公司,开始是由各子公司自行建立各自的子系统,以完成内部事务处理业务。由于所采用的软、硬件可能出自多家厂商,软件功能、数据结构、界面等也会因此不同。随着业务的发展、信息的交流,人们产生了集成的要求,包括:

- 网络的集成:实现异构系统下的数据传输,这是整个系统集成的基础;
- 应用程序的集成:实现不同的应用程序在同一环境下运行和同一应用程序在不同节点下运行;
- 数据的集成:不仅是相互交互数据,而且要实现数据的互操作和解决数据语义的异构问题,以真正实现数据共享;
- 界面的集成:实现不同系统下操作环境的一致,至少是相似。

此外,操作方法、系统功能等等也都向着集成化的方向发展。

(3) 网络化

随着微机安装量的增长,分散的 OA 系统已不能满足需要,联网便成为一个必然的趋势。未来的 OA 网络已经不仅仅是本单位、本部门的局域网互联,而将发展成为各种类型网(数据网、增值网、ISDN 网、PABX 网、局域网等等)的互联;局域网、广域网、全球网的互联;专用网与公用网的互联等等。总之,建立完全的网络环境,使 OA 系统超越时空的限制,这也是实现移动办公、在家办公、远程操作的基础。

1995 年,IBM 开始实施"移动办公计划",在其设在全球各地的分公司推行,亚洲地区的日本、韩国、新加坡、香港、台湾等地的 IBM 分公司都先后实现了这一计划。1997 年,IBM 中国公司广州分公司在中国大陆率先实现了"移动办公"。实现移动办公后,员工配备笔记本电脑、传呼机等通信工具,经网络与公司进行联系。据 IBM 韩国分公司统计,推行移动办公后,员工与客户直接接触的时间增加了 40%,有 63.7%的客户对服务表示更加满意,而公司则节省了 43%的空间。目前,全球实现移动办公的人员已达 6.7 万人。

（4）智能化

给机器赋予人的智能,这一直是人类的一种梦想。人工智能是当前计算机技术研究的前沿课题,也已经取得了一些成果。这些成果虽然还远未达到让机器像人一样思考、工作的程度,但已经可以在很多方面对办公活动予以辅助。办公系统智能化的广义理解可以包括:

- 手写输入;
- 语音识别;
- 基于自然语言的人-机界面;
- 多语互译;
- 基于自学习的专家系统;
- 智能设备,等等。

（5）多媒体化

多媒体技术是 90 年代最富吸引力的话题。它把计算机技术、网络通信技术和声像处理技术结合起来,以集成性(多种信息媒体综合)、交互性(人-机交互)、数字化(模拟信息数字化)为特点,可以为办公活动提供多方位的支持,如为管理人员提供多彩的工作环境,生动的人-机界面,特别是全面的信息处理。

总而言之,OA 是一个不断发展、不断提高、不断完善的有机体。随着社会需求、支撑技术的发展,必将不断呈现出新的面貌。

第二章 基本 OA 系统的主要功能

从 OA 系统的历史来看,系统经历了一个由单项业务自动化到办公业务综合处理自动化的发展。最先收到效益的,多是日常工作中那些重复性强、规范化程度高的部分。办公自动化系统的设计者们首先从这类工作入手,设计出若干单一功能的系统。本章所讨论的,主要是在普通计算机上即可运行、可以满足基本办公事务处理的系统功能,包括文字处理、电子表格、数据库管理、电子日程管理和电子公文管理等。

2.1 文 字 处 理

文字处理是各种办公活动中最基础、最大量的工作。办公人员的很多工作,如撰写公函、文章,起草报告、命令等,都属于文字处理的范畴。在自动化系统中,文字处理主要是指对正文性质的字符进行处理,其工作范围主要是以传统的秘书工作为中心,侧重点是人际信息交流。与其他信息处理系统相比,文字处理更注重根据用户需求完成不同形式(如信件、摘要、报告)和风格(即文本格式)的输出。

2.1.1 文字处理规范

办公室文字处理的对象主要是公文(公务文书)。一般来说,公文具有统一规定的种类和格式,每种公文只适用于一定的范围,表达一定的内容,使用一定的格式。与此类似,其他类型的文本也有具体的格式要求。办公自动化系统中的文字处理,应能满足其格式要求,符合文本的处理规范。

1. 公文

(1)公文种类

1987 年 2 月国务院办公厅发布,1993 年 11 月修订的《国家行政公文处理办法》,将我国各级机关正式发布的公文归纳为:命令、议案、决定、指示、公告与通告、通知、通报、报告、请示、批复、函和会议纪要。

此外,党政机关和企事业单位在日常工作中还经常使用一些其他文字材料,习惯上称为机关常用公文,主要有计划、总结、简报、调查报告、会议报告、记录、大事记、论文等。

(2)公文格式

公文有一定的格式。所谓公文格式是指公文的组成项目及其区域划分、公文的书写、字体、字号、用纸规格和样式。公文格式是公文具有权威性和约束力的具体表现。

公文的组成项目分为指定项目和选择项目。指定项目是规定必须填写的项目,包括发文机关、秘密等级、紧急程度、发文字号、公文标题、正文、署名、印章、成文日期、页码等。选择项目是根据需要选择填写的项目,包括批示、签发、主送机关、无正文说明、附件说明、注释、特殊要求说明、主题词、抄送机关、承办单位、联系人、电话号码等。

公文从外观结构看,一般由文头、正文、文尾三部分组成。

- 文头包括：

① 秘密等级。分秘密、机密和绝密三种，标注在公文首页左上角。无密级则不填。

② 紧急程度。分特急、急件、普通三种，标注在公文首页左上角密级下方，无时限则不填。

③ 发文机关标识。由发文机关全称和公文文种组成，如"××市人民政府文件"，通常以特制套红大字居中印在公文首页上端。

④ 发文字号。由发文机关代字、发文年度（用方括号括入）和发文顺序组成，如"国发〔1996〕165 号"，标注在发文机关标识下方居中位置。

⑤ 公文标题。标题是公文的具体名字，由发文机关名称、公文主题（事由）、公文种类组成，标题中除法规、规章名称加书名号外，一般不用标点符号。标题位置在发文字号下方居中书写。标题排列，可用一行或多行居中书写。如为多行，应尽量照顾各行的词意相对完整。

⑥ 主送机关。这是发文机关要求公文予以答复或知照的对方机关。顶格书写在标题下方。如果需要抄报几个上级机关，可用并报和抄报形式。

- 正文部分：

正文是公文最重要的主体部分，叙述公文具体内容。每段首行一律空两个字位。回行要顶格书写。公文中的数字，除发文字号、统计表、序号、百分比和其他必须用阿拉伯数字者外，一般用汉字。

- 文尾包括：

① 公文署名，分为发文机关署名和领导人署名。署名位置在正文的右下方。

② 用印，机关印章要用红色印油盖在职务、署名后边。

③ 成文日期，位于发文机关名称以下的位置。

署名、印章和发文时间是一个完整的落款，这三者应排在一个页面上，不能分页。若由于篇幅所限，使公文署名、印章和成文日期单独成页时，应在公文末页最上端顶格书写"（此面无正文）"字样。

④ 主题词，用作公文主题检索。位于抄送机关之上，顶格书写"主题词："字样。

⑤ 抄送机关和共印份数，该栏写在公文末页下端，上下用两条等宽的细线作界线。

⑥ 承办单位，该栏置于末页末行，上下用两条等宽实线作界线，下线可用粗实线。

（3）公文用纸

公文用纸一般为单页 16 开型（长 260 毫米、宽 184 毫米），图文区尺寸（即版心）为：长 233 毫米、宽 149 毫米。也可以采用国际标准 A4 型（长 297 毫米、宽 210 毫米），图文区尺寸为：长 270 毫米、宽 175 毫米。布告、通告、公告的用纸视情况确定。

（4）公文用字

字号一般按发文机关标识、标题、小标题、标识字符、正文及注释说明文字等顺序从大到小选用。

发文机关标识，推荐使用高 22 毫米、宽 15 毫米黑变字体或初号宋体字。

联合行文，推荐用小初号字。

公文标题、小标题，分别推荐使用二号、三号宋体字。

秘密等级、紧急程度和各标记字符或其他重点字句，推荐使用三号黑体字。

主题词，推荐用三号宋体字。

一般公文正文、主抄送机关、无正文说明、附件说明、发文字号、成文日期、印发说明、注释、特殊情况说明等,推荐用三号或四号仿宋体字。

（5）公文书写

文字一律采用从左到右横排。在左侧装订。少数民族文字按其习惯书写、排版。

2. 科技论文

科技论文用纸一般为 16 开,也可以采用 A4 型标准纸张。

版心内容一般依次为:

标题:　　　　　　　二号宋体,居中

作者:　　　　　　　四号仿宋体,居中

作者单位:　　　　　六号宋体,居中,加圆括号

"摘要"字样:　　　　五号黑体,居中

摘要内容:　　　　　五号宋体

"关键词"字样:　　　五号黑体,顶格

关键词词条:　　　　五号宋体

正文:　　　　　　　五号宋体或小四号宋体

"参考文献"字样:　　五号黑体,居中

参考文献内容:　　　五号宋体

3. 合同、合约、协议书

合同、合约、协议书用纸一般为 16 开,推荐用 A4 型标准纸张。

版心内容一般依次为:

标题"××××合同":可排一行,二号宋体,也可分二行,"合同"、"合约"、"协议书"等字
　　　　　　　　　　样在第二行,一号宋体或黑体

甲乙方名称:　　　　四号字体

正文:　　　　　　　四号宋体

落款:　　　　　　　三号宋体

日期:　　　　　　　五号仿宋体

2.1.2 文字处理技术简史

按照文字处理技术工具的发展,可以将文字处理工作划分为 3 个阶段:

1. 手工时代

这一时代文字处理工作使用的工具主要是笔和纸,其处理过程参见图 2.1。

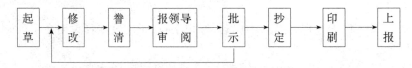

图 2.1　手工字处理过程

以起草报告为例,往往要经过起草者本人的多次修改、有关领导的逐一审阅、按领导的批示再修改等等,甚至上报之后还可能因某个具体问题未能通过,需再反复。这期间,仅反复抄写就会占去大量的时间。

这一时代的文字处理工作速度慢、重复工作量大,且手写体往往不易辨认。

16

2. 机械化时代

拉丁字母打字机的出现,迈出了文字处理从手工到机械化的第一步。

1867年,美国出现了第一台实用的商品打字机,是由Christopher Sholes,Carlos Glidden和W. S. Soule发明制作的。这种设备采用钢琴式琴键,其改进型在1868年获专利,正式称为"打字机"。1873年,打字机的按键改进为四排式,其字母、符号的排列类似现在的"标准键盘"。

1881年,有人提出了"十指固定式打字"法,即熟记键盘排列顺序,打字时眼睛只看原稿,这已经是公认的最有效的打字方法。一般的打字员都可以达到每分钟200～300字符。

郭沫若先生曾将拉丁字母打字机称为"文化史上继造纸术和印刷术之后的第三项重要文化工具的发明"。现在在西方,打字机已经成为一种普及性的书写工具,几乎每一个有文化的人都可以以打字代替手写。他们可以一边思考一边打字,直接完成誊清稿。而在中国,由于汉字本身的特点,汉字打字机几乎是无法普及的,至多只起到一个誊写工具的作用。

使用打字机,可以得到清晰、工整的文稿,实现了手写体文字的规范化,也可以用比较简便、快速的方式得到多份文稿。打字机的不足主要在于噪声大、工作强度大,特别是它不能对文稿进行修改和进一步的编辑。

3. 自动化的时代

电动打字设备与磁存储介质的结合,是现代意义的文字处理的开端,也是文字处理工作进入自动化时代的标志。1964年IBM公司推出的MT/ST首次实现了这一结合。这种设备能把按过键的字符存储在磁带上,允许操作员进行修改、删除和重写等操作,并且可以自动打印磁带上存储的文件。

随着计算机技术的发展,计算机不再单纯是数值运算的工具,而是在信息处理的各个领域里发挥作用。特别是70年代微处理器的出现,使其一跃成为自动化字处理设备的主角。以Z80或MC6800等微处理器为基础发展起来的各种文字处理装置和可以在微机或其他计算机上运行的文字处理软件,已经成为信息处理领域中发展最迅速、应用最广泛的项目。

一般来说,我们将具有特定硬件配置的文字处理设备称为文字处理机,而将可以在计算机上运行的文字处理软件称为文字处理系统,前者如四通公司的MS-2400系列打字机,广东的翰林中英文电子打字机等,后者如常见的Word Star,Word Perfect,WPS,Word for Windows等。

随着计算机系统及相关技术的发展,字处理软件也有了很大的发展。早期的字处理软件可以在仅带64K内存、360K软盘驱动器的微机上运行,完成一些文字编辑和简单格式输出工作,而新一代高性能文字处理系统则要求在几兆内存和海量硬盘的高档微机上运行。

2.1.3 文字处理系统的基本功能

一个好的文字处理系统应该包括以下主要功能:

• 文件存储　使用户可以在操作中的任何时候将文件存储起来,使文件不致被破坏、丢失,也可在需要时调出,以便修改或打印。可以说,没有文件的存储,编辑、复制、不同格式的输出等都无从谈起。

• 基本编辑　包括光标移动、定位与选择、插入与删除、查找与替换等。

• 简单排版　主要包括文本行、段、页的处理,也包括各种格式的修饰。

• 输入校验　内置词典并允许用户自己建立相应的词典对文字进行查错、纠错或错误提示。除了词校验以外,最好还有语法校验。

• 输出　包括对打印输出版面、特殊输出效果的定义与设计以及直接利用网络,将文字处理系统制作的文档作为电子邮件或网页输出至另地。

• 提供入口/出口　方便实用的系统应具有开放性,即可以方便地同其他多个(种)系统进行信息交互,如电子表格、数据库、排版系统及其他字处理系统。另外,对于中国用户来说,还包括可以方便地挂接各种汉字输入法。

• 对象的嵌入与链接　随着计算机软硬件水平的提高,文字处理系统的观念和对象发生了深刻的变化,可以对办公对象进行较全面的支持。新出现的文字处理系统引入了"对象"的概念,将其他系统下制作的公式、表格、图画乃至声音、动画、视频等作为对象与文本链接,实现动态更新。

• 多样化的辅助功能　辅助软件可以使字处理系统提供更强的功能,如联机帮助、目录与索引的自动建立与更新、多人合作办公、各种自动化处理功能等。

2.1.4　字处理系统实例——Word for Windows

Microsoft Word 是美国 Microsoft 公司推出的文字处理软件,自 80 年代初开发以来,已经形成了基于 DOS、Windows 等操作系统的系列字处理软件,是世界上销售量最大、应用最广泛的字处理软件之一。

Microsoft Word for Windows(以下简称 Word)于 1989 年推出,它采用当今世界上最流行的 Windows 软件作为自己的运行环境,充分利用 Windows 友好的用户界面和管理能力,为日常文字处理工作提供了强有力的支持。Word 最主要的特点包括:GUI 图形用户界面、鼠标拖拽操作、"所见即所得"显示、图文混排、智能化编辑排版、文件管理等,还提供了多种辅助工具。熟悉并掌握 Word,可以帮助用户在尽可能短的时间里,制作出精美实用的文档。此处主要基于 Word 2000 对 Word 的基本功能与操作方法进行说明。

1. Word 系统概述

(1) 系统环境

作为 Office 2000 的组件,Word 的基本运行环境以奔腾级以上微机、32 兆以上内存、100M 以上的硬盘空间、相应版本的操作系统(如:Win 95、Win 98 或 NT 4.0 以上版本)为好。应该说,当内存和硬盘较大时,系统会运行得更流畅。

(2) 启动与退出

Office 2000 为用户安装提供了更大的选择余地。用户可以单独安装 Word,当然,为了充分利用 Office 组件的整体功能,最好同时安装上 Excel、PowerPoint、Outlook 等应用程序。系统安装完毕后,在"开始"菜单中的"程序"组中会自动加入 Word 的快捷方式,单击即可以启动 Word 程序,看到 Word 窗口,如图 2.2 所示。

屏幕元素说明:

① Word 控制菜单框:Word 的窗口控制,依次为:窗口最小化、窗口最大化、关闭当前 Word 文档窗口(若为惟一的 Word 文档窗口,单击则关闭当前窗口并退出 Word)。

② 标题栏:显示应用程序名(此处为 Microsoft Word)和当前文档名,若文档未命名时系统自动为其临时命名为:文档 1(Document1),文档 2(Document2),……

③ 菜单栏:排列系统功能菜单名。单击菜单名时显示下级功能菜单。

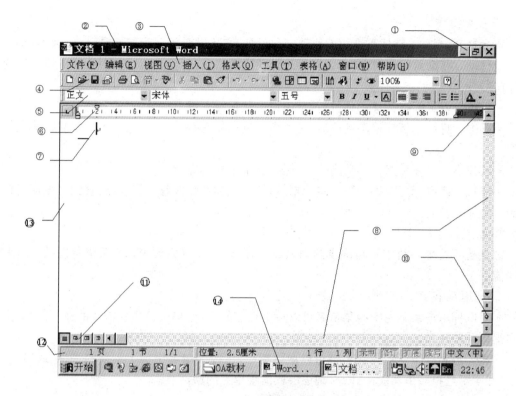

图 2.2 Word 屏幕元素

④ 常用(Standard)工具栏：以图标形式排列的系统常用功能按钮。

⑤ 格式化(Formatting)工具栏：常用的字符、段落编辑按钮。

⑥ 标尺(Ruler)。

⑦ 当前活动窗口及其插入点。

⑧ 滚动条：用鼠标点击可滚动屏幕。滚动条上的滚动块表示当前文档在整个文档中的位置。

⑨ 拆分框：将鼠标移至拆分框位置,鼠标指针呈双向箭头状后,按住鼠标左键向下拖拽即可拆分窗口,反向拖拽取消拆分。

⑩ 浏览对象选择：单击可选择要浏览的对象,如：页、节、标题、图表等,点击其上下方的双箭头则按选定的对象进行浏览。默认为按页浏览。

⑪ 视图切换按钮：文档的不同显示方式,依次为：普通视图、Web 版式视图、页面视图、大纲视图。

⑫ 状态栏：显示当前文档信息,如页、行列位置等。

⑬ 选择条：位于文档左边的空白区,鼠标光标在这里变成指向右上方的箭头。

⑭ 已打开文档的图标：当用户同时打开多个 Word 文档窗口时,可通过单击任务栏上的文件图标,方便地进行任务切换。

（3）基本操作(1)

Word 充分利用了 Windows 的特点,鼠标、键盘、菜单、工具栏、对话框等多种操作方式共存,极大地方便了用户操作。

① 鼠标操作

鼠标是 Windows 环境下常用的快速定位设备,它比键盘等更为方便灵活。鼠标操作包括:

• 移动 移动鼠标器,把屏幕上鼠标指针的尖端指向指定元素或将鼠标的"I"型指针置于待操作位置。

• 单击 将鼠标指针移动到位后,迅速点击鼠标器左键。

• 双击 将鼠标指针移动到位后,迅速点击鼠标器左键两次,两次点击之间的时间应尽可能短。

• 右单击 将鼠标指针移动到位后,迅速点击鼠标器右键。

• 拖拽 将鼠标指针移动到指定元素后,按下鼠标左键并移动鼠标器,直到将鼠标指针移动到目的地后释放。

② 键盘操作

键盘是字处理系统中不可缺少的输入设备,同时也可以完成 Word 系统所提供的绝大部分功能。

③ 利用菜单

• 用鼠标单击菜单栏中的菜单名可以拉下相应的菜单,单击选中所需要的命令。单击文档窗口退出菜单选择。

• 在一般情况下,按下〈Alt〉键可以激活菜单,再按菜单名中加下划线的字母,或者用→、←、↑和↓键选择菜单功能。〈Esc〉键逐级取消菜单栏的激活状态。

在利用菜单时,鼠标和键盘可以混合使用。

在 Word 6.0 以上版本中,系统增加了"快捷菜单"功能。当鼠标指针指向文档、工具栏等屏幕元素时,右单击则在鼠标指针位置处显示一张快捷菜单,菜单中含有与所指屏幕元素相关的常用命令。从快捷菜单上选取命令同从菜单栏中选取命令等效。

④ 利用工具栏

将鼠标指针移动到工具栏的按钮上,单击即选中该按钮。在 Word 6.0 以上版本中,鼠标指针指向按钮一秒钟左右,尾端会出现一个标签,注明该按钮的名字,同时,状态栏中显示该按钮的有关说明。从工具栏上选取按钮同从菜单栏中选取命令等效。

如果所要的工具栏未在屏幕上显示,可以用"视图(View)—工具栏(Tools)"命令打开"工具栏"对话框,在所需要的工具栏前单击加上标识(√)表示选中。也可以将鼠标移到任意工具栏上,单击右键以显示快捷菜单,然后单击所需要的工具栏。

⑤ 利用对话框

选中了菜单项名后带有省略号(…)的命令时,系统弹出一个对话框供用户进行进一步操作。对话框元素如图 2.3 所示。

对话框元素说明:

• 标签(Label):将对话框中的信息进行分类,以方便用户选择信息。

• 复选框(Check box):由用户决定是否选择某选项。凡选中的项目框中标记为"√"。复选框为一弹性开关,在选中状态再单击一次为清除。

• 列表框(List box):列出可供选择的选项。有时因屏幕安排问题,只显示一行内容,单击右边的下箭头,则列出可供选择的选项。单击某选项表示选中。

• 文本框(Text box):键盘输入简单文本、数字等信息。若右边有上下箭头时,也可以用

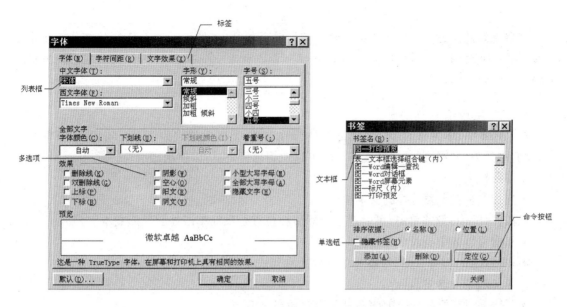

图 2.3　对话框元素

鼠标点击,加大或减小数字。

· 单选钮(Option button):为一组选择按钮,每组按钮中必须且只能有一个按钮被选中。与多选框不同的是,选中一个单选钮则意味着同时取消同组其他单选钮。

· 命令按钮(Command button):命令按钮为每个对话框所必备的,每个不同的对话框所含命令按钮可能不尽相同。如:确定(OK)、取消(Cancel)、关闭(Close)、应用(Apply)、帮助(Help)等。如果命令按钮名后带有省略号(…),选中它会打开另一个对话框。对话框使用完毕后,可以根据实际情况选择一个命令关闭对话框。

对话框元素的选择方法有:

· 用鼠标单击要选择的元素。

· 用〈Alt〉及带有下划线的字母选择。

· 用〈Tab〉键在对话框元素间移动,用〈Shift〉+〈Tab〉键反向移动。在各标签间切换用〈Ctrl〉+〈Tab〉键。

(4) 基本操作(2)

① 光标定位

光标表示字处理系统的当前输入位置。Word 中可以采用如下方法在已输入内容的文档中定位光标:

· 将鼠标的"I"型指针移动到待操作位置单击。

· 用光标控制键(→、←、↑、↓)和翻屏键(〈Page Up〉、〈Page Down〉)将光标移动到待操作位置。

· 用〈Ctrl〉+〈Home〉将光标移动到文档首,用〈Ctrl〉+〈End〉将光标移动到文档尾。

· 用〈Shift〉+〈F5〉键可以在最后三次进行过编辑的位置进行切换。

Word 2000 中增加了"即点即输"功能,若需要在未输入内容的文档部分快速定位光标,可先切换到在页面视图下,双击待插入位置即可将插入点移入。

21

需要注意的问题：如果交叉编辑两个不同的文档时,使用〈Shift〉+〈F5〉键可能会把光标移动到另一个文档中。用〈Shift〉+〈F5〉键还可以在打开一个磁盘文件时,迅速将光标移动到文档存盘时的光标位置。

② 文本块选择

在 Word 中,作为移动、复制、删除等的操作对象,是事先选定的字、词、句、段乃至整个文本,我们称其为"文本块"。选择文本块既可以使用鼠标,也可以使用键盘。

使用鼠标:

- 拖拽鼠标覆盖要选择的文本块
- 按住〈Shift〉键并单击,可以选中光标所在位置至鼠标单击处的全部文本
- 双击可以选中插入点处的词
- 按住〈Ctrl〉键并单击,可以选中光标所在句
- 单击选择条选中该行
- 三击某段或双击该段前的选择条选中该段
- 按住〈Ctrl〉键并单击选择条选中整个文档
- 在选择条中拖拽选中所拖过的各行
- 按住〈Alt〉键并拖拽鼠标,选中由鼠标起止位置构成的矩形区域

使用键盘:

用键盘选择文本块可以使用如表 2-1 所列组合键。

表 2-1 选择文本块的组合键

〈Shift〉+→	右边一个字符	〈Shift〉+〈Ctrl〉+↓	至本段尾
〈Shift〉+←	左边一个字符	〈Shift〉+〈End〉	至当前行尾
〈Shift〉+↑	至上一行相同位置	〈Shift〉+〈Home〉	至当前行首
〈Shift〉+↓	至下一行相同位置	〈Shift〉+〈Ctrl〉+〈End〉	至文档尾
〈Shift〉+〈Ctrl〉+→	至当前词尾	〈Shift〉+〈Ctrl〉+〈Home〉	至文档首
〈Shift〉+〈Ctrl〉+←	至当前词首	〈Ctrl〉+5(小键盘上 5)	整个文档
〈Shift〉+〈Ctrl〉+↑	至本段首		

另外,随时按下〈F8〉键,再用光标控制键可以扩展或减少所选择的文本。

③ 文档显示

一般情况下,我们只能看到文档窗口中所显示的文档。为了看到更多的文档内容,可以:

- 点击滚动条。每点击一次滚动条的上下左右箭头,屏幕向相应的反向滚动一行;每点击一次滚动块的上下左右部分,屏幕向相应的反向滚动一屏。因为滚动条上的滚动块表示当前文档在整个文档中的位置,还可以用鼠标将滚动块拖拽到希望显示的大概位置,拖拽时,鼠标处会显示当前文档的页码及标题等信息。
- 用光标控制键(→、←、↑、↓)和翻屏键(〈Page Up〉、〈Page Down〉)改变文档窗口的显示内容。
- 单击文档窗口右下方的"浏览对象选择",选择要浏览的对象,如:页、节、标题、图表等,点击其上下方的双箭头则按选定的对象进行快速定位,默认为按页浏览。

• 选择"视图(View)—全屏显示(Full Screen)"命令,则系统隐去"全屏显示"工具栏和文本以外的所有屏幕元素,以显示更多的文本。此时可以输入文字,也可以用快捷键或快捷菜单进行编辑。按〈Esc〉键或单击屏幕上的"全屏显示"工具栏的"关闭全屏显示",即可恢复原屏幕显示状态。

• 切换到"Web 版式视图",系统自动按照屏幕显示的宽度调整字符换行,使之便于浏览。这种换行结果不作为文档格式保存。

• 修改显示比例。点击格式化工具栏中的"显示比例"下拉列表框,可以选择适当的显示比例。如果不满意,单击该列表框,输入一个数值即可。

需要注意的问题:当用点击滚动条的办法改变文档显示时,并没有改变当前光标位置,此时的输入等操作仍然是针对光标所在位置而不是文档显示位置。只有在单击当前文档窗口后,才能够将光标移动到文档显示位置。

---

④ 窗口切换

为了在屏幕上同时编辑或查看多个文档,或查看在一个文档中相距较远的内容,Word 允许同时打开多个窗口(受内存限制),或将当前窗口拆分为两个窗口。选择"窗口(Window)"命令可以进行与窗口有关的操作。

• 新建窗口(New Window) 单击该命令后,系统自动生成一个新窗口,一般为当前文档的副本。在一个窗口中进行的修改同时反映在另一个窗口中。建立的窗口一般以重叠方式显示,后建立的窗口显示在最前边。

• 全部重排(Arrange All) 单击该命令后,系统自动将已经建立的窗口全部显示在屏幕上。三个以下窗口为水平分割屏幕。

• 拆分(Split) 拆分是将当前窗口水平分割为两个。单击该命令后,屏幕上出现一条水平分割线,线的中间有一个双向箭头。用鼠标移动箭头将分割线移动到合适的位置后单击完成屏幕分割。此时屏幕被分割为两部分,每部分的右侧各有一个滚动条。如果对分割结果不满意,将鼠标指针移动到分割线上或右侧的两个滚动条之间,使之再变为双向箭头后上下拖拽即可改变窗口大小。

• 取消拆分(Remove Split) 窗口拆分后,窗口命令中出现取消拆分命令,单击该命令窗口恢复为一个。另外,将鼠标指针移动到分割线上后,向上或向下拖拽至屏幕外,也可以取消拆分。

• 切换 当打开了多个窗口或拆分了窗口后,只有一个为当前活动窗口(当前活动窗口的标题栏默认呈灰蓝色)。要在多个窗口中进行切换,可以单击任务栏中的文档图标,或在"窗口(Window)"命令中选中想要的文档标题;若打开的文档排列在屏幕上,则单击要激活的文档窗口即可。

• 改变窗口尺寸 单击文档窗口右上角的扩大/缩小按钮,或者将鼠标指针移动到窗口的四边或四角使之变为双向箭头,然后拖拽改变窗口的大小。

• 关闭 双击当前活动窗口的文档控制菜单框。

拆分窗口的简便方法是如前述拖拽拆分框。

2. 文档的输入与保存

（1）打开文档

进入 Word 后，系统首先显示一张暂时命名为"文档 1"（Document1）的空白文档，用户可以在文档中直接输入新的文本，也可以打开已有的磁盘文件进行编辑等操作。

打开磁盘上 Word 文档文件的方法有：

• 选择菜单栏中"文件（File）—打开（Open）"命令后，系统弹出一个"打开"对话框，用户根据情况，在"驱动器（Drives）"列表框和"目录（Directories）"列表框中选定驱动器名、子目录名，双击要打开的文件名则打开该文件。如果单击"文件类型（List Files of Type）"列表框，系统显示一个文件类型列表，所列类型文件都可以被 Word 打开。

• 单击常用工具栏中的"打开（Open）"按钮，系统同样弹出"打开"对话框供用户选择。

• Word 系统允许列出最近打开过的若干个文档名（可以通过菜单栏中"工具（Tools）—选项（Option）—常规（General）"项，指定"列出最近使用文档数"）。对于不久前打开过的文档，拉下"文件（File）"项下子菜单后，单击要打开的文件名即可。

如果在 Word 使用过程中还需要打开一份空白文档，可以：

• 选择菜单栏中的"文件（File）—新建（New）"命令，在弹出的"新建"对话框中，选中单选钮中的"文档（Document）"项和"模板（Template）"列表框中的"Normal"，则可以打开一个空白的普通文档。有关模板的概念和使用见后文。

• 单击常用工具栏中的"新建（New）"按钮，系统自动打开一个空白的普通文档。

Word 系统允许同时打开多个文档，每个文档有自己独立的文档窗口，各种操作只能针对当前活动文档进行。一般来说，刚打开的文档是活动的。为了指定活动文档，需要在打开的多个文档窗口间进行切换。

（2）文字输入

打开文档后，用户可以选择一种自己熟悉的输入方法输入文字，不赘述。

需要注意的问题：文字处理系统中的很多编辑是针对"段"而进行的。在这里，"段"一般是指两次〈Enter〉键之间的文字，特殊情况下是指〈Enter〉与文件首或文件尾之间的文字。因此，不到自然段结束时不要轻易按回车键。

（3）文档保存

不管同时打开多少文档，文档的输入、编辑结果只是显示在屏幕上和存在于内存里，为了避免因为突然断电或设备故障而造成的内容丢失，需要对文档进行保存。在一般情况下，Word 为文档自动赋予的扩展名为".DOC"并将其保存在 C:\My Document 文件夹下。

用户保存文档的方法依不同要求而定：

• 一般情况下，选择"文件（File）—保存（Save）"命令，或者单击常用工具栏中的"保存（Save）"按钮，系统即将内存中的文档内容写入磁盘。

• 如果是对一个未保存过的新建文档执行上述操作，系统弹出一个"另存为（Save As）"对话框，用户可以在"文件名（File Name）"文本框中输入文档名字，必要时在"驱动器（Drives）"列表框和"目录（Directories）"列表框中选定驱动器名、子目录名。

• 如果需要，用户还可以将当前文档以另外的名字或文件类型保存起来。此时选择"文件（File）—另存为（Save As）"命令后，系统同样弹出"另存为"对话框，用户可以根据需要，选定文档存放位置、文件类型及文件名。

• 如果打开了多份文档,可以按住〈Shift〉键并单击菜单栏中的"文件(File)"项,选择"全部保存(Save All)"或"全部关闭(Close All)"命令,系统将自动保存(或关闭)当前打开的全部文档。

另外,用户若要为文档指定保存路径,可以选择"工具—选项—文档位置",选择文件类型(如文档),单击"更改"按钮,输入指定路径即可。

必要时,用户可以在"工具—选项—保存"中,设置所需要的选项。

3. 文档编辑

所谓文档编辑,是指在打开的文档中利用编辑命令,对文档内容进行各种修改和调整。

(1) 插入与删除

Word 系统一般处于插入状态,用户将光标移动到需要的位置,键入内容即可。在键入过程中,光标后面的内容自动后移。双击状态栏中"改写"标志,则该标志由暗淡变为激活,此后输入状态为"覆盖",键入内容将覆盖光标后的文字。

当已经输入了不当的内容时应该进行删除。如果只有少数字符错误,可以将光标移动到应删除的字符处,然后用〈Backspace〉键删除光标前一个字或者用〈Del〉键删除光标后一个字。删除量比较大时,可以先选定待删除的文本块,然后:

• 用"编辑(Edit)—清除(Clear)"命令或者〈Del〉键删除选定的文本块;

• 如果用户希望将删除的内容移作它用,可以单击"剪切"按钮,或者用"编辑(Edit)—剪切(Cut)"命令,将选定文本块从文档中删除并写入剪贴板(Clipboard)中;

• 如果用户希望用新的内容替代待删除文本时,可以直接输入新内容,系统将自动用新文本块代替选定的文本块。

需要注意的问题:为了防止误操作,用户最好使系统处于"插入"状态,然后删除多余的内容。

---

(2) 撤消与恢复

用户在输入、编辑过程中难免出现一些失误或不满意的操作,Word 为用户"后悔"提供了方便,即"撤消—恢复"操作。

① 撤消(Undo)

撤消进行过的输入、编辑等命令。系统提供了两类撤消方法:

• 选择"编辑(Edit)—撤消(Undo)"命令撤消最后一次操作。

• 单击常用工具栏中的"撤消"按钮以撤消最后一次操作。单击常用工具栏中"撤消"按钮右边的箭头可以拉下列表框,其中列有当前任务中所执行的各项操作,单击其中一项就可以撤消该操作至当前所做的所有操作。

② 恢复(Redo)

• 选择"编辑(Edit)— 恢复(Redo)"命令恢复进行过的撤消操作。

• 单击常用工具栏中的"恢复"按钮以恢复最后一次进行过的撤消操作。单击常用工具栏中"恢复"按钮右边的箭头可以拉下列表框,其中列有当前任务中所执行的各项撤消操作,单击其中一项就可以恢复该操作至当前所做的所有操作。

"撤消 — 恢复"列表框中内容的多少受内存的限制,用户最好在发现错误时立刻纠正。另外,一些不可逆操作,如存盘、退出等不能撤消。

(3) 移动与复制

在利用 Word 进行文字处理工作中,当需要完成如不适当的文字顺序的调整、大段重复文字的输入等操作时,移动与复制可以帮助用户方便、迅速地完成文档编辑工作。

① 移动(Move)

将选中的文本块移到另外的位置或另外的文档。移动方式有剪贴(Cut-and-paste)和拖拽(Drag-and-drop)两种。

使用剪贴方式的步骤为:

a. 先选择待移动的文本块。

b. 单击常用工具栏中的"剪切"按钮,或者用"编辑(Edit)—剪切(Cut)"命令,将选定的文本块从文档中删除并写入剪贴板(Clipboard)。

c. 将光标移动到目的位置,单击"粘贴"按钮,或者选择"编辑(Edit)—粘贴(Paste)"命令,把剪贴板中的内容插入到光标位置。

使用拖拽的方法为:

a. 先选择待移动的文本块。

b. 移动鼠标到选定的文本块,当看到鼠标指针变成箭头形时,按下鼠标左键进行拖拽。拖拽鼠标时,有一条竖线也跟着移动,这条竖线表示文本块的插入位置。当竖线移动到目的位置后,放开鼠标左键即可。

② 复制(Copy)

将选中的文本块复制到另外的位置或另外的文档。与移动方式类似,复制方式也有粘贴和拖拽两种。

使用剪贴方式的步骤为:

a. 先选择待复制的文本块。

b. 单击常用工具栏中的"复制"按钮,或者用"编辑(Edit)—复制(Copy)"命令,将选定文本块写入剪贴板(Clipboard),但该文本块并不从文档中删除。

c. 将光标移动到目的位置,单击"粘贴"按钮,或者选择"编辑(Edit)—粘贴(Paste)"命令,把剪贴板中的内容插入到光标位置。

使用拖拽的方法为:

a. 先选择待移动的文本块。

b. 移动鼠标到选定的文本块,当看到鼠标指针变成箭头形时,按下〈Ctrl〉键和鼠标左键进行拖拽。当表示文本块插入位置的竖线移动到目的位置后,放开鼠标左键和〈Ctrl〉键即可。

需要注意的问题:在使用鼠标拖拽进行复制时,应该先放开鼠标键后放开〈Ctrl〉键,以防止误进行了移动操作。

---

(4) 查找与替代

很多时候,我们需要在文档中查找一个特定的用词、符号、格式或者位置,这在手工处理时是很麻烦的。Word 提供了迅速查找定位的功能,还可以在查找过程中用给定字符串对有关内容进行替换或进行其他编辑工作。

① 查找(Find)

a. 选择"编辑（Edit）— 查找（Find）"命令打开"查找和替换"对话框，如图 2.4 所示。

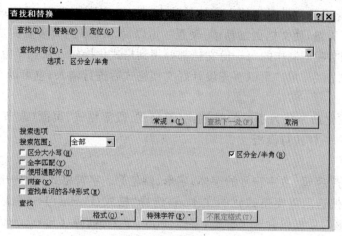

图 2.4　查找和替换对话框屏幕

b. 在"查找内容（Find What）"文本框中输入想查找的字、词。

c. 指定搜索范围（Search）。搜索范围包括在整个文档中查找，以及从当前光标位置向前或向后查找。

d. 选择"查找下一个（Find Next）"按钮。系统将定位于第一个符合要求的位置并以高亮方式显示。用户可以在不关闭对话框的情况下对文档进行查看或单击文档将其激活并编辑，然后再单击对话框激活查找操作。

e. 重复选择"查找下一个"按钮继续查找，或者选择"关闭（Close）"按钮关闭对话框，如果选择了"格式（Format）"或"特殊字符（Special）"按钮，用户可以对字体、字形、特殊符号等进行查找，如查找所有黑体字、段落标记等。单击"不限定格式（No Formatting）"按钮取消查找中对格式的限定。

② 替换（Replace）

替换操作与查找类似。所不同的是可以选择"编辑（Edit）—替换（Replace）"命令打开"查找和替换"对话框，并且在输入查找内容后，在"替换为（Replace With）"文本框中输入替换后的内容。输入完毕后，可以选择"查找下一个"按钮逐一查找并对希望替换的部分选择"替换（Replace）"按钮完成替换，也可以选择"全部替换（Replace All）"按钮，此时系统自动对查找到的全部内容进行替换。选择"全部替换"时，用户必须首先确定所有查找内容都是要被替换的。

在"查找"对话框中，如果用户选择了"替换"标签，系统将自动切换到"替换"对话框。

需要注意的问题：在各项编辑工作中，如果出现操作没有反应的现象，可能是因为某种误操作造成的。此时可以：

• 检查文档 Word 标题栏是否为活动显示，如不是，表示当前激活的是其他应用程序，这时用鼠标单击标题栏（或 Word 窗口的其他屏幕元素）即可。

• 检查菜单栏是否处于激活状态，如果是，取消其激活状态。

• 检查希望操作的文档窗口是否为活动的，如不是，可以通过切换窗口使其成为当前窗口。

4. 文档格式化

文档的格式化是指通过对文档内字体的放大、缩小,字形的改变,行距或字距的调整等各种方法,提高文档质量,使文档更加易读、美观。可以说,Word 绝大多数的功能是围绕文档的格式设计而设计的,我们制作的每一份文档都要用到格式化操作。从这个意义上说,格式化命令是 Word 的核心命令。用户可以事先设计好文档格式后进行输入,也可以在输入完毕后再调整格式。

Word 的格式化命令分为不同的级别:字符格式、段落格式、页面(或节)格式以及宏观文档格式控制方式——样式与模板。

(1) 字符格式

主要包括汉字、字母、数字符号的字体、字形、颜色等。字符格式化的一般方法是:

先用鼠标拖拽选定需要格式化的文本,再选择"格式(Format)—字体(Font)"命令打开"字体"对话框。该对话框包含三个标签:字体(Font)、字符间距(Character Spacing)和文字效果。

① 字体

- 各种字体,如汉字的宋体、黑体,西文的 Times New Roman 等。
- 各种字形,如常规、斜体(*斜体*)、粗体(**粗体**)、粗斜体(***粗斜体***)等。
- 各种字号,如汉字从初号到八号,西文从 8 磅到 72 磅不等。
- 各种效果,如删除线(删除线)、各种下划线(单线、波浪线等)、上下标(上标、下标)等。
- 各种颜色。

② 字符间距

- 间距　有标准,加宽(加宽 1.5 磅),紧缩(紧缩 1.5 磅)几种。当选择了标准以外的间距时,用户可以指定磅值。
- 位置　有标准,提升(提升 3 磅),降低(降低 3 磅)几种。

字符格式化更方便的方法是使用格式化工具栏。在选定需要格式化的文本后,点击字体、字号列表框可以选择满意的字体、字号,单击粗体、斜体、下划线按钮选择简单的效果。

③ 文字效果

主要是设置可以在屏幕上显示的动态效果,为文档增加趣味性。

(2) 段落格式

段落格式化是针对"段"而进行的。如前所述,Word 中的"段"是指两次回车键之间的内容。为了查看段落标记,可单击"常用工具栏"中的"显示/隐藏编辑标记"按钮。该按钮为一弹性开关,再单击可隐去标记显示。

标尺是段落格式化的主要工具。要显示标尺,可选择"视图(View)—标尺(Ruler)"命令。

段落格式化主要包括:

① 对齐方式

段落的对齐方式是指一段中各行在页的左右边界内的排列方式。

- 左对齐　段落内各行的左边界对齐。选用这种方式有可能使右边界呈锯齿状。
- 右对齐　段落内各行的右边界对齐。一般很少使用。
- 中间对齐　段落内各行以中间字符为基准对齐,左右两边空白宽度相等。标题等一般采用此种方式。

• 两边对齐　又称"匀空"，段落内各行在左对齐的基础上，适当调整字符间距，使右边界也对齐。文档输入一般可采用这一方式。

如果只对一段实现对齐，只要将光标插入要格式化的段内即可，如果要对多段实现格式化（包括一段），则应该先选择有关段落。选中段落后，利用"格式（Format）—段落（Paragraph）"命令打开"段落"对话框，在"缩进和间距（Indents and Spacing）"标签内拉下"对齐方式（Alignment）"列表框选择对齐方式。选中段落后，还可以利用工具栏上的四个对齐方式按钮，它们依次是：左对齐、中间对齐、右对齐和两边对齐。对齐方式按钮为单选按钮，单击选中其中一个时，其他三个按钮弹起。

② 段落缩进

一般情况下，输入文字的边界与页边界重合，为了使文章的某部分更引人注目，可以采用文字边界偏离页边界的形式，这就是段落缩进。

• 首行缩进　段落的第一行缩进一段距离。一般文章常采用这种方式，如中文输入一般首行缩进两个汉字。

• 悬挂缩进　与首行缩进相反，段落首行突出，以下各行缩进。

• 左缩进　整个段落的左边界偏离页边界一段距离，偏离距离可以是正的（向右缩进），也可以是负的（即突出）。

• 右缩进　整个段落的右边界偏离页边界一段距离，偏离距离也有正负之分。

实现段落缩进也应先选择有关段落。其后操作方法有三种：使用菜单命令、单击格式化工具栏和标尺拖拽。

• 利用"格式（Format）—段落（Paragraph）"命令打开"段落"对话框，在"缩进和间距（Indents and Spacing）"标签内，指定是否采用特殊格式（首行缩进/悬行缩进）及左右缩进的距离。应该说明的是，在 Word 2000 中，特殊格式的"度量值"仍然设置为"厘米"或"磅"，但也允许手工删除其中的单位，此时再输入值，则表示其单位为"字符"（实为汉字）。如：当输入"2"时，表示该段落缩进两个汉字。

• 单击一次格式化工具栏中的"缩进（Indent）"按钮，选中各段的左边界向右缩进一个制表站。格式化工具栏中的"减少缩进（Unindent）"按钮的作用与"缩进"按钮相反。

• 标尺拖拽是一种直观的操作方式。标尺上除了有刻度之外，还包括有：首行缩进标志、非首行缩进标志、左缩进标志和右缩进标志，如图 2.5 所示。

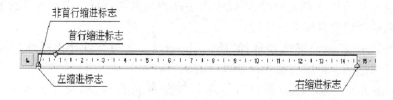

图 2.5　标尺

鼠标拖拽标尺左边位于上方的三角实现首行缩进。

鼠标拖拽标尺左边位于下方的三角实现非首行缩进。

鼠标拖拽标尺左边位于下方的矩形实现左缩进，左缩进不改变首行与整个段落的相对位置。鼠标拖拽标尺右边位于下方的三角实现右缩进。

③ 行距与段距

在一般情况下,Word 根据用户的输入自动调整行距。如果必要,用户可以改变系统设置的行距。系统默认的段距等同于行距,用户可以使段距大于行距以使段落区分明显。

选定欲格式化的段落后,利用"格式(Format)—段落(Paragraph)"命令打开"段落"对话框,在"缩进和间距(Indents and Spacing)"标签内,可以指定段前距离、段后距离和行距。

应该注意的问题:

• 在对段落进行处理时,系统为了调整间距会插入适量空格,这类空格可以称为"软空格"。在重新调整段落时,系统会根据需要删除此类空格。而用户从键盘输入的空格称"硬空格",系统将其作为一种字符处理,不能自动删除。一般情况下,不要用键盘空格来调整段落。

• 要对字符或段落设置格式,需要先选定有关内容。

---

(3) 页面格式

页面格式主要指文档内容的分页、页眉与页脚的添加、输出时所用纸张的大小、页边界的位置等对文档格式的进一步设计。

为了方便查看并设计页面格式,Word 提供了几种显示形式,这里先介绍有关的两种。

• 普通视图　在普通视图下,用户可以方便地进行各种输入、修改等编辑操作,我们前面的介绍主要是针对普通视图的。

• 页面视图　在页面视图下,同样可以进行输入、编辑,但它主要是用于文档页面设计的。

页面视图的屏幕与普通视图基本一致,其区别主要有三点:第一,系统默认设置为在页面视图的上方和左边各有一个标尺,以方便对页面的横纵两个方向进行设计。第二,普通视图下的分页符为一横贯文档的虚线,在页面视图下则为实际分页显示。第三,某些对象,如图形对象(如文本框、自选图形、剪贴画、艺术字等)、页眉页脚等在页面视图下可以查看,而在普通视图下不显示。

为了切换视图,可以根据需要,单击状态栏左边的视图切换单选按钮,也可以选择"视图(View)—普通(Normal)"或者"视图(View)—页面(Page Layout)"等命令。

① 自动分页与手动分页

Word 的标准文本页(A4 幅面纸 21cm×29.7cm)大约为每页 51 行。在用户输入过程中,一般不用考虑分页问题,系统会在适当的位置上自动插入分页符(称"软分页符")。在特殊情况下,用户对系统分页有不满意之处时,可以采用手动方法强制分页。手动分页的方法为:

a. 将光标移动到需要分页的位置;

b. 按〈Ctrl〉+〈Enter〉键或者选择"插入(Insert)—分隔符(Break)"命令,选中"分页符(Page Break)"单选钮。系统将把光标及以后的内容转入下页。

手动插入的分页符称"硬分页符",形式与软分页符类似,只是在虚线中部有"分页符(Page Break)"字样。系统将硬分页符作为一种字符来处理,它不能随输入内容的改变而改变位置。硬分页符可以像普通字符一样被复制、移动或删除。如果要删除硬分页符,可以将光标移到分页符上,按〈Del〉键即可。如果不希望文档中出现硬分页符,还可以在选择了要处理的段落后,用"格式(Format)—段落(Paragraph)"命令打开"段落"对话框,在"正文排列(Text Flow)"标签下,指定"本段不分页"、"与下段同页"、"段前分页"等,系统将按要求处理。

② 页边界及其设置

一般来说,文档中的文字与纸张边缘之间都会留出一些空白,这类空白我们称为页边距,页边距的位置即页边界。在一般情况下,两者可以不做区分。设计页面格式时一般可以采用两种方式:打开对话框进行精确设置或利用标尺进行直观设置。

用对话框进行设计的方法为:

a. 选择"文件(File)—页面设置(Page Setup)"命令;

b. 单击"页边距(Margins)"标签,并分别输入上、下、左、右的页边距值以及其他选项;

c. 必要时在"应用范围(Apply To)"下拉列表框中选定新页边所适用的范围,如"整个文档"或"当前光标以后"。

用标尺进行设计的方法为:

a. 切换成页面视图,以利用横、纵两个标尺。标尺分灰、白两种区域,灰色区域为页边距部分,白色区域为正文部分;

b. 将鼠标指向灰、白区域交界处,鼠标指针呈双头箭头状;

c. 利用鼠标拖拽改变灰、白区域的大小即改变页边距。拖拽过程中系统显示一条虚线以表示新页边距的位置。改变完毕后放开鼠标键即可。

重新设置页边距后,系统自动调整分页情况、段落格式等。

③ 添加页眉与页脚

在正式文件、论文等页面的上、下端,往往有一些说明文字、页码等,即页眉与页脚。添加页眉或页脚的步骤为:

a. 选择"视图(View)—页眉与页脚(Header and Footer)"命令。此时系统自动切换到页面视图,文档内容为暗显示,文档上部的页眉处于编辑状态,并显示一个"页眉和页脚"工具栏。该工具栏的主要按钮包括:可以向页眉或页脚添加的域(自动图文集、页码、时间等)、在页眉或页脚之间进行切换、显示前一个页眉/页脚、显示后一个页眉/页脚等;

b. 单击插入"自动图文集"、页码、日期、时间按钮可以插入当前页码、日期、时间等,也可以自行键入所需内容(文字、图形等)。对页眉/页脚中的内容可以如在普通文档中一样进行格式设定;

c. 需要双面打印且单双页的页眉与页脚不同时(如单页页码居右,双页页码居左),可以单击"页眉与页脚"工具栏中的页面设置按钮,选中"版面(Layout)"标签,或者直接在菜单栏中选择"文件(File)—页面设置(Page Setup)"命令下的"版面(Layout)"标签,对页眉页脚进行设置;

d. 选择"页眉和页脚"工具栏中的"关闭(Close)"命令退出对页眉页脚的编辑。

如果想取消已经建立的页眉或页脚,先双击页眉或页脚的内容,再用〈Del〉键或〈Backspace〉键删除即可。

另外,如果只需要简单插入页码、日期等,也可以选择"插入(Insert)"菜单下的页码、日期和时间、自动图文集等命令打开有关对话框,用户就可以选择自己所需要的式样了。

应该注意的问题:

• 页眉(页脚)中可以插入任何对象,所插入的对象可以拖拽之文档的任何位置。

• 如果在屏幕上看不到页眉或页脚,可能是因为处于普通视图,选择切换至页面时图即可。

（4）样式

为了使文档整齐美观，我们可以用上述各种方法对文档进行修饰。例如，将一级标题表示为粗体、四号字、居中、段落间距为段前13磅、段后6磅、与下段同页；每个二级标题表示为粗体、小四号字、左对齐、段落间距为段前13磅、与下段同页，……。逐一对标题进行格式化操作是一种重复劳动，且容易出错，造成不一致。为了解决这个问题，方便用户操作，Word提供了一种宏观格式控制方式——样式。

样式（Style）是应用于文档的一系列格式特征，利用它可以快速改变文本的外观。每套样式用样式名保存起来，可以在其他文档中使用。在一般情况下，用户打开的新文档是基于系统的默认样式。对于当前所采用的样式，用户可以进行查看或改变。

① 查看样式名

• 利用格式化工具栏最左边的下拉列表框可以方便地查看样式名。只要将光标移入一个段落，该样式列表框中显示的文字即该段落所采用的样式名；

• 利用样式区列出所有段落所采用的样式名。选择"工具（Tools）—选项（Options）"命令下的"视图（View）"标签，在"样式区宽度（Style Area Width）"文本框中输入数值指定宽度（数值为0则关闭样式区）。此时屏幕上文档左面开辟出一个条形区，其中显示右边各段所使用的样式名。可以用鼠标拖拽样式区的边界线改变样式区的宽度，当边界线被拖拽至屏幕最左端时即关闭样式区。

② 选择样式

为了方便地将已有的样式用于当前段落，用户可以用下面任何一种方法选择样式：

• 利用格式化工具栏　将光标移到要使用样式的段落，单击样式下拉列表框显示现有样式名，双击所要的样式名即可；

• 利用菜单　将光标移到要使用样式的段落，选择"格式（Format）—样式（Style）"命令打开"样式"对话框，单击所要的样式名后，预览框中显示该样式的效果，说明框中显示对该样式的描述。如果满意，单击"应用（Apply）"按钮即可。

③ 自定义样式

当已有的样式不能令人满意时，用户可以用下面任何一种方法生成自定义样式。

• 以当前段落为样板定义样式　激活格式化工具栏中的样式下拉列表框，为当前段落起一个有助记作用的名字并将其输入。在其他需要同一样式的段落选择该样式名即可；

• 用对话框定义样式　选择"格式（Format）—样式（Style）"命令打开"样式"对话框，选择"新建（New）"按钮打开"新建样式"对话框。在该对话框中，可以根据提示输入新样式名、选择样式类型等按钮，也可以单击"格式"按钮拉下一个格式列表框，对样式的格式，如字体、段落等进行定义。操作完毕后，如果希望将新样式应用于当前段落，单击"应用（Apply）"，反之单击"关闭（Close）"按钮。

④ 修改样式格式

样式所包含的格式是可以被用户改变的。样式的格式修改后，文档中所有使用该样式的段落的格式都会随之改变。同上，修改样式格式的方法也有两类：

• 以当前段落为样板修改样式格式　选择一个采用了某种样式的段落格式进行修改，激活格式化工具栏中的样式框后直接按回车键，系统弹出一个"重新应用样式（Reapply Style）"对话框，由用户根据需要在"以选定内容为模板重新定义本样式"和"将选定内容复原为本样

式"两个单选钮之间选择。如果选择了前者,系统用当前段落格式取代该段所采用的样式的格式;

• 用对话框修改样式格式   选择"格式(Format)—样式(Style)"命令打开"样式"对话框,"更改(Modify)"按钮打开"更改样式"对话框。在这个对话框中,用户可以进行如"新建样式"下的操作。

⑤ 删除自定义样式

当用户自定义的样式没有保留的必要时,可以打开"样式"对话框,在样式列表框中选择要删除的样式名后,单击删除(Delete)按钮将其删除。一个样式被删除后,所有原来使用该样式的段落都被默认使用 Normal 样式。

Word 允许删除用户自定义的样式,但不允许删除系统内部定义的标准样式。

(5) 共享样式

如果说使用样式可以保证一篇文章内格式的统一,那么共享样式则提供一种在多个文档中重复使用现成样式的方法。Word 共享样式的主要方法是模板(Template)和样式拷贝。

模板是预先设定的文档的格式要求。在一般情况下,用户不必指定模板,Word 将自动选用通用模板(Normal),可以满足一般文档处理的需要。对于一些专门需要,Word 内置了几十种模板类型,如备忘录、报表、商业信函、小册子等供用户挑选。

使用现成模板可以为生成不同的文档提供方便,例如,当你需要生成一个公文时,可以选择"文件(File)—新建(New)"命令,打开"新建"对话框,在"报告"标签中选中"公文向导"以打开"公文向导"对话框。在该向导的引导下,用户可以通过"上一步"、"下一步"等命令按钮,在单选钮"文档格式"、"纸张大小(如 A4)"等项中选择,然后逐项在文本框中输入"发文机关名称"、"发文编号"、"发文标题"、"文件内容"等内容,如果对已经输入的一切满意,选择"完成"命令,系统则根据用户输入自动生成一份公文并转成文档形式。在文档形式下,用户还可以对已经生成的公文进行补充、修改。

当用户对内置模板不满意时,还可以自定义模板。用户可以如使用系统内置模板一样使用自定义模板。

样式拷贝也是多文档统一格式的一种办法。只要在文档中使用统一的样式名(如样式名均为一级标题、二级标题),就可以在反复调整格式后,通过样式拷贝保持格式一致。

① 自定义模板

自定义模板即生成新模板,其过程与打开新文档类似。首先选择菜单栏中的"文件(File)—新建(New)"项,在弹出的"新建"对话框中,选中单选钮中的"模板(template)"。此时系统打开一个文档模板,用户可以在这个模板文档中采用前述建立、修改样式的办法建立自定义样式或修改样式。处理完毕后应该进行保存。对于模板文件,系统自动赋予的扩展名是".DOT"。

② 选择文档套用的模板

如果需要选用不同于 Normal 样式的模板,当新建一个文档时,应该选择"文件(File)—新建(New)"命令,在弹出的"新建"对话框中,选中单选钮中的"文档(Document)"项并在"模板"列表框中选中新文档所要套用的模板即可。

当需要改变已有文档套用的模板时,操作方法为:

a. 打开文档;

b. 选择"工具—模板和加载项"命令以打开"模板和加载项"对话框;

c. 在"文档模板"文本框中输入所要套用模板的名称或单击"选用"命令按钮打开"模板选用"对话框,选择所需要的文件类型、驱动器、目录和文件名后返回"模板和加载项"对话框;

d. 单击"确定"按钮关闭对话框。

③ 样式拷贝

当多人共同准备一份很长的报告时,如果暂时不能确定整个报告的格式(如:二级标题使用几号字、什么字型等),可以先给定统一的样式名,待确定格式后再将样式(格式)分别拷贝到各个文件中。样式拷贝的方法为:

a. 选择"格式(Format)—样式(Style)"命令打开"样式"对话框;

b. 选择"管理器(Organizer)"命令打开"管理器"对话框。管理器对话框主要有两栏:左栏为当前文档或模板所采用的样式列表,右栏为 Normal 模板的样式列表;

c. 单击一侧(如右侧)的"关闭"按钮关闭当前文件,再打开一个文件以使用其中的样式,并选择需要复制的样式名;

d. 必要时用同样的方法在另一侧打开一个待改变格式的文件;

e. 在确保"复制(Copy)"命令键上方向箭头正确的前提下,单击该命令完成样式拷贝。如果箭头方向不正确,则需要选择、激活源样式文件中的有关样式名。

5. 文档校对

为了保证文档质量,Word 2000 提供了若干文档校对工具,包括拼写校对和语法校对。当然,这类工具对英文的处理优于对于汉字处理。

使用 Word 时,系统默认采用后台校对。用户开始在文档中键入文字,系统即开始拼写和语法检查。对于所输入的英文,拼写和语法检查工具使用红色波形下划线表示可能的拼写错误,用绿色波形下划线表示可能的语法错误;而对于汉字,系统在确信有错误的中文词语下面显示红色的波形下划线,在有疑问的中文词语下面显示绿色的波形下划线。用户若要更正错误,可用鼠标右单击带有波形下划线的文字,在弹出的快捷菜单中选择所需的项目即可。如果希望禁止后台校对,可以单击"工具 — 选项",然后单击"拼写和语法"标签,清除"键入时检查拼写"复选框。禁止后台校对后,用户可以在输入完成后对文档进行集中校对。其时选择"工具 — 拼写和语法"或单击"常用工具栏"中的"拼写和语法"按钮即可。

6. 文档输出

输入、编辑文档的主要目的是为了输出。Word 为我们提供了输出标准、美观的文档的能力。为了节省时间、减少用纸,用户可以事先在屏幕上调整好文档,一切满意后,再调打印机打印。

(1) 输出页面设定

对于待打印的磁盘文件,用户可以按照输出要求,用文档格式化命令做进一步调整。另外,还可以对输出纸张进行设计。这种设计主要包括页面大小以及页面方向。

为了改变页面尺寸,可以:

a. 选择"文件(File)—页面设置(Page Setup)"命令;

b. 单击"纸张大小(Paper Size)"标签;

c. 在"纸张大小(Paper Size)"下拉列表框中选择页面尺寸,如 A3,A4,32 开等,也可以选择自定义纸张大小;

d. 必要时在"应用范围(Apply To)"下拉列表框中选定新页边所适用的范围,如"整个文档"或"当前光标以后"。

在设计输出中,如果希望设计特殊的版面,或者某些内容(如表格)较宽,打印机容纳不下时,可以要求系统把页面方向设置为横向。设置方法与改变页面尺寸的方法类似,只要将"选择页面尺寸"改为在"方向(Orientation)"栏中选择"纵向(Portrait)"或"横向(Landscape)"单选钮即可。

(2) 打印预览

在正式用打印机打印之前,应该对打印文档做一次打印预览,以便了解各种输出设计是否得当,结果与预期是否一致以及输出文档的真实模样。如果不满意,可以及时修改,一切满意时再真正打印输出。

进行打印预览的步骤为:

选择"文件(File)—打印预览(Print Preview)"命令,屏幕模拟显示输出文档,如图2.6所示。

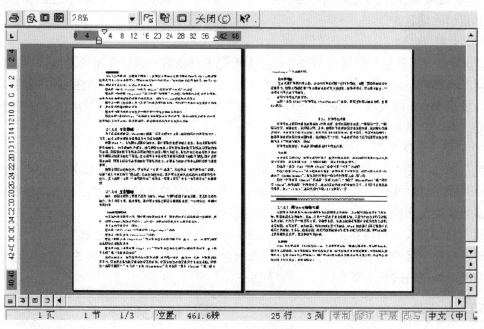

图2.6　打印预览视图

打印预览工具栏按钮自左而右有:打印文档、文档编辑状态切换、一屏显示一页、一屏显示多页、缩放比例、标尺显示等。其中,如果按下文档编辑状态切换按钮,鼠标箭头呈放大镜状,单击文档的适当位置后,文档以100%比例显示,便于观察,再次单击后缩小;如果弹起文档编辑状态切换按钮,鼠标箭头呈"I"状,单击文档的适当位置后则可以如在普通视图下一样进行输入、编辑。

打印预览结束后,单击关闭按钮退出打印预览视图。

(3) 打印

对文本满意后,就可以进行打印了。使用打印命令前,应该确保打印机连接正确并且打开

35

开关、处于联机状态、安装好打印纸。具体的打印步骤为：

a. 选择"文件(File)—打印(Print)"命令打开"打印"对话框；

b. 在"份数(Copies)"文本框中输入数值。如果选择了打印多份，还可以同时选择"自动分页(Collate Copies)"，系统会在打印完一份后再打印第二份、第三份；

c. 在"打印范围(Range)"栏选择"全部(All)"、"当前页(Current Page)"或"指定页(Page)"。如果选择了打印指定页，应该在其后的文本框中输入页号，不同页号之间用逗号间隔，如："1－3,8,15"表示要求打印第1,2,3,8页和第15页。

7. 用 Word 组织写作及长文档控制

计算机文字处理系统应该能够借助于计算机强大的功能，真正做到不仅仅是人手的延伸，而且也是人脑的延伸。因此，作为一个优秀的文字处理系统，不是仅仅接受人们写在纸上的文稿，仅仅作为一种誊写工具。更重要的是，它应该能够帮助用户完成写作的全过程：文章构思、编写大纲、输入编辑、结构控制直至打印输出。Word 就提供了若干帮助用户完成写作的功能。实际上，前述编辑、样式等也都能够起到帮助完成写作的作用，我们在这里主要强调的是大纲、目录和索引的编制。

(1) 大纲

Word 的大纲采用一种树形结构。每一个标题下可以有一级或几级标题，可以只有正文，也可以二者都有。上下级标题之间具有从属关系，这种从属关系具有传递性。同级标题是并列关系。使用 Word 的大纲功能时，用户可以按照文章写作习惯先编写大纲，然后再在各级标题下写作文章。具体方法是：

① 切换到大纲视图

除了前边介绍过的普通视图、全屏显示、页面视图和打印预览视图以外，Word 还提供一种大纲视图。选择"视图(View)—大纲(Outline)"命令或者单击状态栏左面的大纲视图按钮即可以从当前视图切换到大纲视图。大纲视图与普通视图的主要不同在于：a. 显示大纲工具栏；b. 使用了标题样式的段落和正文采用了不同的缩进显示；c. 各级标题之前显示有图标，其中，加号表示标题下已经有子标题或文本，减号表示标题下为空。正文的图标为一个小方框。

大纲工具栏的按钮主要有：

←	将标题提升一级或将正文升级为标题	＋	展开大纲
➡	将标题级别降低一级	─	折叠大纲
⇨	将标题降低为正文	全部	显示全部文档
⬆	将选中标题或段落上移	＝	只显示第一行
⬇	将选中标题或段落下移	ᴬ	字符格式显示与否弹性开关

② 建立大纲

建立大纲时，应先切换到大纲视图，输入标题或段落。然后，用大纲工具栏上适当的按钮(提升或降低)决定插入指示所在段落的标题级别。使用回车键后，新段落将沿用上一段落的定义。

③ 编辑大纲

编写提纲的过程实际上是一个清理思路,组织思想的过程,往往需要反复地调整与修改。在大纲视图下,可以很方便地调整大纲结构,包括:

a. 调整标题级别

• 将光标指针移至段落前的图标使之变为四头箭头,然后按住鼠标左键左右拖拽,升高或降低标题及其所属的子标题以及文字;

• 将光标指针移至段落前的图标使之变为四头箭头,单击大纲工具栏上的左(右)箭头,使被选择的标题升高或降低一级,该标题下所属的子标题以及文字将同时升降;

• 将光标移至需要调整的标题中,单击左(右)箭头,使被选择的标题升高或降低一级,该标题下所属的子标题级别不变。

b. 大纲的折叠与展开

大纲的折叠是指只展示某一级或几级标题,展开则是指显示某级标题下的子标题以及文字。

• 大纲工具栏上的数字代表标题的级别。若要显示某级以上的标题,则单击大纲工具栏上的这一数字即可。如单击数字"4",则显示 1~4 级标题;

• 单击"全部(All)"按钮,按下时展开全部文本,弹起时则折叠正文;

• 将光标移至标题中,单击大纲工具栏上的加号按钮展开此标题,单击大纲工具栏上的减号按钮折叠此标题下的子标题和正文;

• 双击标题前的加号展开或折叠此标题,这是一个弹性开关。

c. 调整标题顺序

在大纲视图下,可以采用如普通视图下剪切或复制的办法调整大纲中标题的顺序,也可以采用如下特殊操作:

• 先选择标题或正文。如果标题是折叠的,选择标题即同时选择了标题下的子标题及正文;如果标题是展开的,对于选中标题的操作不影响其下子标题及正文。

• 再单击大纲工具栏上的上下按钮上下移动选中标题,或者拖拽标题前的图标上下移动选中标题。

需要注意的问题:在大纲折叠时,选中了标题就是选中了这级标题以下的全部文本,在进行删除等操作时应该特别注意,以防丢失输入的内容。

---

(2) 目次

文章目次列出其章节标题以及所在页号,使人对文章的结构和内容一目了然,也便于浏览和查找。Word 可以快速方便地自动生成文章目次,包括文章标题目次和文内图表目次。以生成文章标题目次为例,具体方法如下:

当用户采用了 Word 的标题样式格式化了标题段落,或者是采用了大纲功能创建文档的标题以后,如果需要生成目次,则应该:

a. 将光标移至插入目次的位置;

b. 选择"插入(Insert)—索引与目次(Index and Tables)"命令打开"索引和目次"对话框,并选中"目次"标签;

c. 在"格式(Formats)"列表框中有选择地单击以选择目次样式,其具体样式显示在列表框右边的范例框中；

d. 如果在选择格式时选择了自定义样式(Custom Style)，则"修改(Modify)"按钮被激活，单击后打开"样式(Style)"对话框，用户可以对使用的样式进行修改(参见修改样式格式)；

e. 根据需要，选中或清除对话框下部的"显示页码(Show Page Numbers)"、"显示层次(Show Levels)"和"页码右对齐(Right Align Page Number)"检查框。还可以在"前导字符(Tab Leader)"下拉列表框中选择标题与页码之间的分隔符；

f. 选择"确定(OK)"按钮生成文章目次。当用户将鼠标指向某个目录项目时，鼠标指针呈手状，点下鼠标，则自动定位到该目录项所代表的标题。

当标题所处页号发生变化后，右单击目录区，在所弹出的快捷菜单中选择"更新域"，系统会自动进行修改。

需要注意的问题：自动生成目录功能是建立在使用标题样式的基础之上的。如果文档中未使用标题样式，则在生成目录的操作后提示"错误！未找到目录项"。

除此以外，Word 中的"Web 版式视图"、文档结构图、"选择浏览对象"按钮、主控文档、编号与索引、书签及超级链接的使用等，都可以帮助我们在编辑长文档时进行文档控制或在文档中方便地进行定位。

8. Word 在办公活动中的应用示例

字处理系统在办公活动中的应用是非常普遍的。除了上述功能以外，Word 还提供了很多高级功能，例如：选择"表格(Table)"命令进行表格处理，包括插入表格以及表格单元的操作、文本与表的相互转换、表格线的选择与使用等；选择"插入(Insert)"命令中图形处理的命令，进行包括插入图形及其编辑、利用图文框实现文字绕卷、利用 Word 附带的小软件(Applet)WordArt 制作艺术字等的图形处理；选择"插入(Insert)"命令中"域"的命令，在文档的任意地方插入日期与时间、目录、交叉参考、数学公式、OLE 对象等。熟悉并灵活运用 Word 丰富多样的功能，有助于我们轻松、愉快地顺利完成文档制作工作。

下面以两个办公活动中常见的任务为例，介绍一下 Word 的综合应用。

(1) 邮件制作

文书处理工作中有一类文档，它们的大部分内容是一致的，只有少量内容有异，如邀请函中只有被邀请人姓名、单位不同，其他内容都相同。用电子邮件程序中的"抄送"只能处理不同的收件人，不能解决其他问题且会让用户看到长长的抄送名单；打印统一格式后再手写填入姓名有时又不够礼貌。字处理系统支持这类办公活动的功能为"邮件合并"。

在邮件合并功能中，系统采用两类文档：

• 主文档：即文档中相对固定的部分内容，如信件的主要文字、图像等，其中还用"域"指出可变部分的位置和格式。

• 数据源文件：即文档中的可变内容，可以使用 Word 中的表，也可以用 MS Access、MS Excel、FoxPro、Paradox 和 Lotus 1-2-3 等的数据。

实现邮件合并的操作方法有多种，其基本方法为：

① 创建主文档

a. 打开(或新建)一个作为主文档的文件，选择"工具 — 邮件合并…"命令打开"邮件合并帮助器"对话框，参见图 2.7(a)；

b. 单击其中"主文档"的"创建"按钮,选择"套用信函"。此时可以用当前活动窗口作为主文档,也可以另建一个新文档;

c. 单击"主文档"的"编辑"按钮,系统关闭邮件合并帮助器对话框并打开"邮件合并工具栏,参见图 2.7(b)。

此时用户可以在文档窗口输入、编辑文件的主体部分内容,可以输入文字、表格、图形等,也可以设置格式。

② 数据源文件的使用

a. 单击工具栏上的"邮件合并帮助器"按钮;

b. 选择"数据源"的"获取数据源"按钮;

c. 如已经建立了数据源文件,选择"打开数据源",否则选择"建立数据源";

d. 打开"建立数据源"对话框,在"域名行中的域名"框中添加或删除域名、输入具体项目并保存数据文件。

③ 建立主文档与数据文件之间的联系

即指明可变部分在主文档中的位置。在主文档中单击需要插入可变内容的位置,然后在"邮件合并工具栏"中选择"插入合并域"并选择适当的域名。

重复执行该操作,直至将所需要的内容设置完毕。

④ 实现邮件合并

完成上述操作后,我们可以选择不同的方法进行邮件合并:

• 选择"合并到新文档",将结果作为 Word 文档,用户可以保存、编辑和打印;

• 选择"合并到打印机",将合并结果直接进行打印;

• 选择"合并选项",可以做进一步的设置,如可以合并到传真、电子邮件,也可以选择只对符合要求的记录进行合并处理。

在"邮件合并"中,用户还可以对数据源记录进行排序、筛选等操作,。另外,在对应用邮件合并时,主文档不仅可以是如上的信函,也可以是信封、邮件标签等。

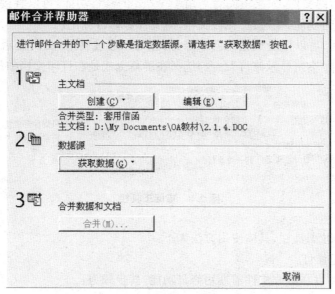

图 2.7(a)   邮件合并帮助器

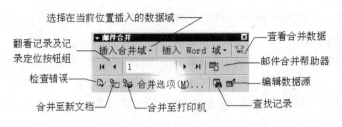

图 2.7(b)　邮件合并工具栏

（2）合作办公

一份文件的制作往往是多人合作的结果。有时是一人执笔，他人修改；有时是多人分头写作，然后由一人统稿；有时还需要位于不同办公地点的人员共同商讨。

例如：起草一份文件，经过有关人员审阅后，再参考大家意见，决定接受或拒绝其中的修改。这里，主要是利用 Word 的批注和跟踪修订的功能。

批注是审阅者为文档写的注释、注解、提示类意见，并不真正对文件文字进行修改。而修订则是审阅者对文件的文字等内容所作的修改。要了解审阅者修改了文件的哪些文字，就需要跟踪修订。

Word 中有两种跟踪修订的方式：

• 在修改的同时启用 Word 的修订功能标记修订；

• 在以后对两个版本的文档进行比较时标记修订。

根据修订标记，我们可以方便地知道是哪一位（不同审阅者的修订是用不同颜色进行标记）对文件作了哪些修改（修订标记显示对文档所做的删除、插入等编辑修改及位置）。

大致操作过程是：

a．制作文件，通过"文件—发送"命令将文件的副本分发给有关人员，以便在计算机上进行审阅和修改；

b．收回修改后的文件，如果审阅者启用了 Word 的修订功能，可以直接查看修订意见；如果审阅者未启用修订功能，则通过"比较文档"对文件做修订标记；

c．查看修订后，可以接受或拒绝各项修订；也可以通过使用"突出显示修订"对话框（"工具—修订"子菜单中"突出显示修订"命令）选择在屏幕上或是在打印文档中显示或隐藏修订。

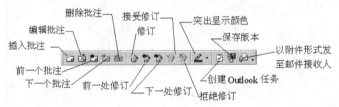

图 2.8　审阅工具栏

图 2.8 为"审阅"工具栏，具体使用方法如下：

① 编辑时标记修订

作为审阅者，可以在修改文件前期用修订功能，其步骤为：

a．打开要修订的文档；

b. 单击"审阅"工具栏中的"修订"按钮（如果看不到审阅工具栏,可在"视图—工具栏"下选中"审阅"即可）；

c. 插入、删除或移动文字或图形,进行所需的更改,包括更改格式。

此时,Word 使用修订标记显示更改。如:当审阅者删除文字时,文字不是从屏幕上消失,而是显示被删除线删除;当审阅者添加文字时,文字有下划线显示。

② 比较文档的两个副本

对于未作修订标记的文档,可以通过比较加入修订标记其步骤为:

a. 打开编辑后的文档副本；

b. 选择"工具—修订—比较文档"命令,打开"选择与当前文档比较的文件"对话框；

c. 打开原始文档；

d. 如果文档的原始版本和编辑过的版本都未标记修订,系统在编辑过的副本中用修订标记标明区别于原始文档的修订。

③ 对审阅意见的处理

可以通过以下两种方法查看和处理修订:

• 使用"审阅"工具栏。首先确保在屏幕上可以看见修订标记,然后选择"工具—突出显示修订"命令,在打开的"突出显示修订"对话框中选中"在屏幕上突出显示修订"复选框。然后利用"审阅工具栏"中的"前一处修订"、"下一处修订"、"接收修订"、"拒绝修订"等按钮根据情况处理即可。

• 使用"接受或拒绝修订"对话框。选择"工具—修订——接受或拒绝修订"命令,打开"接受或拒绝修订"对话框。然后利用其"查找"、"接受"、"拒绝"等按钮根据情况处理即可。

④ 合并修订

如果有多位审阅者在原始文档的不同副本中做了修订,可以先将这些修订合并到原始文档中,然后再审阅修订。合并的步骤为:

a. 打开要将修订合并到其中的原文档；

b. 选择"工具—合并文档"命令,打开"选择要合并至当前文档中的文件"对话框 ；

c. 打开一篇含有要合并的修订的文档；

d. 重复 b 和 c,直至合并完文档的所有副本。

系统用不同的颜色显示所有审阅者的修订和批注。合并后的文件可以像③中所述一样进行处理。

⑤ 批注

选择"插入—批注"命令,或使用"审阅"工具栏中的"插入批注"按钮,系统自动在文档窗口下方打开一个窗口,用户可以在其中键入批注,键入完毕后单击批注窗口的"关闭"按钮即可。所键入的批注在屏幕上表现为一个以亮黄色作为批注文本底纹的批注引用标记。将鼠标指针移到该标记上时,系统以小窗口屏幕提示的形式显示批注内容。与修订标记一样,Word 用不同的颜色标识每位审阅者的批注引用标记。

"审阅"工具栏中另外有"编辑批注"、"前一批注"、"下一批注"和"删除批注"等按钮可供用户使用。

与"修订"类似,对批注也可以进行诸如"合并"、"接受"、"拒绝"等处理。

这样,我们就实现了多人合作编辑、修改文件的工作。另外,Word 还提供了"联机协作"、

"讨论"、"电子邮件发送"、"传真发送"等功能,使得合作办公的形式更多样,也更方便。

2.2 电子表格

表格处理是日常办公事务中需要办理的又一大类工作,如财务账单、统计报表、发票、各种预算表等的办理都属于这类工作。与文字相似,表格也是办公人员表达和记录信息的一种重要手段。

表格的类型很多,表格的处理也因需要不同而有不同的要求,但总的来说,表格处理过程较有规律性,简单劳动占有相当比重。正因为如此,表格处理是继字处理之后办公系统中较早实现计算机处理的部分。

2.2.1 传统表格处理

表格基本上由三部分组成:表首、表体和表尾。表首包括表头与表首标志;表体是整个表格的主体,反映表格的用途;表尾主要是脚注等信息。表格的形式应根据实际需要和使用方便而定,有横排、竖排和混合编排等多种。表格一般由若干行和若干列组成,行与列交叉构成格子,这种格子称为"表格单元",简称"表元",用于存放文字、数据等。

在手工处理时代,表格处理主要有 3 种形式:

1. 规范化表格处理

这是一种事先印制好的表格,其表格栏目是固定不变的,表格单元的内容随时间、对象等的变化而变化,如产生报表、学籍表、收据发票等等。对这种表格的处理,只需要收集数据,然后将这些数据直接填入表元或者对这些数据进行必要的计算后填入表元。这种处理称为"填表",简单、机械,脑力劳动成分少。

2. 表格栏目处理

当没有适用的规范化表格而又需要表格形式时,办公人员需要自行设计表格栏目。如上级向下级发放的表格、研究人员发放的调查表、数据录入所需要的工作单等,都需要事先进行设计。设计时应充分考虑各项目之间的关系、项目与子项之间的关系、不同(或同一)项目的子项之间的关系等。设计的表格应该清晰、美观,项目关系一目了然,无遗漏项目,亦无重复项目,特别是无冲突项目。表格栏目设计是一项颇费精力的工作,亦称"制表"。制表工作也有不少简单劳动因素,如表的重画。

3. 表格的整体处理

这是上述两种处理的综合。人们根据需要及现有数据设计表格栏目并将数据填入。其处理过程大致为:

① 根据需要和可能进行表格设计。如确定表体的形式(横排、竖排和混排)、确定行列数、定义各行列的用途及名称、确定表元的高度与宽度、安排表格标题、说明、填表时间等项目的位置。

② 收集所需要的数据,按规定的格式(如对齐方式,小数点位置等)将数据填入适当的位置。

③ 给出有关的计算公式,进行必要的计算并将结果填入适当的位置。

在手工进行上述处理时,许多失误都会造成表的作废。如栏目设计不合理、表元大小不适用、计算错误、填写错误、甚至表格线的误画、钢笔漏水等等,都会导致前功尽弃。特别是对复杂表格的处理,在动脑设计之外,大量的时间是花费在重复性的画表、抄写、计算及校对上,效率不高。

传统的表格处理以纸、笔、尺、橡皮为制表工具,计算工具为算盘,以后又发展为计算器。

2. 2. 2　表格处理软件简说

计算工具的更新,使得填表时的速度加快了,特别是当表元数据需要经过复杂计算才能得出时更是如此。但是,电子计算器的使用还远远谈不上是电子表格。所谓电子表格是指利用计算机作为表格处理工具,以实现制表工具、计算工具以及表格结果保存的综合电子化的软件。事实上,电子表格是一种通用化的、具有普遍意义的解决问题的工具。

1. 表格软件的分类

(1) 专用表格处理软件

这类软件是为特定的任务专门开发的表格软件,其表头、行列数目、宽度等均是固定的,使用者只要按屏幕提示输入适当数据即可。早期的表格软件多属这一类。这类软件的使用类似填表,易学、易用,但当表格结构有所变化时需要修改程序,适应性差。

(2) 通用表格处理软件

这是在前一类软件的基础上发展起来的,并非面向专门任务的表格软件。它的表格设计与表格应用可以完全分开,表格处理工作分两步完成:

① 定义表格的固定部分,如定义表格的行、列数,表元宽度,表格行列的增、删、改,任意指定表格线形式等。

② 描述表的可变部分,如数据类型的定义与输入、公式的输入与计算结果的自动填入。

这类软件适用范围广,更适宜做成商品软件出售。

2. 表格软件的作用

表格软件可以将人们手工编制表格的工作搬上屏幕,制表方便,制成的表格整洁、美观。但仅止于此是远远不够的。同字处理系统类似,表格软件在办公系统中的应用不仅仅是提高办事效率,还应该协助人完成一些在手工条件下难以完成的工作。一个好的(高效率的)表格软件的作用有三:

(1) 显示(Display)

电子表格必须能够以各种方式显示于屏幕。一个有效的表格,特别是一个给人阅读的表格,应该是简洁、清晰的,表格标题和行列标题应该是明确的文字,即使是非专业人员也能明了显示数据的意义。显示的内容可以是来自不同时间、不同地点的各种信息。

(2) 组织(Organization)

自动化系统较之手工系统最大的优势之一即数据的组织。当然,不论何种系统在数据录入(填入)之前都要对数据进行组织,但当数据组织得不够理想或读表人对其提出新的要求时,电子表格将显示它准确、迅速的长处。另外,当不同的人阅读表格,需要调动他所需要的数据或将另一些数据重新定义一个位置时,电子表格将为之提供方便。总之,利用电子表格对数据进行组织的能力,可以使对同样一些数据具有不同要求的人得到各自的、清晰完整、具有严密逻辑结构的工作表格。

(3) 分析(Analysis)

电子表格还可以为数据的进一步分析提供基础。简单的分析可以依靠数据的组织与显示实现，如各种数据值的比较。复杂的分析则可以利用电子表格建立某一个工厂、企业的计算机模型，并据此对所模拟的对象进行分析、评价。

3. 重要表格软件简述

电子表格软件的发展相对较晚。1981 年 8 月，IBM 公司向市场投入了第一个商品化的通用表格软件—— VisiCalc。有人说，VisiCalc 的问世"是微机发展的一个重要的转折点"，它使微机从业余爱好者的天地中走出来，成为办公室里的"核心装置"。VisiCalc 曾在国外被广泛地使用，事实上，它已经成为表格软件生产的工业标准。

早期的电子表格都是松散集成式，如 VisiCalc、Multiplan、SuperCalc 等，它们都是各自程序系列的一部分（如 VisiCorp 生产有 VisiCalc、VsiFile、VisiWord 等），虽然可以联合使用、相互传递数据，但程序是独立的，转换需要较多的时间。

第二代电子表格软件为紧密集成式。它的特点是可以在内部完成各类程序（如表格与数据库）之间的转换，功能更强大、使用更方便。

Lotus 公司于 1983 年推出了著名的 Lotus 1-2-3，这是第一个紧密集成式电子表格。其1，2，3是指它集成了三个部分：

1——电子表格，可提供几百万个表元，并含有多种函数，如统计函数，时间函数等；

2——数据库，可以使表元信息条理化，可以对信息进行排序、检索等多种数据操作；

3——绘图，可以用表元信息为基础数据绘制多种图形。

1，2，3 的另一个含义是，Lotus 公司希望该软件像数字 1，2，3 一样容易被理解和使用。

Lotus 1-2-3 是一个优秀的电子表格软件，至今在全世界拥有广泛的用户，在中国的"三金工程"中也发挥了积极的作用。

目前最流行的电子表格软件还有 Microsoft 公司的 Excel。Excel 以 Windows 为基础，采用图形界面、鼠标拖拽等，可以使用户更加方便地定义、生成电子表数据，方便地进行数据管理和数-图转换，是办公人员进行数据表设计、统计的得力工具，是管理者进行数据分析的好助手。

2.2.3 表格软件的基本功能

一个好的表格软件应能提供如下功能：

• 提供屏幕提示和操作说明信息，帮助办公人员定义、填写、打印表格。

• 表格定义方便、直观。如定义表格的编排格式，表格的大小，表格标题字体和表格单元的宽度等。同时，能方便地修改表格的格式，当改变表格中某行或某列的宽度时，表格的其他部分能自动地进行调整。

• 表格单元中的数据类型及数据来源多样化。其数据可以是文字、数字，也可以是公式或其他类型的数据。送入到表格单元中的数据，其来源可以有多种，如键盘输入，磁盘文件，从其他表格单元复制或通过计算获得。

• 丰富的编辑功能。如完成光标移动与定位，在屏幕中开设子窗口，修改表格单元内容等。修改表格单元内容时，有些被修改的表格单元内容会影响其他一些表格单元的内容（如一些表格单元的内容是由被修改的表格单元内容计算所得），这时，表格处理软件能自动重算。

• 数据的安全与保护。人对数值的识读能力弱于对文字的识读能力，表内数值的有意或无意修改,很难被人们发现。因此,好的表格软件允许对表格的访问进行某些限制,禁止对被保护表格单元的修改。

- 支持各种算术运算和逻辑运算,并能进行各种常用的统计计算。
- 存储和打印表格。既可整体存储(打印),也可部分存储(打印)。打印时,能打印多种不同的字体,自动添加表格页号和页面标题。
- 图形输出功能。表格的数据和结果往往很难给人以深刻的、形象化的印象。如果表格输出配以相应的图形,则可以加强表格软件的能力和人们对表格软件的兴趣。
- 具有表格检索和通信能力。可使上传下达的各种报表,通过通信线路传送到所需要的地方。

2.2.4 What If 分析

利用前述各种功能,我们得到了一个手工表格的"电子等价物",它比手工表格更快捷。然而仅止于此是远远不够的,电子表格软件还必须具备一个重要功能:What If 分析。

"What If 分析"可直译为"若是如此……将会怎样分析",它通过对参数或模型的操纵,观察其变化对结果的影响,它使得电子表格具备了检验各种不同设想的能力。What If 分析是表格软件的一个很重要的功能,它为电子表格的数据分析工作开辟了新的天地,其作用是手工处理所望尘莫及的。

What If 分析主要有两种方式。

(1) 改变假设的 What If 分析

指在表格的项目中,改变一个或多个参数值,观察这种改变对模型中一个或更多的表元有什么影响。

在办公管理,特别是在企事业管理中,应用电子表格的 What If 分析,可以完成一些有意义的工作:

① 掌握某些参数的变化对其他参数及最后结果的影响

在给定的电子表格中,可以根据假想或需要,改变某些参数,以了解这些参数的变化会造成什么样的结果或影响。例如,一个企业在做资金计划时,如何细致地规划收入与支出(收入中,需要多少贷款,贷款的偿还期与利率如何;支出中,工作人员数及其各层次比例、某些支出占总收入的份额等等,都需要给出一些假设),各个项目如何设定、如何调整才能达到最佳结果,这些若用手工处理是极为繁琐的事情,而利用电子表格的这种功能,即用改变假设观察结果的方式几乎可以瞬间完成。

② 敏感性分析(Senstivity analysis)

是指分析在表元数据中,哪些参数的变化对最后结果影响大,而哪些影响小,即分析模型(计划)对各种参数的敏感性。在已建立的企业资金模型中,计划者应该明了模型对各种参数的敏感性。而在手工处理中,确定敏感因子更是一项耗费人力与时间的工作,很多单位因此很少做或者不做这种技术分析,必要时则根据个人感觉、经验来推断甚至臆造。有了电子表格及其What If 分析功能,如果建好企业资金模型,确定了模型的敏感因子(如某个/某些参数对获得利润的影响比其他参数大),那么,企业管理者就会下力气研究这些因素,在实际实现模型时,就会尽力去控制这些因素,以获得最好的效果。

③ 调整参数,以达到特定目标

有些计划需要达到一个具体的目标,如投标指标或计算定额拨款的使用细项等,这时要求为保持一个符合要求的结果而精心调整模型的各参数值,即所谓"命中目标"。这种反复试验与调整,在手工操作中是枯燥无味的工作,而利用 What If 功能则非常有效。

(2)改变结构的 What If 分析

这是 What If 分析的另一种主要形式,是指改变现有表格的结构,观察项目的附加或删除及项目关系的改变等对结果的影响。如增加一些支出项目、将某一个项目分成若干个项目等等。改变结构实际上就是修改模型,通过这类 What If 分析可以很方便地了解新、旧模型的结果的差异,可以建立若干可能的企业模型,通过分析找出最佳方案。

下面给出一个 What If 分析的应用实例,它有助于加深对 What If 分析的作用与使用的理解。

美国加利福尼亚州有一个能量规范,它要求新设计的建筑物都必须符合关于采暖和降温方面的设计标准。设在加利福尼亚州里士满角的 Interactive Resources 公司有一位名叫波维尔(Carl Bovill)的建筑师,他设计了一种电子表格(图 2.9),可以根据建筑物的设计及其朝向,计算出一座商业大楼是否符合能量规范的规定。可以将窗户的位置、玻璃的颜色、双层玻璃窗的总数、天窗的使用和位置以及许多其他因素及其调整,很容易地输入到电子表格中去,并能计算出这些因素对建筑物符合能量规范规定的影响。

在这个例子中,使用电子表格有两个目的。主要目的是为了检验一栋特殊设计的建筑物是否符合能量规范的要求。由于允许的采暖和降温参数随着建筑物本身的设计而异,因而这项工作也就变得复杂化了。改变建筑物设计的某些方面,就改变了建筑物必须执行的一些标准。实际上,建筑物重新设计一次,目标也跟着变化。

通过应用电子表格,波维尔可以对符合设计规范的采暖和降温的许可值与实际值同时进行调整。在这个"What If"分析中,问题是要"命中运动的目标"。正如波维尔所说的那样:"你要将各种选择做到最佳的相互配合。"

使用电子表格的第二个目的是要检查一下,各种不同的建筑方案的选择对符合建筑物能量规范要求的影响。

"如果你用一支铅笔和一个计算器对各种假设进行计算,那将是浪费时间。由于你必须反复计算许多很长的方程式,所以你决不会去做很多这样的计算。但是如果采用电子表格和微机,那就是另一回事了。我已经为其他建筑师准备好符合商业规范的解决办法。建筑师和我坐在办公桌旁,我一旦做好了电子表格,就可以向他们指出,他们的建筑物哪儿不符合要求。然后再进行各种不同的计算,并且可以精细调整建筑物设计,直到刚好符合规范的要求为止。"

波维尔总结了在这类工作方面电子表格的重要性后说:"它把设计从辛苦劳动中解脱出来,变成有趣而令人兴奋的工作。"

2.2.5 电子表格系统实例——Excel

Excel 是当前最流行的电子表格软件之一,也是 Microsoft 公司的集成软件 Microsoft Office 中的一个组成部分,目前在全世界有着广泛的用户。作为 Office 的一部分,它尽量采用与 Word 一致的屏幕界面、一致的操作方式,可以与 Office 中的其他软件方便地交换数据乃至联合操作,共同完成办公活动。此处主要基于 Excel 2000 对 Excel 的基本功能以及在 Word 中未涉及的操作方法进行说明。

```
NON-RESIDENTIAL TITLE 24
ENERGY CODE COMPLIGNCE

Swan Way Treeae Office Center
Pcrt of Oakland Business Park
Graylite
```

GLOEAL SESAMETERS			ALLCWABLE VALUES	
	LIGHT	HEAVY		
MFC	1.00	0.65	U-OH	.408
TD-E0	44.00	22.00	U-OF	.185
SF	125.00		U-OF	.1
N-SF	30.00			
SC-1	66.00		OTTV-W	32.9
SC-2	1.00		OTTV-W	4.1
SC-N	1.00			
SC-SKY-1	1.00			
SC-SKY-2	1.00			
COGL-DT	3.00			
N-C	1.00			
A-C	1.00			

ENVELGPE DESCRIPTION	AREA	V-VAL	MCF	UA
WALL-1	20594	.08		1647.52
WALL-2	0	0	0.00	
WALL-3	0	0	0.00	
WALL-M	0	0	0.65	0.00
FLOOR	.001	0		0.00
DOOR	42	.55	23.10	
WINDOW-1	900	1.03		20270.00
WINDOW-2	0	0	0.00	
WINDOW-N	0	0		0.00
ROOF-1	23234	.043	1.00	999.06
ROOF-2	0	0	1.00	0.00
SKYLIT-1	0	0		0.00
SKYLIT-2	0	0		0.00

```
CALCULATIONS
```

HEATING		COOLING		
AREA-OW	29636	WALL	ROOF	
UA-OW	11840.62	SOLAR GAINS	SOLAR GAINS	
U-OW	0.40	WINDOW-1	746064 SKYLIT-1	0
		WINDOW-2	0 SKYLIT-2	0
AREA-OR	23234	WINDOW-N	0	
UA-OR	999.062			
U-OR	0.04			
		WALL	ROOF	
AREA-OF	.001	DELTA-T GAINS	DELTA-T GAINS	
UA-OF	0	WALL-1	72491 ROOF-1	40962
U-OF	0	WALL-2	0 ROOF-2	0
		WALL-3	0 SKYLIT-1	0
AREA-O	52870	WALL-M	0 SKYLIT-2	0
UA-O	12839.68	DOOR	1016	
U-O	0.24	WINDOW-1	30510	
		WINDOW-2	0	
		WINDOW-3	0	
		TOTAL OF		
		THE GAINS	850081	40961
		OTTV-W	28.68	
		OTTV-R	1.76	
		OTTV-O	16.85	

SUMMARY OF THE RESULTS	Allowable	Actual
U-OW	0.41	0.40
U-OR	0.10	0.04
U-OF	0.19	0.00
U-Over all	0.27	0.24
OTTV-W	32.10	28.68
OTTV-R	4.10	1.76
OTTV-Over	20.24	16.85

图 2.9　加利福尼亚州能量规范电子表格

1. Excel 系统概述

（1）系统环境

运行 Excel 2000 最好采用奔腾以上微机，16 兆以上内存，相应版本的操作系统（如 Win 95 或 Windows NT 4.0 以上版本）以及 Excel 软件。

（2）启动与退出

在安装 Excel 时，系统会自动在"开始—程序"文件夹中增加 Excel 快捷方式，单击即可启动 Excel。此时，Excel 自动打开一个文件，这个文件在 Excel 中被称为"工作簿（Workbook）"；每个工作簿默认包含有 3 个工作表（Worksheet），工作表是用户存储、处理数据的主要载体，被保存在工作簿中；每个工作表由 256 列（A～Z，AA～AZ 等，IV 为末列）、65536 行（1～65536)组成，行、列交叉构成表格单元(以下简称单元格)，如图 2.10 所示。

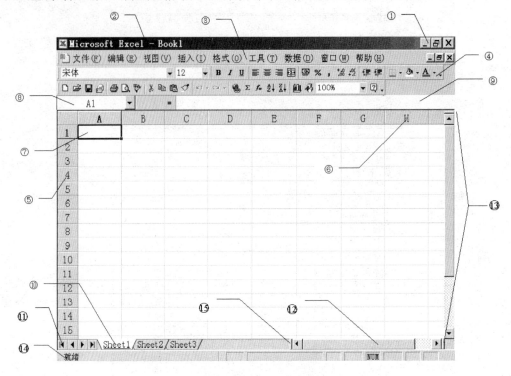

图 2.10　Excel 屏幕元素

屏幕元素说明：①Excel 控制菜单框；②标题栏；③菜单栏；④工具栏；⑤行标头；⑥列标
头；⑦活动单元格；⑧名称框；⑨编辑栏；⑩工作表标签；⑪工作表标签滚
动按钮组；⑫滚动条；⑬拆分框；⑭状态栏；⑮标签分割条

退出 Excel 系统时，单击 Excel 控制菜单框中的关闭按钮即可。

(3) 激活与命名工作表

启动 Excel 或者选择"文件(File)—新建(New)"命令后，单击工作表标签则激活该工作表，已经激活的工作表标签为白色。单击工作表左下方标签滚动按钮中位于中间的左右箭头可以逐一滚动显示各个工作表标签，如果单击位于两边的左右箭头则移到第一个或最后一个工作表标签。

系统给工作表的临时命名为：Sheet1，Sheet2，…。为了使工作表标签具有助记性，用户可以为其定义一个名字，具体方法为：

① 双击待命名的工作表的标签，原标签名为反色显示；

② 输入该工作表的新名字，该名字最好具有助记性；

③ 单击工作表任意位置退出修改，该工作表的标签就以指定名字显示。

(4) 在工作表中移动

由于屏幕限制，用户能够看到的单元格数是有限的。为了看到屏幕显示以外的单元格，需要改变窗口显示内容，称在工作表中移动。这类移动包括向上下左右翻屏、改变活动单元格、切换当前工作表及窗口的冻结。

48

① 翻屏

可以单击滚动条的上下左右箭头滚动显示工作表，或者用〈PgUp〉、〈PgDn〉键上下移动屏幕、用〈Alt〉+〈PgUp〉、〈Alt〉+〈PgDn〉左右移动屏幕。

② 改变活动单元格

在一般情况下，工作表只有一个单元格是活动的，称为"活动单元格"，用户对数据的各种操作只能在活动单元格中进行。在 Excel 中，活动单元格用一个醒目的黑框表示。Excel 可以自动调整窗口，使活动单元格显示在屏幕上。

需要选定某个单元格时，可以用鼠标单击该单元格，也可以用光标键移动至该单元格。当要选择的单元格未显示在屏幕上时，更快捷的办法是：

a．单击当前名称框的下拉箭头使之激活；

b．输入要选定的单元格地址并用回车键结束。

此时系统快速定位活动单元格并将其显示在屏幕上。

另外，还有几个特殊定位键，它们是：

〈Home〉	选定当前行的第一个单元格
〈Ctrl〉+〈Home〉	选定 A1 单元格
〈Ctrl〉+〈End〉	选定数据区右下角单元格

③ 数据区域的选择

对工作表任何部分的操作都要事先选择，选择的方法有：

a．选择单个单元格或行列：当要选择单个单元格或行列时，单击该单元格或行列的标头；

b．选择一个矩形区域：当要选择一个矩形区域时，将鼠标指针指向区域一角，然后按住鼠标左键拖拽至矩形区域的对角。另外，还可以先单击矩形区域的一角，然后拖拽滚动条，找到数据区的对角单元格，在按下〈Shift〉键后单击该单元格；

当要选择多个相邻行列时，可以在行列标头中进行拖拽。

c．选择不相邻的多个单元格或行列：当要选择的多个单元格或行列不构成矩形区域时，先选择一个单元格、单元格区域或行列。然后按住〈Ctrl〉键再选择其他单元格、单元格区域或行列即可；

d．选择一个工作表中的全部单元格：单击工作表行列标头交叉处的"全选"按钮。

④ 窗口的冻结与拆分

当输入了一个比较大的数据表时，简单的翻屏会使行列标题移出屏幕，此时要了解某个数据的含义就比较困难。采用窗口冻结的办法冻结住标题，可以在翻屏时保持行列标题不移动，数据在行标题下或列标题右卷动。具体方法为：

a．在适当的位置输入行列标题（如安排 B 列为行标题，第 2 行为列标题）；

b．单击行列标题交叉点右下方单元格（如 C3）；

c．选择"窗口（Window）—冻结窗口（Freeze Panes）"命令。

此时屏幕上在行列标题右下出现一个十字分割线。这时如用翻屏键翻屏，则只是数据表数据移动，标题则保留在屏幕上。

解除冻结时，选择"窗口（Window）—撤销窗口冻结（Unfreeze Panes）"命令即可。此时十字分割线消失，再翻屏时，行列标题也随之移动。

要将多个工作表或一个大表的不同部分同时显示在屏幕上,前述 Word 使用中介绍的方法同样有效,而且,Excel 还比 Word 中多一个纵向拆分框。

2. 输入与保存

Excel 中输入的内容主要有三类:数值、文本和公式。这里的所谓数值是由数字以及与数字有关的符号组成,如 0～9、小数点、正负号、括号等。文本则可以包括各种字符,在工作表中主要起标题或行列说明的作用。

公式是一系列数值、单元格引用、函数和运算符等元素的集合。公式由等号(=)所引导,可以进行算术运算、逻辑运算,也可以是对其他单元格内容(数值、文本和公式)的引用。

在一般情况下,系统自动判定输入内容的类型。

(1) 打开工作簿

点击常用工具栏中的"新建"按钮打开一个新工作簿。如果需要调用已经存储在磁盘上的工作簿时,应该先将其打开。具体方法为:

① 选择"文件(File)—打开(Open)"命令打开"打开"对话框;

② 在"文件类型(Files of Type)"下拉列表框中选择"Microsoft Excel Files(＊.xls)";

③ 在适当的磁盘驱动器、子文件夹下显示要打开的文件名后双击,或者在文件名文本框中直接输入要打开的文件名并确认即可。

此时系统在新窗口调入指定的工作簿。

(2) 数值输入

选择待输入数值的单元格,此时名称框中显示该单元格名。用户输入数值时,编辑栏中也同时显示输入内容。输入完毕后,可以采用如下任一方式:

• 单击编辑栏中的对钩(输入按钮)接受输入或叉子(取消按钮)取消输入的数值,输入单元格仍为当前活动单元格;

• 按〈Enter〉键确定输入并自动激活本列下一行单元格;

• 按〈Tab〉键确定输入并自动激活本行下一列单元格;

• 用光标移动键确定输入,系统按所用光标键的方向自动激活下一个单元格。

这种处理是电子表格软件所特有的,被称为"面向数值"方式。

为了方便较大区域数值的输入,可以先选择输入区域。在选中区域中输入时,可以按〈Enter〉键按列输入,一列输入完毕后,系统自动激活右列最上边一个单元格;也可以按〈Tab〉键按行输入,一行输入完毕后,系统自动激活下行最左边一个单元格。

(3) 文本输入

选定待输入单元格并参照数值输入方法输入字符即可。

输入内容若含有非数值类字符,系统即将其作为文本处理。输入内容若也为数值类字符,而用户需要将其作为文本处理时(如输入年份 2001),应该在字符串前输入文本编辑字符","。

如果输入的文本长度超过表格列宽且右列单元格为空时,系统自动将其扩展到右边单元格,反之则截断显示,而将全部内容保存起来。

(4) 工作表保存

使用 Excel 时既可以选择保存某个工作表,也可以选择保存整个工作簿。

Excel 的保存与 Word 中文档保存类似,可以单击常用工具栏中的"保存"按钮,或者选择"文件(File)—保存(Save)"命令。在一般情况下,系统自动赋予的扩展名为".XLS"

需要注意的问题：在 Excel 中，输入形式与显示形式不一定一致，系统内部保存的是输入形式。因此，应该是按数据的原始形式输入，再通过后面介绍的方法改变显示，而不必为了显示时的美观手动改变输入形式。这样，在要求其他输出形式时才不会增加不必要的麻烦。

3. 工作表编辑

所谓工作表编辑是指对已经建立的工作表内容的修改、插入、删除、复制和移动等。

（1）单元格内容修改

如果要修改某个单元格中的内容，其方法视要求而定：

① 鼠标单击选定单元格后键入新的内容，新内容替代原内容；

② 鼠标双击选定单元格，单元格中出现一个闪烁光标（Excel 称其为"插入点"）。移动插入点后可进行编辑修改；

无论用何种方法修改，都可以用前述各种结束输入键结束操作。

（2）移动与复制

系统提供的移动与复制方法主要有两种：鼠标拖拽和利用剪贴板，前者比较适合于源单元格与目标单元格均处于屏幕上的情况，而当二者距离较远时可以使用后者。Excel 中进行移动或复制的方法与 Word 类似，下面分别予以说明。

① 鼠标拖拽

a．选定源单元格或区域；

b．将鼠标指针移动到黑框底部，直至变为箭头状；

c．需要移动时，按住鼠标左键拖拽至目标位置放开；

d．需要复制时，按住〈Ctrl〉键及鼠标左键拖拽至目标位置放开。

② 利用剪贴板

a．选定源单元格或区域；

b．移动时，单击常用工具栏中的"剪切"按钮，或者用"编辑（Edit）—剪切（Cut）"命令，将选定数据块写入剪贴板（Clipboard），此时选定数据块周围有一个游走边框；

c．复制时，单击常用工具栏中的"复制"按钮，或者用"编辑（Edit）—复制（Copy）"命令，将选定数据块写入剪贴板（Clipboard），选定数据块周围也有一个游走边框；

d．选定目标单元格区域（或该区域左上角单元格），单击"粘贴"按钮，或者选择"编辑（Edit）—粘贴（Paste）"命令，把剪贴板中的内容插入到活动单元格区域；

e．按〈Esc〉键清除屏幕上的游走边框。

③ 同行（列）相邻单元格的复制

这是电子表格软件中的一个特殊且重要的功能。其简便操作方法为：

a．用形如白十字的鼠标指针单击或拖拽以选定源单元格或区域；

b．将鼠标指针移至活动单元格边框右下角的小黑方块上，使之变为一个黑十字；

c．按住鼠标左键在同行（列）单元格中拖拽，拖到适当位置时松开鼠标左键。

操作结束后，选中的源单元格或区域的内容被复制到拖拽经过的区域。

同行列相邻单元格复制方法可以作为填充命令使用，对一行或一列填充一组有规律的数值，如等差数列、等比数列。

最简单的例子是填充顺序号。若需要在数据区的左列输入顺序号，可以在第一个位置（如

B3)输入初值 1,在 B4 输入 2,然后选定 B3、B4 单元格,执行上述操作。在向下拖拽时,我们可以看到鼠标指针一侧有变化着的数字指示当前位置的值,松开鼠标左键,顺序号就被依次填入所拖拽过的区域。

进行相邻单元格的复制,还可以使用"编辑"—"填充"命令。用户根据自己的需要,在其子项(向下、向右、序列等)中进行选择、操作。

相邻单元格复制的最主要的应用是公式复制。

(3)单元格与工作表行列的增删

使用电子表格软件可以方便地实现表格栏目的修改,如增加或者删除一行(列)栏目。

① 工作表行列的增加

增加一行的具体方法为:

a. 选定一个插入位置,单击该行的标头选择该行。此时该行为反显方式;

b. 选择"插入(Insert)—行(Rows)"命令。此时在选定行位置插入一行空行,选定行以下各行的内容下移。

另外,如果选定了多行(单击某行标头并向下拖拽多行),则一次插入多行。

插入列的方法与此类似,只要改选择"插入(Insert)—列(Columns)"命令即可。

② 单元格插入

单元格插入是指将某一个单元格及其内容向下(右)移动,使活动单元格成为一个空白单元格。具体方法为:

a. 单击要操作的单元格;

b. 选择"插入(Insert)—单元格(Cells)"命令打开"插入"对话框;

c. 单击"下移(Shift Cells Down)"或"右移(Shift Cells Right)"单选钮选中其中一项;

d. 选择"确定(OK)"按钮关闭对话框。

"插入"对话框的单选钮中还有另外两项:"整行(Entire Row)"与"整列(Entire Column)",其效果等同于上述工作表行列的增加。

③ 删除与清除

删除与清除是两个不同的概念。删除是指删除工作表的指定行列,删除后,工作表的行或列将减少;清除是指不改变工作表的结构,只删除行、列或单元格中的内容。

单元格删除的具体方法为:

a. 选定要删除的单元格或表格区域;

b. 选择"编辑(Edit)—删除(Delete)"命令打开"删除"对话框;

c. 单击"上移(Shift Cells Up)"或"左移(Shift Cells Left)"单选钮选中其中一项;

d. 选择"确定(OK)"按钮关闭对话框。此时选中的单元格及其内容被删除,位于选中单元格下边(或右边)的内容上移(或左移)。

与"插入"对话框类似,"删除"对话框中也有对整行和整列的操作。

清除操作包括清除全部、格式、内容和批注四项。只要选择"编辑(Edit)—清除(Clear)"及有关子项即可,也可以简单地按〈Del〉键。

行列的删除与清除则需要先选定要操作的行列,然后选择适当的命令。

4. 工作表格式化

对工作表的格式化主要包括:行高与列宽的调整、单元格内容的字体和段落格式及边框、背景与底色的设置等。

(1) 单元格大小的调整

每次启动 Excel,系统均采用自动设置的标准列宽与行高,每个单元格显示 8 个 Arial 字符。用户可以根据自己的需要调整列宽与行高(即单元格的大小)。调整的方法有两类:利用鼠标直观调整和利用对话框精确调整。

① 精确调整

利用对话框调整列宽与行高可能更为准确而简单。调整列的具体方法为:

a. 选择要调整的各列;

b. 选择"格式(Format)—列(Column)—列宽(width)"命令打开"列宽度"对话框。在这个对话框中,列宽度文本框一般显示当前列宽度(如果选择的列宽度不一致则不显示);

c. 在列宽度文本框中输入调整后的列宽度(以字符数为单位);

d. 选择"确定(OK)"按钮关闭对话框。

"格式—列"命令的下级命令有:

列宽 (W)	按列宽度文本框中的值调整列宽
最适合的列宽(A)	按单元格中的最宽内容调整列宽
隐藏(H)	列宽 0 为,即将改列隐藏
取消隐藏(U)	将被隐藏的列恢复为隐藏前的宽度
标准列宽(S)	打开标准列宽对话框显示列宽度,选择"确定"恢复标准列宽

改变行高的方法与此类似,不同的只是要选择"行(Row)—高度(Height)"命令进行操作。

② 直观调整

表格输入完成后,如果明显地发现列宽与行高不够理想,可以在屏幕上用鼠标进行直观的调整。

以改变 C 列列宽为例,改变列宽的具体方法为:

a. 将鼠标指针移至 C 列与 D 列标头之间,直到鼠标指针成为双箭头形状;

b. 按住鼠标左键左右拖拽改变列宽(鼠标一侧会显示当前列宽的值)。

当要改变列宽的不止一列,且这多个列等宽时,可以先选择这些列,然后用上述方法调整一列的列宽。调整结束后,被选择的各列同时改变列宽。

在两列标头之间双击鼠标,系统自动按单元格中的最宽内容调整列宽。

改变行高的方法与此类似,只要将操作对象改为行标头即可。

(2) 数值格式化

Excel 提供近 10 类、数十种数值格式供用户选择,如科学记数法、货币符格式、百分数、日期、时间等。

数值的格式化可以对已经输入的数值进行,也可以先对工作表或选定区域进行格式化后再输入数值。具体方法为:

① 选定要格式化的单元格或区域;

② 选择"格式(Format)—单元格(Cells)"命令打开"单元格格式(Format Cells)"对话框并单击选中"数字(Number)"标签;

③ 在左边的"分类(Category)"列表框在选择数据类型,如科学记数法(Scientific)、货币

符(Currency)或日期(date)等,此时右边显示示例及选中类型的所有格式;

④ 必要时,在右边格式中选择需要的格式。

例如,如果需要 C3 至 E7 单元格的数值为保留两位小数,则可以先将鼠标指针移到 C3,按住鼠标左键拖拽至 E7 选中该区域。选择"格式—单元格"命令打开单元格格式对话框,在左框中单击选中数值(Number)类,然后在右边"小数位数"中选择"2",必要时,可以选择一种负数的形式和是否使用千位分隔符,最后单击"确定(OK)"按钮关闭对话框。如果区域中已经输入了数值,你会发现数值格式已经按要求改变了,如果区域中还未输入数值,再输入数据时,无论你输入的数有没有小数、小数点后面有几位,都是按要求的格式显示。实际输入被系统保存起来。

(3) 对齐方式

系统提供了单元格内容在单元格中水平位置和垂直位置的不同格式。水平格式的形式包括:左对齐(Left)、居中(Center)、右对齐(Right)、填充(Fill)、两端对齐(Justify)和跨列居中(Center across)等;垂直格式的形式包括:居顶(Top)、居中(Center)和居底(Bottom)等。用户还可以选择缩进、角度和自动换行等。系统默认的方式为文本左对齐、数值右对齐,垂直位置居底。用户可以利用格式化命令对其进行改变。

定义格式的具体方法与数值格式化类似,只是在打开"单元格格式(Format Cells)"对话框后,单击选中"对齐方式(Alignment)"标签,然后进行设置。

举例来说,如果在一张表格中输入了一行较长的标题,其处理方法主要有两种:

① 跨列居中

跨列居中是指将单元格内容在多列中居中,如将标题排在整个表格上方的中间。具体方法为:

a. 选定标题横跨的区域,其中应该包括输入标题的单元格;

b. 选择"格式—单元格"命令打开"单元格格式"对话框并单击选中"对齐"标签;

c. 在"水平对齐"下拉列表框中选择"跨列居中(Center Across)"(或者选择"居中"并选中左下方"文本控制"组中的"合并单元格";

d. 选择"确定(OK)"按钮关闭对话框。

此时所选区域内列分割线消失,标题在所选各列内居中排列,此种方法最适合处理表格的大标题。

数值也可以以跨列居中的形式显示。

若要取消跨列举中,重新打开该对话框进行修改即可。

② 标题自动回行

标题自动回行是指将超长标题在一个单元格中进行回行处理,如对行列标题常常采用这种处理方法。具体方法为:

a. 选定要格式化的单元格;

b. 选择"格式—单元格"命令打开"单元格格式"对话框;

c. 在左下方"文本控制"组中单击"自动回行"选择框使其标记为"√";

d. 选择"确定(OK)"按钮关闭对话框。

此时文字在单元格中做回行处理。当文本过长,单元格中显示不下时,可以通过调整行高来解决。

（4）字体格式化

Excel 可以调用 Windows 安装的任何一种字体,但一般以标准字体(Arial)、字号(10)显示单元格内容,用户可以根据需要改变显示字体。改变字体的具体方法为:

① 选定要格式化的单元格或区域;

② 选择"格式(Format)—单元格(Cells)"命令打开"单元格格式(Format Cells)"对话框并单击选中"字体(Font)"标签;

③ 在字体(Font)、字型(Font style)、字号(Size)、下划线(Underling)、颜色(Color)等列表框在根据需要进行选择;

④ 选择"确定(OK)"按钮关闭对话框。

此时,选中区域以指定形式显示。如果选择了大号字,系统会自动增加行高。

（5）表格边框

系统默认情况下,我们在屏幕上所看到的网格线并不被打印出来,且其形式也不一定符合我们的需要。虽然从根本上来说,电子表格软件不是画表软件,但它应该具备一定的制画表格线的功能。Excel 另外为用户提供了一套为表格或单元格加边框或者上、下、左、右边线,选择不同粗细、不同颜色的单线、双线或虚线的功能。具体使用方法为:

① 选定要格式化的单元格或区域;

② 选择"格式(Format)—单元格(Cells)"命令打开"单元格格式(Format Cells)"对话框并单击选中"边框(Border)"标签;

③ 在边框(Border)、样式(Style)以及颜色(Color)选项中按照需要进行选择;

④ 选择"确定(OK)"按钮关闭对话框。

（6）利用工具栏格式化

对于上述 2～5 项格式化操作,还可以在选定格式化区域后,简单地在"格式工具栏"中选择适当的按钮或下拉列表框。格式化工具栏如图 2.11 所示。

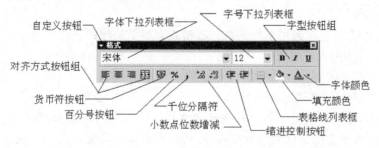

图 2.11　格式化工具栏

5. 数据的计算

如前所述,Excel 中的公式是一种比较特殊的数据类型,其一般输入方法与数值一致,这里主要讨论公式的特殊输入方法。

（1）公式直接输入

输入公式的基本方法为:

a. 先选择要输入公式单元格;

b. 以等号(＝)作为公式的先导符进行输入;

c. 依次输入公式中采用的参数和运算符;

d. 公式输入完毕后用〈Enter〉键、〈Tab〉或光标键结束输入。

结束输入后,系统在活动单元格显示结果,而在编辑栏中显示输入的公式。系统对这两种格式均进行保存。

举例来说,当工作表中的 A3,A4,A5 单元格中已经输入了数值,需要在 A7 单元格对其进行求和计算时,可以先单击选定 A7 单元格,然后输入公式:＝A3＋A4＋A5。

除了直接键入单元格名以外,还可以采用鼠标操作,输入此例的具体方法为:

a. 选定输入公式的单元格;

b. 键入先导符"＝",此时活动单元格及编辑栏中显示等号;

c. 单击 A3 单元格,此时活动单元格及编辑栏中显示"＝A3",活动单元格中还出现一个插入点;

d. 键入"＋",此时活动单元格及编辑栏中显示"＝A3＋";

e. 单击 A4 单元格,此时活动单元格及编辑栏中显示"＝A3＋A4";

f. 用同样的方法输入 A5 单元格;

g. 结束输入,完成对 A3,A4,A5 单元格中数值的连加。

在电子表格软件的公式输入中,这种"单元格引用"方法是一种常用的方法。引用单元格后,系统将公式自动保存起来,一旦有关单元格内容发生改变,系统会调出公式,按现有单元格内容进行重新计算,以保证表格中数值关系的一致性,也为下文所述公式复制奠定了基础。

（2）函数

函数实际上是 Excel 所提供的内部公式,约有 10 余种,几百个,如三角函数、财务函数、统计函数等。在编制表格时,应该充分利用 Excel 强大的函数功能。

Excel 函数的基本格式是:

$$＝函数名（自变量〔,自变量 2,\cdots,自变量 N〕）$$

其中,自变量可以是单一的值,可以是多个值,也可以是一个区域或者一个函数。输入函数必须以等号为先导符。

以上述求和为例,可以选用累加函数。其格式有如下几种:

＝SUM(A3:A5)	①
＝SUM(A3,A4,A5)	②
＝SUM(A3,A4:A5)	③

在格式①中,函数自变量中的冒号表示区域,即将单元格 A3 至单元格 A5 这一区域中的数值进行累加。如果在指定区域中有空白单元格,系统认为其值为 0,不影响累加结果。

格式②表示累加函数可以对指定单元格的值进行累加,单元格之间用逗号分隔。在需要的时候,指定单元格的位置可以非常分散,如(C8,H19,BD1,Z30)。

格式③则表示函数自变量可以为单元格和区域共存方式。

利用累加函数输入上例的具体方法为:

a. 选定输入公式的单元格;

b. 输入函数"＝SUM(A3:A5)",自变量区域也可以用鼠标选择方式输入;

c. 结束输入,完成对 A3,A4,A5 单元格中数值的连加。

由于求和是表格中最常用的计算,Excel 将其设计为常用工具栏中的按钮,使用方法为:

a. 选定输入公式单元格;

b. 单击自动求和(AutoSum)按钮("$\sum$"),系统根据情况选定一个参考区域(主要是活动单元格以上或以左已经输入有数值的区域),用户可以用结束键认可这一区域,也可以用鼠标拖拽改变区域。当系统难以确认参考区域时,显示自变量为空(形如"=SUM()"),需要由用户在括号中进行输入或鼠标选择区域;

c. 单击编辑栏前的"输入"按钮("✓")。

在Excel的常用工具栏中还有一个有关函数的按钮:粘贴函数(Function Wizard)。单击粘贴函数按钮,系统打开"粘贴函数"对话框,用户可以在左边"函数分类(Function Category)"组中单击选中类型,在右边"函数名(Function Name)"组中单击选中所用函数,此时对话框下部显示该函数的格式以及自变量的含义。然后单击"确定(OK)"按钮(或双击函数名)进入参数设置。在这里,系统为每个参数提供文本框,当用〈Tab〉键在文本框间移动或单击某个文本框时,对话框中显示当前参数的说明。输入结束后,用"确定(OK)"按钮认可或用"取消(Cancel)"按钮终止退出。

(3) 公式的复制

公式复制的具体方法可以参见前述单元格复制。需要注意的是,在数值或文本的复制中,系统复制的是单元格内容及其格式,可以说是一种"照抄"。而公式在被复制以后,所引用的单元格可能会发生一些变化。下面以图2.12为例进行说明。

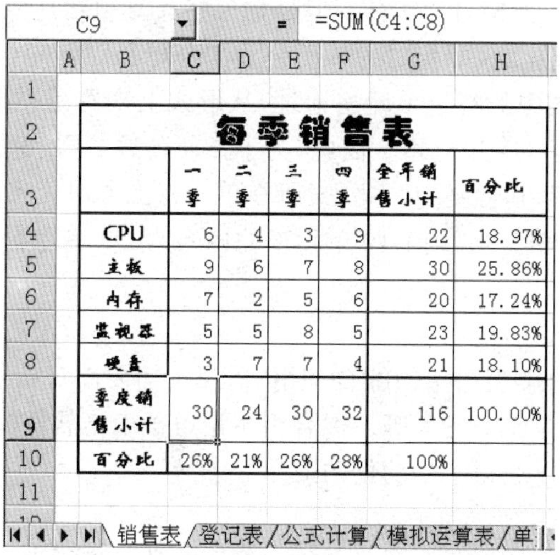

	一季	二季	三季	四季	全年销售小计	百分比
CPU	6	4	3	9	22	18.97%
主板	9	6	7	8	30	25.86%
内存	7	2	5	6	20	17.24%
监视器	5	5	8	5	23	19.83%
硬盘	3	7	7	4	21	18.10%
季度销售小计	30	24	30	32	116	100.00%
百分比	26%	21%	26%	28%	100%	

图2.12 销售量表

当已经键入了销售量以后,应该用公式计算各种小计。具体方法为:

a. 选定C9单元格以便输入第一季度销售小计;

b. 输入求和函数"=SUM(C4:C8)"然后结束输入。此时C9单元格显示求和结果,编辑栏中显示公式(函数);

c. 为了进行公式复制,选定源单元格C9;

d. 将鼠标指针移至活动单元格边框右下角的小黑方块上,使之变为一个黑十字,按住鼠标左键从D9单元格拖拽至F9单元格,即将源单元格C9中的公式复制到目标单元格D9至F9,完成D列至F列的累加;

e. 选定G4单元格以便输入全年CPU销售小计;

f. 用同样的方法可以完成第 4 行至第 9 行单元格的累加。

参照上述动作,可以进一步完成 G 列全年销售小计以及百分比的计算。

在操作中稍微注意一下就可以发现,当将 C9 单元格复制到 D9,E9,F9 单元格时,D9 中的函数已经不再是"＝SUM(C4:C8)",而是"＝SUM(D4:D8)"了,其他单元格也发生了类似的变化。在这里,应该先引入三个概念:单元格的相对引用、绝对引用和混合引用。

- 单元格相对引用

电子表格软件不是按照公式中给出的具体单元格名来理解公式。如在销售表例中,系统不是记做"C4,C5,C6,C7,C8 五个单元格中数值的和",而是采用一种相对引用的概念,即相对于公式单元格位置的单元格地址。因此,在 C9 单元格中公式的实际含义是"本公式所在单元格上方五个单元格内容之和"。

电子表格软件中采用相对引用有很多方便之处,其中最主要的是便于公式的复制。将 C9 单元格中的公式复制到 D9 单元格后,D9 单元格的内容是"本公式所在单元格上方五个单元格内容之和",即 D4 至 D8 单元格内容之和。正因为如此,使用电子表格软件可以在不同的位置复制同样含义的公式执行相似的计算。

- 单元格绝对引用

仅有相对引用的概念是不够的。如在 C10 单元格中计算第一季度销售量占全年销售量比例时输入公式"＝C9/G9",此时计算无错。但是如果将其复制到其他单元格则出错。因为这种计算要求公式的分子为变化的(即相对的),而公式的分母是固定的(即绝对的)。绝对引用所引用的单元格地址是工作表中的特定单元格地址,从形式上来看是在行名与列名前分别加上字符"＄",如＄G＄9,表示第 G9 单元格。因此,为了方便公式的再利用,C10 中应输入公式的正确形式为"＝C9/＄G＄9",其含义为"本公式所在单元格上方单元格的值除以第 G9 单元格的值"。若将其复制到 D10 单元格,则 D10 单元格的内容为 D9 单元格的值除以第 G9 单元格的值。

- 单元格混合引用

混合引用是上述两种类型引用的综合利用,适用于需要固定行而列变化或固定列而行变化的情况,输入格式形如＄B7,F＄4 等。混合引用是电子表格软件的一种复杂功能,熟悉它并与复制命令配合使用,可以获得事半功倍的效果。

（4）公式的显示

在一般情况下,我们所输入的公式都会被电子表格软件进行自动计算,最后以计算结果的形式显示在屏幕上。如果要知道某个单元格所使用的公式,可以选中该单元格后在编辑栏中查看。

在某些情况下,当我们需要查看或打印某工作表中的全部公式时,可以选择"工具"—"选项"—"视图"命令,在其"窗口选项"组中,选中"公式",然后按"确定"退出。此后,无论显示或打印,凡有公式输入的单元格都将表示为公式形式。再一次进入该对话框,取消"公式"前的对钩即可恢复原状。

更简便的方法是,同时按下〈Ctrl〉键和〈～〉键,即可在计算结果与公式之间进行切换。

6. 制图

将生成的数据表方便的转换为图形,以直观、醒目的方式显示数据之间的关系,这也是电子表格软件最吸引人的地方之一。

（1）生成图形

Excel 设置了图表向导引导用户一步步完成制图工作。使用图表向导的具体方法为：

a. 在数据表中选择制图数据区，选择数据区时应注意包括行列标题；

b. 选择"插入（Insert）—图表（Chart）"命令或单击常用工具栏中的"图表向导（ChartWizard）"按钮，系统打开"图表向导"对话框组中的第一个，该组对话框共有 5 个；

c. 在第一个对话框中，左边显示图表类型（有两个标签：标准类型和自定义类型），右边为子图表类型。选择一个后单击"下一个"按钮；

d. 第二个对话框显示并可以选择图表源数据，包括数据区范围、以列成组比较（系列产生在列）和以行成组比较（系列产生在行）等。确认无误后单击"下一个（Next）"按钮；

e. 第三个对话框为图表选项，包括标题、坐标轴、网格线、图例、数据标志等；

f. 第四个对话框指定图表所插入的位置，可以选择是作为新工作表插入工作簿，还是作为图表对象插入当前工作表。选择完毕后单击"完成（Finish）"结束。

如果选择了"作为其中的对象插入"，此时在工作表上就会显示一个以数据表为数据基础的图形。

生成图形的更简便的方法是，选择制图数据区域后按下〈F11〉，即可越过向导的各个选项，自动生成图形。系统的默认图形为柱形图。

（2）编辑修改

图形生成之后，如果对其不满意，可以用命令进行进一步的编辑和修改。

① 缩放

生成图形的大小是由系统自动决定的，可能大小不够合适。此时可以用如下方法改变大小：

a. 刚刚生成的图形框的四边与四角各有一个小方块，称为"尺寸柄"。如果要处理以前生成的图形，单击图形区内任意位置即可以出现尺寸柄；

b. 将鼠标指针移动到尺寸柄处，指针变为双向箭头；

c. 拖拽尺寸柄改变图形大小（拖拽上下边改变高度，拖拽左右边改变宽度或拖拽四角同时改变高度与宽度）；

d. 改变结束后，单击图形框外任意单元格或按〈Esc〉键尺寸柄消失。

② 移动

改变图形位置的具体方法为：

a. 单击图形区内任意位置使之出现尺寸柄；

b. 将鼠标指针移动到图形框除了尺寸柄以外的任意地方，指针变为单向箭头；

c. 向希望的工作表位置拖拽，直至满意；

d. 改变结束后，单击图形框外任意单元格或按〈Esc〉键尺寸柄消失。

③ 改变类型

生成图形的同时定义了图的类型，但是可以很方便地将其改为其他类型。具体方法为：

a. 双击图形区内任意位置激活图形。此时，原主菜单中的"数据"项变为"图表"；

b. 选择"图表（Chart）—图表类型"命令打开"图表类型"对话框；

c. 重新选择所希望的图表类型和子图表类型；

d. 单击"确定（OK）"按钮以选定的新样式显示图形；

e. 改变结束后,单击图形框外任意单元格或按〈Esc〉键。

④ 修改定义

除了改变图的类型外,用户原来对图形所做的定义都可以修改,具体方法为:

a. 双击图形区内任意位置激活图形;

b. 选择"图表(Chart)"命令,该菜单项的其他子项主要有:

• 数据源

• 图表选项

• 位置

具体操作与前述生成图形方法相同,选择结束后,单击"确定(OK)"按钮完成定义的修改。

Excel 还提供了多种对图形的编辑命令,如添加或删除背景阴影、添加或隐去网线、彩色和黑白图形、改变图例位置、改变显示字体等等。事实上,无论何时双击图中任何元素,都可以打开一个相应的对话框,进行你所需要的修改。

7. 数据的管理

电子表格软件是处理、计算、管理数值数据的强有力的工具。Excel 提供了对于数据表进行管理的功能,包括生成数据表,数据表中数据的添加、编辑、删除、排序与检索以及对数据的分类小计等等。这里,我们以管理一个简单的学生登记表为例,对 Excel 数据管理的几个子命令进行说明。

(1) 数据表生成

数据表(List)实际上就是如前所述输入的数据区域。生成数据表的过程已述,不细论。应该说明的是,数据表中的每一行(即一个学生)称为一个记录(Record),每个记录由编号、姓名、性别、年龄、籍贯以及语文、数学、英语和平均分等字段或称"域"(Field)构成,各列的列标题就是字段名。

已经生成的数据表可以应用格式化方法进行格式化,如标题的跨列居中、平均分保留两位小数、表格线等。

(2) 记录的基本操作

当数据表比较小时,可以在屏幕上对单元格内容进行观察、定位和编辑修改,也可以利用增减行列的方法对记录进行处理。但如果数据表较大,不易在屏幕上观察时,可以利用 Excel 提供的数据表格对话框进行有关操作。具体方法为:

a. 将活动单元格定位于数据表内任一单元格;

b. 选择"数据(Data)—记录单(Form)"命令打开一个对话框。对话框的顶部为工作表名,左部显示记录的各个字段,右部排列命令按钮。该对话框的功能有:

• 翻阅显示 为了显示当前记录前后的记录,可以单击右部的"上一条(Find Prev)"或"下一条(Find Next)"按钮,或者使用记录右侧的滚动条。对话框右部上方显示当前记录号和总记录数,形如"5 / 10";

• 新建(New) 单击按钮后左部记录字段全部为空,用户可以在其中输入新的数据,用〈Tab〉键在字段键切换,用〈Enter〉键结束输入进入下一个新记录。新输入的记录附加在原有数据表的后边;

• 编辑修改 找到需要修改的记录后,单击要修改的字段进入编辑状态,可以进行如同在工作表在进行的编辑工作。一旦键入了新的内容,右部"还原(Restore)"按钮由暗淡变为正常,

在用〈Enter〉结束输入前,随时单击恢复按钮取消新输入的内容;

• 删除(Delete) 找到要删除的记录,单击删除命令,系统要求用户确认后完成删除;

• 条件(Criteria) 单击按钮后进入查询状态。此时左部记录字段全部为空,用户可以在有关字段中单击并输入查找条件,如单击"籍贯"字段后输入"北京",或单击"语文"字段后输入">85",最后单击"下一条"按钮,系统自动定位于符合条件的第一个记录并显示出来。继续单击该按钮显示符合条件的所有记录。单击"上一条"按钮则向前翻阅。

进入查询状态后,右侧的命令按钮也会发生一些变化。单击新出现的"记录单"按钮即可退出查询状态。

c. 结束操作时单击 "关闭(Close)"按钮关闭对话框。

(3) 记录排序

最初的记录输入可能是无序的,利用电子表格软件的排序功能,可以按照任意要求对记录排序,如按姓名、籍贯、各科成绩的升序或降序等排序。方法有二:

其一、使用菜单命令

a. 将活动单元格定位于数据表内任一单元格;

b. 选择"数据(Data)—排序(Sort)"命令打开"排序"对话框;

c. 在"主要关键字(Sort By)"下拉列表框中选择排序字段,并在其右侧选择"升序排列(Ascending)"或"降序排列(Descending)";

d. 必要时,在"次要关键字"下拉列表框中择排序字段,并在其右侧选择"升序排列"或"降序排列"。Excel 允许最多设定三个排序字段;

e. 单击"关闭(Close)"按钮关闭对话框。此时屏幕上显示排序后的数据表。

其二、使用工具栏

a. 在作为排序依据的字段中单击任意单元格;

b. 单击常用工具栏中的"升序"或"降序"按钮。

此时,系统按照活动单元格所在字段内容重新对整个数据表进行排序。

需要注意的问题:如果用单击列标头的方法选择作为排序依据的字段,系统将只对被选中的列进行排序,而不是依据该字段对数据表中的记录进行排序。除非特殊需要,一旦发生这种情况,请立即用"撤销"按钮取消上述操作。

---

(4) 记录筛选

如果输入的记录很多,用户可以指定需要的记录,而将无关记录隐藏起来,这就是记录的筛选。具体方法为:

a. 将活动单元格定位于数据表内任一单元格;

b. 选择"数据(Data)—筛选(Filter)—自动筛选(AutoFilter)"命令,此时屏幕上每一列标题的右部显示一个下拉箭头;

c. 选中一个字段单击其箭头则显示一个列表框。列表框中列出项目有:

• 字段值 包括所有记录中该字段内不重复的值,如单击性别字段箭头,此处为"男"、"女";

• "全部(All)" 显示全部记录,一般用于筛选后的恢复显示;

• "自定义(Custom)" 系统将打开一个"自定义(Custom AutoFilter)"对话框,由用户指定查找条件。如在年龄字段中选择了自定义功能,则可以在第一个条件栏目中打开左边的下拉列表框,选择适当的运算符,如">",然后打开右边的下拉列表框输入条件,如"20"。当然,如果需要,还可以选择逻辑运算符"And"或"Or",并在第二个条件栏目中进行操作,如选择"Or","<","18"。单击"确定(OK)"按钮后,屏幕显示年龄在 20 岁以上以及 18 岁以下的所有记录;

- "空白(Blanks)"　显示空白记录行;
- "非空白(NonBlanks)"　显示所有非空白记录行。

操作完毕,屏幕上只显示筛选后的记录,而且每个操作过的字段箭头呈蓝色。

用户还可以对字段进行组配查找,即在一个字段中利用上述操作筛选出部分记录后(如筛选出全部女性),再在另一个字段中进行进一步的筛选(如筛选出年龄为 18 岁者),此时屏幕上显示全部 18 岁的女性。灵活运用上述方法,可以在一个大型数据表中筛选出符合各种复杂要求的记录。

为了恢复原有显示,应再次选择"数据(Data)—筛选(Filter)"命令显示其子菜单,这时"自动筛选"项前有对钩标记,单击取消标记即可。

(5) 分类汇总

Excel 提供了对已经生成的数据表进行分类汇总的功能。进行汇总前应先对数据表中作为汇总依据的字段(如性别或年龄)进行排序。分类汇总的具体方法为:

a. 将活动单元格定位于数据表内任一单元格;

b. 选择"数据(Data)—分类汇总(Subtotal)"命令打开"分类汇总"对话框;

c. 选择作为汇总依据的字段、汇总方式(如求和、平均值、最大值、最小值等)和要进行汇总的项目(可有多项,如语文成绩和数学成绩);

d. 单击"确定(OK)"按钮关闭对话框。

操作结束后,屏幕上显示分类汇总的结果,同时,屏幕左边显示统计区域。单击显示级别 1 屏幕只显示总结果,单击显示级别 2 屏幕显示分类汇总的结果,单击显示级别 3 屏幕显示所有记录及其汇总结果。

为了恢复原有显示,应再次打开"分类汇总"对话框,单击"全部删除(Remove All)"按钮即可。

Excel 中还提供了其他一些数据管理功能,如数据透视表、组及分级显示、数据有效性管理等,可以利用不同视图、从不同角度对已经建立好的数据表数据进行处理,满足不同用户的不同要求。

8. 工作表打印

Excel 可以在 Windows 下连接的打印机上打印工作表或选定的区域。操作方法与 Word 类似。如果已经联机,选择"文件(File)—打印(Print)"命令打开"打印"对话框

(1) 页面设置

这里所说的页面设置是指输出工作表的打印样式,设计具体方法为:选择"文件(File)—页面设置(Page Setup)"命令打开"页面设置"对话框。在对话框中,用户可以指定页面输出方向、页面大小、工作表的缩放比例以及页眉与页脚等。

(2) 打印预览

为了保证设置的正确,可以事先在屏幕上按打印样式显示。选择"文件—打印预览(Print Preview)"命令,屏幕上按打印设置进行显示,单击"关闭(Close)"按钮返回工作表。

（3）打印

选择"文件—打印（Print）"命令打开"打印"对话框，在这个对话框中，用户可以选择打印机、指定输出页等。选择完毕，单击"确定（OK）"按钮，打印机开始打印。

9. Excel 在办公活动中的应用示例

目前在办公活动中，Excel 主要是被用来完成数据统计、制表等事务性处理工作。软件的其他功能，如异地数据管理、数据分析、趋势预测等还并未获得广泛的认识。

支持决策活动是办公自动化系统的一个重要目标，但办公决策面临着参数众多、计算复杂、工作量大等种种难题，在传统的手工方式下，很难及时、准确地获得信息、完成计算。因而在实际工作中，很少有人完全以数据分析、预测的结果为决策依据，有些时候甚至根本不做这类分析。有了电子表格软件，利用其强大的数据管理、方便快捷的"What If"分析功能，使得复杂而困难的数据处理工作变得简单易行。

下面以几个办公活动中常见的任务为例，介绍一下 Excel 的综合应用。

（1）数据引用

对于较大规模的管理系统，其数据可能来自多处。对于其他数据表已经输入的数据，最简便的方法是"引用"。引用不仅可以简化输入，更重要的是可以避免人为错误，且当源数据被修改时，引用单元格中的值可以联动地发生改变。

在 Excel 中，按同当前公式单元格的位置关系，数据引用主要有如下类型：①同一工作表中单元格的引用；②同一工作簿不同工作表中单元格的引用（三维引用）；③其他工作簿中单元格的引用（外部引用）；④对非本机程序中单元格的引用（远程引用）。按对源数据的位置要求，又可以分为按位置合并和一般引用两类。前者简便易用，但要求源数据具有相同的排列顺序和位置；后者则具有极大的灵活性，对数据布局没有限制，数据可以以任何顺序排列在任意地方。

以某办公室进行人员津贴管理为例。设由人事处进行人员工作业绩评定管理（填写考核奖和考勤奖），由伙食处进行职工每月用餐统计（记账），月底再根据这些数据做明细报表。操作过程为：

① 建立工作表

a. 建立"月汇总表"工作簿，并将其中的 sheet1 命名为"明细表"、sheet2 命名为"工作业绩表"；

b. 单击选中"明细表"，然后按下〈shift〉键，再单击"工作业绩表"即可将两个表合成一组，在其中的适当位置（如 C4）输入职工名单，输入完毕后单击组外任意工作表标签（或在成组工作表标签处右单击，从弹出的快捷菜单中选择"取消成组工作表"）取消成组。这样，两个工作表中的相同位置都输入了名单；

c. 向成组工作表中同时输入相同数据的方法只适用于一个工作簿内部的多个工作表。为了向另一工作簿中输入名单，可以先选中明细表，然后选择"编辑—移动或复制工作表（M）"命令打开"移动或复制工作表"对话框，在"将选定工作表移至工作簿"下拉列表框中选定"新工作簿"并选中"建立副本"（如果已经建立了工作簿，可在下拉列表框中选择该工作簿名），单击"确定"完成。可将新工作簿命名为"用餐金额表"、新工作表命名为"用餐费"。

当然，也可以先在一个工作簿中输入名单，然后利用"复制—粘贴"命令，将其复制到另外两个工作表中。

d. 根据需要，在三个工作表中分别输入"考核奖"、"考勤奖"、"用餐费""实发"等列名（字段名),其中的明细表中包括所有的各项目。处理完毕后,将用餐金额表发给伙食处填写用餐费用,人事处填写工作业绩表。

② 数据汇总

填写明细表的方法通常是将收集来的数据敲进单元格。但这种方法不仅麻烦、容易出错,而且当原始数据被修改后,需要对明细表重新调整。这里所采用的方法是数据汇总。其中由于工作业绩表与明细表处于同一工作簿中,可以采用"三维引用",而用餐金额表处于另一个工作簿中,可以采用"外部引用",具体方法是:

a. 在明细表第一位职工的考核奖单元格(如 D4)中输入引用公式"=工作业绩表!D4",该公式的含义为:引用当前工作簿、"工作业绩表"工作表中与当前公式所在单元格位置一致的单元格中所输入的值。其中的"!"为工作表名的结束标志。输入该公式后,单元格中显示第一位职工考核奖的金额数;

如果不想从键盘敲入上述公式,还可以使用鼠标操作。即先选择引用公式的单元格,再单击编辑栏中的"=",然后单击"工作业绩表"工作表标签选中该工作表并单击"D4"单元格选中该单元格,最后单击编辑栏中的"√"完成操作。此两种方法等效。

b. 由于两个工作表人员名单是一致的,在完成了第一位职工考核奖的引用后可以采用公式复制的方法,将该公式向下复制至所有有关单元格。

c. "考勤奖"的输入方式与之类似。其实,如果"考勤奖"列位于"考核奖"右侧(E 列),也可以用公式复制法向右复制;

d. 由于"用餐费"工作表位于"用餐金额表"工作簿中,引用公式中必须要指明其工作簿名。公式形式为"=[用餐金额表.xls]用餐费!D4",其中,方括弧中为工作簿名(该方括弧不能省略),方括弧后为工作表名,用"!"结束,最后为引用的单元格名。

同样可以用鼠标完成这一操作。但有两点应该注意:一是应该先将"用餐金额表"工作簿打开;二是在这种"外部引用"方式中,单元格引用方式默认为"绝对引用",如果需要复制,应将其改为相对应用形式。

e. 将该公式向下复制至有关单元格

明细表输入完毕。该表在外形上与重新键入数据相同,所不同的是,表中数据依赖于其所引用的工作簿、工作表和单元格中的数据。如果修改了源数据,明细表中的数据会相应地发生变化。

	A	B	C	D	E	F
1	奖金评定					
3	处室名	姓名	考核奖	考勤奖	总奖金	
4	办公室	晨铭	600	600	1200	
5	办公室	黄立方	500	600	1100	
6	办公室	柳洱	500	500	1000	
7	人事处	夏涤	500	600	1100	
8	人事处	黎莉莉	600	600	1200	
9	管理处	谭霄	600	500	1100	
10	管理处	王鲁	600	600	1200	
11	伙食处	欧阳雪	500	600	1100	
12	伙食处	孔湘	600	600	1200	

	A	B	C	D
1	当月用餐统计			
3	处室名	姓名	用餐金额	
4	办公室	晨铭	120	
5	办公室	黄立方	90	
6	办公室	柳洱	100	
7	人事处	夏涤	125	
8	人事处	黎莉莉	120	
9	管理处	谭霄	110	
10	管理处	王鲁	90	
11	伙食处	欧阳雪	100	
12	伙食处	孔湘	100	

| | H4 | | ▼ | = | =[用餐金额表.xls]用餐费!D4 | | | | |

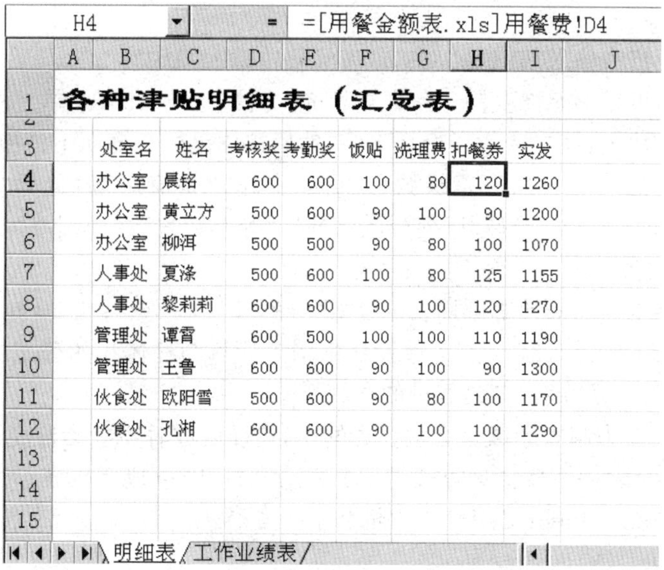

图 2.13　数据引用示例

需要进一步说明两点：

第一、这种引用方式具有普适性，被引用的数据可以位于任何位置。如果位于其他工作簿，那么，当源工作簿打开时，公式中包含工作簿的名称（在方括号中）、工作表名称和"!"、公式所在的单元格。当源工作簿关闭时，公式中包括完整路径，形如：= 'D:\My Documents\OA 教材\[用餐金额表.xls]用餐费'！D4（由于被引用工作表或工作簿名称中包含非字母字符，所以路径或文件名被置于单引号中）。被引用的数据甚至可以位于互联网任何一个主页上的文件中，其公式的形式为：= 'http://www.someones.homepage/[file.xls]Sheet1'！A1

第二、用这种方式不仅可以引用单元格中的数据，还可以结合函数应用，对有关单元格中的数据进行运算，如：=SUM(工作业绩表！D4:E4)-[用餐金额表.xls]用餐费！D4

（2）假设分析——模拟运算表

这里以一个简单的公式计算为例，说明利用 Excel 的模拟运算表功能进行数据分析的基本方法。

圆周长、圆面积、圆柱体积等都是以圆半径为自变量的公式计算，改变圆半径，则其周长、面积和柱体积都将发生变化，这是一种很简单的计算。但是即使是这种简单计算，如果提出的要求是：请指出当半径从 1 至 10，以 0.2 为增量变化时，其周长、面积和柱体积将随之发生什么变化？每一个变化的值是什么？变化的趋势如何？这些问题就不一定好回答了。Excel 可以用表格和图形的方式迅速回答这些问题。

工作表的设计方法为：在 B 列安排自变量圆半径，其中，B5 单元格输入初值，B5 以下以 0.2 为增量输入半径值，占据 5～50 行。在第一个参数的右一列、上一行单元格(C4)中输入第一个公式，其他公式依次向右排列，占据 D4、E4 单元格。以一个不妨碍数据区操作的单元格，如 A4 单元格为输入单元格(输入单元格是公式输入时引用的单元格，输入值一般为 0。当进行计算时，系统自动将自变量值带入输入单元格，通过公式进行计算)。最后，C5:E50 区域为结果数据区，显示自动计算的结果。

具体方法是：

① 在 B5 单元格中输入初值"1"，在 B6 单元格中输入"1.2"；

② 采用"同列相邻单元格复制——数据填充"方法，选中 B5、B6 单元格后，将鼠标指针移至右下角的小黑方块上，使之变为一个黑十字，然后按住鼠标左键向下拖拽 B50 至单元格。此时 B6 至 B50 单元格填充一列等差级数（还可以在输入初值"1"后选择"编辑（Edit）—填充（Fill）—序列（Series）"命令，选择"序列产生在列"、"等差数列"并分别在"步长"中填入"0.2"、在"终止值"中填入"10"）；

③ 在 C4 单元格中输入计算圆周长的公式"＝2 * PI() * A4"；在 D4 单元格中输入计算圆面积的公式"＝PI() * A4 ^ 2"；在 E4 单元格中输入计算圆柱体积的公式"＝PI() * A4 ^ 2 * 5"。其中，函数"PI()"是"π"，"5"是假设的柱高；

④ 选择 B4:E50 为制表区域。必须注意的是，选择区域时要包括自变量列和公式行；

⑤ 选择"数据（Data）—模拟运算表（Table）"命令打开"模拟运算表"对话框，单击"输入引用列的单元格（Column Input Cell）"文本框将插入点移入，然后键入"＄A＄4"，或者单击 A4 单元格；

⑥ 选择"确定（OK）"按钮关闭对话框。

此时选定区域内自动计算并立即显示计算结果。如果对初值或增量不满意，还可以手动进行修改，修改完毕后，结果仍然会立即显示出来。

为了使输出结果一目了然，还可以利用计算结果进行制图。制图方法如前所述。当然，你可以进一步对数据表的栏目大小、标题位置与形式、字体、字号、颜色及表线等进行设计和修饰。

这个例子比较简单，容易理解。在管理工作中，常常会遇到类似的问题，如为了完成某个项目，需要向银行申请一笔贷款。若年息为 4.8%，希望贷款额为 8 百万元，在 3 年内还清，要了解每月还贷额随利率的变化。只要掌握了有关的知识和公式，计算是方便而迅速的。

图 2.14 和图 2.15(a)就是上例(为方便排版，半径增量为1)以及一个一维的还贷分析，可以参照操作。

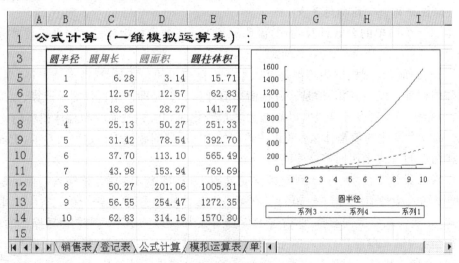

图 2.14　公式计算

E6 = {=表(,C5)}

	A	B	C	D	E
1	**What If 分析：一维模拟运算表**				
2					
3		**抵押贷款**		**金额**	
5	利率		4.80%		¥239,049.47
6	期限		3	4.50%	237975.3958
7	贷款总额		8000000	4.80%	239049.4732
8				5.00%	239767.1768

图 2.15(a) 还贷分析

B16 = =PMT(C13/12,C14*12,-C12)

	A	B	C	D	E	F
11	**What If 分析：二维模拟运算表**					
12	贷款总额：		8000000			
13	引用行单元格（利率）		0	*期限*		
14	引用列单元格（期限）		0			
16	#DIV/0!		4.50%	4.80%	5.00%	一利率
17		2	349182.49	350255.01	350971.12	
18		3	237975.40	239049.47	239767.18	
19		4	182427.89	183510.44	184234.35	
20		5	149144.15	150237.94	150969.87	

图 2.15(b) 二维还贷分析

Excel 还提供了二维 What If 分析，即计算有两个自变量的公式。与上述操作不同的是，工作表的设计方法是以一列安排一个自变量，以一行安排另一个自变量；当然，这也就需要两个输入单元格：输入引用行的单元格（Row Input Cell）和输入引用列的输入单元格；在两个自变量交叉的左上角输入公式（或者在其他单元格输入公式，在左上角单元格引用）。最后，在打开了"模拟运算表"对话框后，需要分别输入行输入单元格和列输入单元格。其他如上操作。操作结束时，选定区域内自动计算并立即显示计算结果。这种公式计算更加复杂，因而也就更能显示电子表格软件的优势。图 2.15(b)显示了在变化的利率和还贷期中每月还贷额的情况。

（3）命中目标——单变量求解

在工作中，如果已经有了一个明确的目标（数值型），希望反推用于确定此目标公式的参数值，即在一个由变量和引用变量的公式共同构成的模型中，已知结果而对变量值进行求解，就可使用 Excel 所提供的"单变量求解"功能。

例如：在上例（还贷分析）中已经计算出了每月还贷额，但由于条件限制，每月还贷额不能超过 20 万元。

为进一步解决这个问题，可先建立一个如图 2.16 的简单模型。模型建立后，系统自动计算出月付款额为 239049.47。

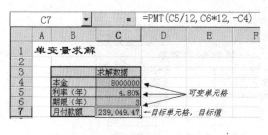

图　2.16　　　　　　　　　　　　　　　　图　2.17

由于实际问题中的约束条件,月付款额不能超过 20 万,显然此模型的结果不能令我们满意。

分析这一模型可知,C7 单元格中为公式,是确定的目标,称目标单元格。其他三个则是这一公式所引用的变量,称可变单元格。在这种模型中,可以用系统提供的"单变量求解"调整可变单元格中的参数来完成任务。具体方法是:

① 如上所述,建好模型;

② 选择"工具—单变量求解(G)",打开"单变量求解"对话框(见图 2.17);

③ 在"目标单元格"中输入"C7",在"目标值"中输入"200000",在"可变单元格"中输入"C4"以了解可将贷款额调整为多少能满足要求;

④ 单击"确定"执行计算。

此时系统在用户指定的"可变单元格"内不断测试数据,直到找到所要求的解。运算结束后,工作表中显示运算后的结果,同时系统弹出一个消息框报告结果,可以用"取消"回到原始输入,也可以用"确定"保留结果。如果选择了保留结果,工作表中为自动计算的结果,这一结果还可以被用户手动地修改。

当然,用户也可以将 C5 或 C6 设为可变单元格,这样就可以了解在利率降低或延长还贷期时的情况。

需要指出的是,"单变量求解"只能应用于调整一个参数的情况,如果问题需要调整多个参数,应该使用"工具—规划求解"。另外,不是所有的问题都有解。

(4) 与其他软件交换信息

Excel 是 Microsoft 公司的套装软件 Office 2000 的组成部分,其他几个软件是:Microsoft Word,Microsoft Outlook,Microsoft PowerPoint,Microsoft Access,Microsoft Publisher,Microsoft FrontPage,Microsoft PhotoDraw 等。这些软件以 Windows 为支持,可以联合起来使用,共享信息,以发挥各自所长,使办公活动更有效、更容易。

使用简单的命令,可以将在 Excel 中创建的数据表很方便地复制到 Word 文本中。具体方法为:

① 打开一个工作表并完成输入;

② 打开准备接受 Excel 表的 Word 文档;

③ 将两个窗口排列在屏幕上,可以重叠,也可以取水平或并列排列;

④ 单击 Word 的标题栏激活 word 文档,并在屏幕上显示 Word 文档中待插入表格的位置;

⑤ 单击 Excel 的标题栏激活 Excel 工作表,选择需要复制(移动)的数据区域;

⑥ 用鼠标拖拽复制(移动)数据表方式将选中的数据区域拖拽到 Word 文档中,或选择剪切、复制、粘贴按钮进行复制(移动)。

操作完成后,系统将 Excel 数据表插入 Word 文档中。

在 Word 中双击数据表可以进入 Excel 编辑状态,进行如在 Excel 中进行的编辑。在文档屏幕的其他位置双击即可结束编辑。在 Word 中进行的修改不影响 Excel 中的工作表内容。

使用简单的命令,可以方便地调用 FoxPro 的数据库文件等其他应用程序所生成的文件,具体方法为:

① 选择"文件(File)—打开(Open)"命令打开"打开"对话框;

② 在"文件类型(Files of Type)"下拉列表框中选择"dBase 文件"(当然,也可以选择如 Lotus 1-2-3 等其他需要的文件类型);

③ 选择适当的磁盘驱动器、子目录显示要打开的文件名后双击,或者在文件名文本框中直接输入要打开的文件名并确认即可。

Excel 是一个具有丰富功能的电子表格软件,上面仅仅是其基本功能、操作方法和简单实例。在实际应用中,利用掌握的基本操作和菜单中的其他功能,可以完成很多复杂的工作。

2.3 数据库管理

数据是广泛存在的。政府机关的统计与计划、银行的账目、图书馆的书目、工厂的生产记录、医院的病例等等,都是办公与管理活动中频繁处理的数据。在手工处理阶段,数据记录在纸上,管理很不方便。计算机引入管理领域以后,特别是数据库(DataBase;DB)技术应用于管理领域以后,办公自动化的技术与水平上了一个新台阶。现在,数据库技术已经成为 OA 系统研制的主要支撑技术,后文所述日程管理、文档管理乃至管理信息系统、决策支持系统等,都是建立在数据库系统的基础之上的。

2.3.1 数据库及其基本概念

计算机数据管理经历了三个阶段:

• 零散数据　由于早期主要应用是科学计算,数据随机输入且一般不长期保存。

• 数据文件　数据集独立于应用程序,以数据文件形式存储,数据排列方法与应用程序共同决定该数据的意义。

• 数据库　随着计算机在管理领域的广泛应用,大量的数据处理、数据的反复使用与长期保存等问题日益突出,由此产生了新的数据管理方式——数据库。

1. 数据库

在讨论有关数据库的概念时,把数据库与图书馆加以类比,可以帮助我们建立起一个比较清晰的数据库轮廓。图书馆是存储和借阅图书的部门,而数据库则是存储数据和帮助用户查找、修改和更新数据的机构。图书馆与数据库都是有组织和结构的系统,而且两者有着十分相似的结构特点。表 2-2 列出了它们之间一些主要特征的类比。

表 2-2　数据库与图书馆类比

数　据　库	图　书　馆
数　据	图　书
外存储器	书　库
用　户	读　者
用户标识	借书证
数据模型	书卡格式
数据库管理系统	图书管理员
数据物理组织方法	图书物理存放方法
用户对数据的操作 （查询、插入、删除、修改）	读者对图书馆的访问 （借书、还书）
用户操作独立于物理组织方法	读者访问独立于物理存放方法

具体来说，数据库的主要特点为：

(1) 数据是高度结构化的、有组织的

数据库是多个应用所需要的大量数据的集合，数据按照数据库的结构进行组织，其中的每个数据不仅有其值，而且有明确的意义。

(2) 数据冗余小

由于数据库不是面向应用而是面向系统的，多个应用所需要的相同数据不必重复出现，从而减少了重复(冗余)信息。例如，建立机关管理的统一数据库，其人事管理、工资管理、医疗保健等应用就不必保存自己独立的数据文件，重复出现职工年龄、性别、所属科室等信息，导致数据冗余。

(3) 数据具有共享性

数据库的数据可以为现有的应用调用，也可供以后研制的新应用调用，并具有对多个应用同时调用一个数据的控制能力(并发控制)。数据共享是数据库的目标之一，可以实现同一信息从不同角度、以不同的组合、为不同的用户服务。

(4) 数据具有独立性

数据存储独立于使用它的应用程序。数据独立性包含物理独立性和逻辑独立性。物理独立性是指在存储结构(物理结构)与逻辑结构间由系统提供映像，存储结构改变时逻辑结构可以不必改变，因而不必修改应用程序。逻辑独立性的含义是总体逻辑结构的改变不影响局部逻辑结构，因而也不必修改程序。数据独立性是数据库系统追求的目标，但目前逻辑独立性尚未完全实现，如删除一个数据类型时，调用这类数据的程序还必须进行修改。

(5) 数据的集中管理与维护

数据库系统依靠数据库管理系统(DataBase Management System)对数据进行输入、更新、查询等操作，并实现数据的安全性、完整性控制。其中，安全性指保护数据以防止不合法的使用。完整性是系统对数据实施的检验，包括数据的正确性(数据类型的正确)、有效性(数据范围的有效性、如月份值不能为 13,11.5 等)和相容性(表示同一事实的两个数据项之间的一致)。

2. 数据库的结构

为了实现上述要求，数据库系统采用了分级的结构。三级体系结构的定义方法可以提供良好的数据独立性，这三级数据库即物理数据库、概念数据库和用户数据库，它们分别对应于内部模式、概念模式和外部模式,如图 2.18 所示。

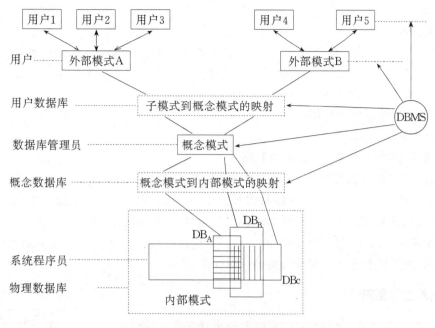

图 2.18　数据库的分级结构

内部模式集中了对数据物理特征的定义,如数据在磁盘上的存储位置、存取路径等,相应的物理数据库是系统中实际存在的数据库,相当于图书馆的书库。为了改善运行效率而进行的存储设备等的改变对一般用户没有影响。

概念模式是对数据库进行逻辑数据定义以显示一个整体有序的完整数据库,即概念数据库,相当于图书馆的馆藏目录。

外部模式定义数据的意义、类型、范围以及用户所希望的数据组成格式,即把数据库按特定用户的需要进行显示,这就是普通用户实际看到的数据库,类似于图书馆的专题目录。

数据库管理系统(DBMS)的各种处理程序根据内部模式、概念模式和外部模式实现数据库的物理形式、概念形式和用户所需形式之间的映射和转换。DBMS 的这种映射能力就是它所提供的数据独立性。

3. 数据库管理系统(DBMS)

(1) DBMS 的功能

DBMS 是实现对数据进行组织和管理的软件,是应用程序与数据之间的接口。一个理想的 DBMS 应该包含 4 大功能模块:数据库的数据结构、数据库的模式定义、数据操纵语言和数据库处理程序。当然,作为一组软件,DBMS 的功能因系统而异,但大致包括如下几类:

① 数据库定义:主要有数据结构定义、存储结构定义、保密定义、信息格式定义等;

② 数据库管理:主要有系统控制、数据存取与更新、模式映射、数据的安全性、完整性控制和并发控制;

③ 数据库建立与维护:主要有数据库的生成、更新、再组织、结构维护、故障的发现、排除、恢复和重新启动系统;

④ 数据通信:即用户数据与存储数据的传输与流动;

⑤ 其他服务：通过编辑、打印、报表生成器、程序生成器、屏幕生成器、菜单生成器等辅助用户操作。

（2）数据操纵语言

数据操纵语言又称查询语言，是 DBMS 的重要组成部分。不同的 DBMS 提供的查询语言不尽相同，但所有的 DBMS 的查询语言都必须支持下列 4 种基本操作：

① 从数据库中检索数据；

② 向数据库中增加新数据；

③ 修改（更新）数据库中已有的数据；

④ 删除数据库中不需要再保留的数据。

其中，更新数据和删除数据之前，必须确认该数据存在并且调出完成相应的操作，增加新数据之前也必须确认该数据不存在以及插入位置。换言之，增加、更新、删除操作都是以检索操作为前提，这也就是数据库的数据操纵语言也被称为查询语言的理由。

数据操纵语言是用户使用数据库的工具。用户可以直接利用它通过人机对话操作数据库、编制检索式，也可以利用它编制所需要的应用程序。

2.3.2 关系型数据库

以数据库管理系统为平台，我们可以进一步开发办公管理系统。在利用数据库管理系统之前，应该首先明确各个数据对象以及它们之间的相互关系，即建立数据模型。目前较成熟、较流行的数据模型主要有三种：层次模型、网状模型和关系模型（如图 2.19 所示）

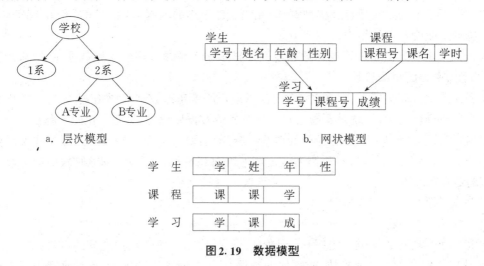

图 2.19　数据模型

简单来说，层次模型和网状模型都是以图作为基础结构，要求有比较复杂的数据定义和数据操纵语言。而关系模型则以数学理论为基础，理论严谨准确，比较容易表达复杂的现实关系，数据定义和数据操纵语言是面向用户的，结构简单，易于掌握，且数据独立性和冗余度都较层次和网状模型有了很大的改善，因而虽然其问世较晚，关系模型数据库却被视为最有生命力的数据库系统，而且还是各种新型数据库（如分布式数据库、智能数据库、知识库等）的基础。

根据关系模型建立起来的数据库系统即为关系数据库系统。目前，关系数据库使用的语言一般具有定义、查询、更新和控制一体化的特点，关系数据语言既可以嵌入高级语言或汇编语言中,又可以作为独立的交互语言使用,其核心部分为查询(如要更新某个记录,必须先查找到该记录,然后进行更新处理)。关系数据语言要依照和使用一套严格而完整的数学方法,其中,传统集合运算的并、交、差运算和专门关系运算中的筛选、投影、连接和除法运算等是最常用的关系运算。

关系数据库中的关系具有如下性质:

• 所有的元素都是不可再分的最小数据项。表 2-3(a)不符合这一性质,应改为表 2-3(b)或表 2-3(c)的形式。

• 每列元素的数据类型相同,如每个学号均为数值型数据,姓名均为字符型数据。

• 各列次序可以任意交换,对数据模型的构成和操作没有影响。

• 各行次序也可以任意交换。

• 不允许有两个完全相同的记录。区别不同记录的字段或字段集合称为"关键字"。

表 2-3(a)

学　号	姓　名	籍　贯		……
		省(市)	县	
001	张　三	北京	大兴	

表 2-3(b)

学　号	姓　名	籍贯省(市)	籍贯(县)	……
001	张　三	北京	大兴	

表 2-3(c)

学　号	姓　名	籍　贯	……
001	张　三	北京大兴	

在关系数据库管理系统中,每个文件往往被称为"表",表是由记录(行)和字段(列)共同构成的,是特定主题数据的集合。字段是指表中同种数据类型元素的集合,如姓名、单位等,也称"域"或"列"。识别每条记录的惟一的字段称为"关键字"或"主键",作为主键的字段中的值不可以重复或空缺,例如在职工管理系统中,一般采用职工号而不是职工姓名作为关键字。同一个系统的多个表之间往往存在着某种关系,如办公设备管理系统中,资源(办公设备)表、使用资源的时间表、客户(资源使用者)表之间就存在着"使用"关系。

关系数据库系统是 70 年代发展起来的,30 年来无论在理论上和实践上都取得了极大的成就。大型系统如美国加州大学的 INGRES,IBM 的 System R 以及在微机上运行的小型系统 ORACE,FoxBase,FoxPro,Microsoft Access,Corel Paradox,Lotus Approach 等都有着广泛的影响,在管理与办公系统中发挥了很大的作用。

当然,在实际应用中,不同的数据模型具有不同的优势。在数据库设计中,应该合理选择数据模型,特别是在大型系统(如 OA 系统)的设计中,往往不能期望用一种数据模型满足所有用户的需求,而且,为了满足网络化环境下 OA 系统对多类型信息、多项任务的实时支持及决策支持,需要进一步研究更适合的数据模型。

2.3.3　数据库系统的应用与设计

对于办公活动中的文字处理工作、数据统计与简单分析、管理工作,一般可以借助于现有的字处理软件、电子表格软件等进行支持。但是，当系统较为复杂，系统数据量庞大，系统中的数据之间存在着不同的关联度，数据存在着较强的结构性而字段长度较长，或者用户具有较复杂的查询要求时，数据库系统的应用可能存在着更大的优势。

下面以一个简单的办公设备管理系统为例，大致介绍一下有关数据库设计的问题。

假设我们要对办公资源(如会议室、汽车、投影仪等有关设备)的使用进行管理。在这一管理系统的数据中，包括办公资源的名称、类型及状况，使用者的姓名、所属单位、联系方式、记账地址等，以及使用者所预定的资源名称、类型、使用日期、使用的起止时间等。

在建立构成数据库的表、窗体和其他对象之前，合理的设计是创建能够有效地、准确地、及时地完成所需功能的数据库的基础。

设计数据库的基本步骤如下：

1. 明确创建数据库的目的

要获得一个高质量的数据库，首先是要确定创建该数据库的目的以及使用方式。用户应该明确希望从数据库得到什么信息，以确定保存什么主题的哪些相关事件。

要明确创建数据库的目的，需要与将使用数据库的人员进行广泛的讨论和交流。在此基础上，明确需要数据库解决的问题，描述需要生成的报表，收集当前用于记录数据的表格，并应该对已经建立的相关数据库进行调研和参考。

2. 定义表的结构

在输入数据之前，还要设计、定义表的结构，具体包括：

(1) 确定组成数据库的表

数据库中表的设计与实际应用中要打印的报表、要使用的格式、要解决的问题等不一定一致，而且在解决实际问题时，单一的表也往往是不够的，例如，一张办公用品使用情况公告中所涉及的项目可能会来自资源表、用户表、时间表及资源类型说明等若干个表。因此，如何确定数据库中的表是一个比较复杂的问题。

一般来说，一个表是一类数据的集合。要对数据库信息进行分类，应该着重把握数据的内在联系和它们之间的关系。表的设计应该注意：

• 表中不包含备份信息，表间没有重复信息，即每条信息只保存在一个表中。这样，当数据需要进行更新时，可以只在一处进行更新，不仅提高了效率，也减少了输入错误。

• 每个表只包含关于一个主题的信息，以使各主题的信息相互独立。

(2) 确定表中需要的字段

确定了表之后，就要进行表中字段的设计了，包括设计字段的名称、数量、顺序、每个字段中存储数据的数据类型、数据长度等。为了保证数据库中数据的质量，字段设计中还应该包括数据正确性和有效性的检验。

在设计表的字段时可以注意以下几点：

• 每个字段直接与表的主题相关；

• 不包含推导或计算的数据；

• 包含所需的所有信息；

• 以最小的逻辑部分保存信息。

(3) 确定关键字

在数据库中，为了连接保存在不同表中的信息，每个表必须包含表中惟一确定每个记录的

字段或字段集,即关键字(主键)。应该注意的是:

• 如果字段中包含的都是惟一的值,例如学生的学号或工作人员的职工号,可以将该字段指定为关键字;

• 在不能保证任何单字段都包含惟一值时,可以将两个或更多的字段指定为关键字,如"楼号＋房间号";

• 也可以构造一个编号作为表的关键字(称"代用关键字"),以保证关键字的惟一性并能提高效率,如指定"资源 ID"、"客户 ID"等。

(4) 数据结构的规范化

需要注意的是,关系数据库中的数据应该是适当结构化的,要满足一定的"范式"要求,即进行规范化工作。

规范化工作约有 20 条要求,满足最低要求的表称为"满足第一范式"。在第一范式中进一步规范化,满足第二条要求时,称为"满足第二范式",依此类推。显然,凡符合高一级范式的关系模式一定符合低一级范式。对一个大型系统来说,较高程度的规范化可以使得数据库存储空间最小,消除数据的不一致性,并且可以尽可能减少更新和删除时可能出现的问题,减少数据冗余。

应该说明的是,规范化理论为数据库设计提供了理论指南和工具,但这并不是说规范化程度越高的就越好。数据库表的结构最终应结合应用环境及现实世界的具体情况合理确定。

3. 定义表之间的关系

因为已经为每个主题都设置了不同的表,并且已定义了作为关键字的字段,所以需要通过某种方式告知系统如何以有意义的方法将相关信息重新结合到一起,即定义表之间的关系。

关系通过匹配两个表中使用相同名称的字段中的数据来完成。一般来说,这些匹配的字段是表中的关键字。

在数据库系统中,关系主要有以下几种:

• 一对一关系。A 表中的每一记录仅能在 B 表中有一个匹配的记录,而且 B 表中的每一记录仅能在 A 表中有一个匹配记录。一对一关系类型并不常用,主要用于因某种原因(如安全原因)隔离表中部分的数据,或生成表的子集。

• 一对多关系。这是关系中最常用的类型。在一对多关系中,A 表中的一个记录能与 B 表中的许多记录匹配,但是在 B 表中的一个记录仅能与 A 表中的一个记录匹配,如(资源表中的)一个设备可以在(时间表的)多个时间段中使用,而在(时间表的)一个时间段中所使用的该设备只在资源表中出现一次。

• 多对多关系。A 表中的记录能与 B 表中的许多记录匹配,并且在 B 表中的记录也能与 A 表中的许多记录匹配。此关系比较复杂,一般是通过定义第三个表(称作联结表)来达成。联结表的主键包含二个字段,分别来自 A 和 B 两个表。多对多关系通过使用第三个表转化为两个一对多关系。时间表与客户表之间即属于多对多关系,"计划表明细"则起联结表的作用。

为表之间定义了关系之后,我们就可以在诸如窗体、查询、报表等中组织、浏览我们所需要的、分别存储在不同表中的内容了。

4. 检验与优化

在设计完需要的表、字段和关系后,就应该进行认真的检查并找出可能存在的问题。要进行检验与优化,除了对问题进行进一步的总结与分析外,还可以:

- 在每个表中输入充足的试验数据,以验证设计。组织的试验数据应该具有代表性;
- 创建查询,用查询结果验证数据库中的关系;
- 创建窗体和报表,检查显示数据是否符合要求;
- 查找不需要的重复数据,并将其删除。

在上述任何一步骤发现问题,都应该回到数据库设计,查清楚原因并修改该设计。

在现在的一些数据库系统中往往备有数据库设计的分析工具,可以帮助我们分析建好的数据表,对表的结构和关系提出建议,如果用户同意则自动实现该建议。

5. 输入数据并创建其他数据库对象

如果表的结构已达到了设计要求,就可以在表中添加实际的数据,并进一步创建所需的查询、窗体、报表等。

图 2.20 为本例的几个主要表及表之间的关系。

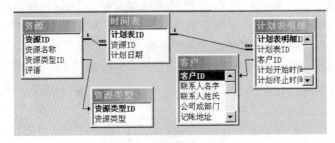

图　2.10

2.4 电子日程管理

在办公自动化实施的初期,人们的注意力主要放在改进秘书、办事员的字处理工作效率上。而随着整个社会的进步,办公效率的研究则越来越集中于领导、管理人员和专业技术人员的工作效率方面。办公自动化正在越来越多地应用于提供办公服务,而不仅仅是提供字处理能力。电子日程管理就是对办公人员的工作、办公活动的开展及办公设备的使用等的时间安排进行管理的工具。在国外,电子日程管理也被称为行政管理支持。

2.4.1 电子日程管理概述

在现代社会中,人们应逐渐习惯于"预约活动"。预约是对他人的尊重,对人对己,都是一种科学、合理地安排时间,有效地利用时间的手段,也是加强工作计划性、提高办公效率的手段。约定一般有当面约定、书面(信件)约定、电话约定等多种。

实施约定也有很多麻烦,约定的联系与通知是办公活动中令人头疼的一个问题。解决高级管理人员必须参加的会议的冲突、秘书联系与通知有关事宜的繁琐、各种临时变更的处理等等,都是耗时费力的事情。另外,与约定有关的人员还要记住有关约定,以保证按时赴约或避免形成冲突。

在手工处理方式下,主要是靠各种日程表、效率手册、便条等记载一些备查事项,起辅助记忆的作用。但这种方式有一些不足:① 私用性,一般情况下,除了本人及高级管理人员的助手(秘书)以外,别人不能查阅,因而其他人无法利用其了解、安排时间。另外,本人及其秘书的记事难以保证完全一致;② 不能免除约会的联系与通知中的麻烦;③ 仅仅起备查作用,不能主动提醒;④ 必须随身携带,若留在家里甚至遗失就毫无作用。

在OA系统中,可以通过使用电子日程管理子系统来解决上述问题。所谓电子日程管理就是利用计算机完成约会时间、人员、地点、程序的安排与管理,进而实现工作计划、办公业务的自动编排。它可以帮助办公人员对时间进行宏观控制和协调,优化时间管理。一般所说的电子日程管理包括电子日程表和电子备忘录。其中,日程表对一定期间内每天各段时间的约会活动作出安排,一般按时间顺序编排;备忘录用于记录已经确定的、需要完成的每项工作的时间进程要求,不具体分配时间段,仅起提示作用。

2.4.2 电子日程表主要功能

1. 时间管理

时间管理与一般数据管理类似,也包括输入、查询、修改、输出等。但是由于系统的特殊性,这些常规功能中包含有特殊要求。

(1)初始设置

日程表是按年、月、日及日内时间段顺序排列的。较大的时间段可以保证每次约会的准时实现,而适当划小时间段可以提供精确、经济的时间安排,减少时间安排中的冲突。时间段的大小允许用户自行设定,当用户改变时间段的大小时,系统自动调整已有的约会安排。

(2)输入

指输入具体日程活动,即约会安排。每项活动输入后有自动检索查重功能,如检查此记录是否已由他人录入、此记录的时间安排是否与已有安排冲突等,并给出必要的提示。依具体要求不同,对输入冲突有不同的处理,如拒绝输入或允许冲突存在。

（3）修改

指取消已有约会或重新安排约会。由于日程表起提醒作用,所以任何修改都应以某种方式（如加注文字、改变颜色等）作出标记。

（4）查询

提供时间、约会内容等项目查询。特别是时间查询应能提供模糊查询功能,对于查询者提出的有关某一具体时间、某一时间区间、某个（段）时间前后等有无约会的要求,均应给出准确的答复。

（5）删除

定期地或者按用户要求清理过期的约会,对有保留价值的记录或者希望保留以往记录的用户,允许其单独建库保存。

（6）输出

输出包括屏幕显示、打印和声音提醒。系统可以有选择地或全部输出日程表内容,可以在预约活动前（如前一天、前几个小时）提醒用户。如召开某级干部会,则可利用单位的办公网络,在会前10分钟由日程表系统鸣笛进行集体催促。还可以有定时输出,如每天第一次开机时,系统即显示这一天的时间安排。

2. 访问权限制

当日程表由原来手工处理中的私用转为计算机系统上的公用后,必然会涉及到日程安排中一些不宜公开的内容的处理。因此应针对不同的用户设置不同级别的访问限制。常用的有:

（1）本人日程表入口

作为一个日程表的主人,他拥有对此日程表的所有权力。日程表主人可以通过输入密码、口令等从系统的个人入口进入本人的日程表,并对其进行各种操作。

（2）特权用户限制

计算机管理日程表的好处之一就是其他人可以查看、预约安排某人的时间。当然,这种行为是有限制的。每个日程表均有一个特权用户名单,如表主的秘书、上级领导等。特权用户可以在权限允许的范围内对该日程表进行某些操作,如某些特权用户可以直接安排你的日程、修改你原有的安排,而有些人只能查看你某段时间去哪里做什么事,或者你某一个时期都干了些什么。

（3）显示内容限制

一般情况下,允许一些相关人员查阅某人的时间安排。但为了保护个人权力,系统会对显示内容进行限制。例如,对于非特权用户,只显示特定时间段是否已经被预约,而不显示具体内容,也不显示所有的时间安排。即使对于特权用户（如直接领导）,也只显示工作时间的日程安排及具体事宜,而不提供非工作时间的私人活动事项。

3. 活动安排

电子日程表除了替代手工日程表的"记事"功能外,更具特色的是它的"安排"功能。它可以综合完成询问、协商、调整、通知等一系列工作,大大简化工作安排的过程。

以组织会议为例。当初步确定了会议主题、与会者名单、会议地点、会期等基本条件并将其输入系统后,系统就自动按名单逐一查询其日程表,统计有冲突者的数量并显示冲突事项内容。会议组织者可以视情况决定是与有冲突人员协商调整,还是修改会期,或维持原期。会议确定后,系统会将有关事项自动加入有关人员(包括有冲突者)的日程表。当有关人员查看自己的日程表时即得到会议通知。

与此类似,利用日程表,上级可以合理地安排下属的时间,职员可以较为方便地约见上司,相关人员可以约会商讨问题。很多原来较为复杂的安排问题变得较为容易解决了。

4. 办公用品的时间管理

办公时间管理中,不仅涉及人的管理,也要涉及物的管理,如会议室、车辆等。利用电子日程表,只要将被管理的用品定义为表的主人,就可以很方便地实现时间管理和活动安排。

5. 其他

为了辅助上述功能的实现,方便用户,一些系统还提供了不同时区、不同时间显示格式之间的换算和转换。这样,在通知召开国际会议或跨国公司、机构的工作安排时,用户可以按统一的方式阅读日程表,不致发生误解。

另外,提供事项的优先级可以帮助表的主人在冲突事项发生后作出取舍和选择。

能方便地与其他系统相连,是现代计算机系统共同的要求。电子日程管理如提供这种连接能力,则会大大提高工作效率。例如可以和电子邮政系统相连,以方便异地日程管理。

2.4.3 电子日程表的主要信息

为了实现电子日程表的上述功能,系统设计、应用时应考虑包含下列主要信息:

① 年历(月历、周历、日历)与时钟;

② 工作时间:如上、下班时间、每周工作日、休假等;

③ 活动类型:如会议、约会、私事等;

④ 活动细项:如日期、时间、人员、议题、地点等;

⑤ 活动辅助项目:如会议室、桌椅、扩音器、投影仪、车辆等;

⑥ 特权用户名单:如有权操作某日程表的人员名单或职务单。不同的人对表有不同的操作权限,名单中也应包含这种权限;

⑦ 其他:如使用者个人的习惯、爱好、交友情况等。

2.4.4 电子日程表的发展

1. 电子日程表与备忘录联合管理

电子备忘录与电子日程表有很多相似之处,如对时间的管理、工作的安排、提醒等。不同之处主要在于它是以任务为中心,记录的是一项任务所需要的时间。电子备忘录的一个记录(任务)可以包含多个时间信息。以一项工程为例,起码包含有:提出日期、批准日期、开工日期、各阶段及工程总体的预定完成期和实际完成期等等。在备忘录系统中,多个任务的日期安排允许某些冲突的存在。

备忘录可以将任务以及与任务有关的人员建立某种联系,有关某一任务的重要日期安排会自动分送有关人员。例如我国社科基金、自然科学基金等资助项目有定期汇报进展情况的要求,若要求每年 6 月 30 日前交付,采用备忘录系统即可于每年 5 月 30 日按登记的项目负责人自动逐一通知,还可以在 6 月 15 日再催促一次。这在人工管理中工作量很大,而在电子备忘录中则轻而易举。

早期的电子日程表和备忘录是两个各自独立的子系统,而目前其趋势是联合管理。联合管理最大的优势是便于人们统一了解时间安排情况,并按手头所有事情的轻重缓急合理分配时间,不致因每日的琐碎小事贻误重大任务的落实。一体化的系统可以适当分割屏幕区域,在主区域显示日程表中的每日安排,在辅助区域显示有关备忘录项目,如正在进行中的任务、该任务中近期应完成的工作等,供安排日程时参考。

2. "便携式"电子日程管理

所谓"便携式"电子日程管理可以指装入笔记本电脑的日程管理系统,但更加吸引人的发展是电子日程管理系统与声音应答系统的结合。办公人员经常会离开办公室执行某项任务,会到外地乃至外国出差。如何在外出期间了解上级对自己工作的安排,如何在未带效率手册或远离终端的情况下获得辅助记忆,语音应答系统与日程管理系统相结合可以满足这一要求。例如,一位外出的办公人员,只要找到一部电话机,就可以拨通他所在办公室的电话以连通中心计算机,键入本人密码后打开个人日程表或备忘录进行查询,系统通过语音合成系统将查询结果转换为音频信号,利用电话系统传输给用户。这样,无论你走到哪里,只要有电话,就可以查自己的日程表,等于把电子日程表带在了身上。

2.4.5 电子日程表实例

电子日程管理是一个具有较强的实用性、较强的行政支持功能的 OA 子系统,信息含量大,功能丰富。设计一个实际的电子日程管理系统,需要借助于多用户或网络系统的支持,需要应用运筹学、计划决策等方面的知识与技术,是一个较为复杂的问题。这里,我们仅以 Microsoft Office 的组成部分——Outlook 2000 为例,对电子日程表做一介绍。

实际上,Microsoft 称 Outlook 2000 是一个桌面信息管理程序,主要用于组织和共享桌面上的信息并与其他人通信。其主要工作是管理约会、联系、任务和对于活动进行跟踪,可以利用"收件箱"收发会议邀请、任务要求及一般邮件,还可以替代 Windows 的资源管理器对本机文件进行管理。这里,我们重点看一下它的日程管理功能。

在 Outlook 中,日程管理所涉及的主要是对于约会、会议和事件的管理。

约会是在"日历"中安排的一项活动,可以不涉及邀请其他人或预定资源(会议室、电视、计算机等),如看病、交电话费等。可以设置约会的提醒,可安排定期约会,可通过将约会所用时间指定为忙、闲、暂定或外出来指定他人查看日历的方式。

会议是一种邀请其他人参加或预定资源的约会。可以创建和发送会议要求,并为会议预定资源。可以查看资源的有效性,将资源的使用计划与你的计划相比较,并在资源日历中对时间进行规划。创建会议时,可以确定邀请人员和预定资源,并挑选会议时间。会议要求的响应显示在收件箱中。

事件是一种持续 24 小时或更长时间的活动,如展览会、假期或研讨会等。事件可以是周期性的,如生日、周年纪念,也可能是只发生一次,但持续一天或几天。事件不占据日历中的时间块,而显示在大标题上。当其他人查看时,事件显示的时间为闲。

Outlook 日历分为按天、工作周、周和月显示几种查看方法。从菜单栏中选择"视图",并单击相应的显示方式即可。在按每日时间显示方式下,用户可以在相应的时间段双击即可进行该约会的设置。必要时,可以通过单击右边月历的日期改变当前日期,或者选择菜单栏中的"视图—转到"命令,转到今天或指定的日期。

用户可以更改 Outlook 日历的外观,如选择工作日、设置工作日的上下班时间、设置一周的第一天、设置一年的第一周等等。更改的方法是选择"工具—选项"命令,在"自定义日历外观"、"日历选项"下进行相应的设置。在"日历选项"下,还可以更改当前时区或添加第二时区,为跨时区的约会和会议提供了方便。另外,选择了"日历选项"下的"添加假日"按钮,可以将选中的国家或宗教的假日作为事件添加到日历中去。

Outlook 日历比纸基效率手册优越之处在于它的提醒功能。用户可以在安排约会、会议、事件以及任务等项目时,选中"提醒"复选框,并在"提前"文本框中选择或输入提前提醒的时间。这样,只要 Outlook 打开着(可以为"最小化"形式),到了指定时间,系统会通过计算机系统的声音系统和弹出的对话框,提醒用户到了执行某项任务的时间了。

另外,Outlook 可以提供多项与时间有关工作的综合管理,如:在"联系人"中设置其生日、纪念日后,该情况即可作为"事件"出现在日历的标题处并可以设置提醒;预先设置与某联系人电话联系的"约会"提醒,到时间后,在"联系人"下选中该联系人,选择"动作—呼叫联系人"命令,点击已经输入的电话号即可拨打电话;要管理忙碌的日常任务可以使用 Outlook 商务和个人待办列表,如设置任务的优先顺序、设置到期提醒和更新进度、跟踪重复的任务、将任务分配给他人并监视其进度等。

图 2.21 为 Microsoft Outlook 2000 "日历" 的屏幕显示。

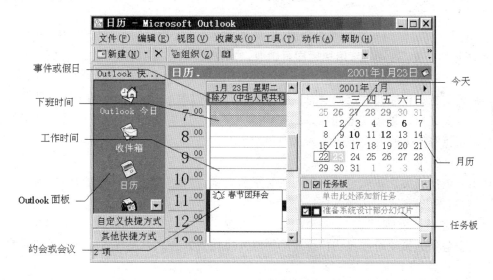

图 2.21 Microsoft Outlook 2000 "日历" 的屏幕显示

2.5 电子文档管理

文件档案的管理一直是大量办公人员的主要工作,也是极为琐碎、繁杂的日常事务工作。文档管理的自动化程度直接关系到行政机关的办公质量与办公效率。

2.5.1 文档管理概述

1. 公文及其分类

公文是在管理过程中所形成的具有法定效力和规范体式的公务文书,是传达贯彻党和国家的方针政策,发布行政法规和规章,实施行政措施,请示和答复问题,指导、布置和商洽工作,报告情况,交流经验的重要工具。公文分类可以采用多种不同的方法,如:

(1) 内部与外部

指公文生成地为本单位、本系统与否。一般来说,机构内部产生的公文对本单位有着更为直接的作用,如生产状况、政策手册等。

(2) 要否回音

指是否要求公文接收者以某种方式给予反馈。需要回音的公文如下级呈上来的请示报告、上级布置给下级的工作文件等,不需要回音的如取货通知等。

(3) 归档与否

指是否需要归档保存。一般来说,信息的价值是归档与否的标准,大致有 4 种情况:

① 永久性的、至关重要的公文必须归档,这类文件有法律文件、合同、重要会议记录等。

② 重要公文应予归档,如销售记录、统计记录、发票等,其中有些内容即使不再使用也应作为历史记录保存起来。

③ 有用公文需保存一段时间后处理,如商业通信等。保存时间可视情况而定。

④ 不重要公文不必保存,用毕后即可销毁,如一些通知、活动安排等。

(4) 活跃与否

活跃公文指和正在商讨及处理的事件相关的公文,过时的、不常问津的为不活跃公文。

公文分类还可以采用其他角度。如我国国务院办公厅发布的《国家行政机关公文处理办法》,将国家行政机关的公文种类定为:

(1) 命令(令)

适用于依照有关法律规定发布的行政法规和规章;宣布施行重大强制性行政措施;奖惩有关人员;撤销下级机关不适当的决定。

(2) 议案

适用于各级人民政府按照法律程序向同级人民代表大会或人民代表大会常务委员会提请审议事项。

(3) 决定

适用于对重要事项或者重大行动作出安排。

(4) 指示

适用于对下级机关布置工作,阐明工作活动的指导原则。

(5) 公告、通告

"公告"适用于向国内外宣布重要事项或者法定事项。

"通告"适用于在一定范围内公布应当遵守或者周知的事项。

(6) 通知

适用于批转下级机关的公文,转发上级机关和不相隶属机关的公文;发布规章;传达要求下级机关办理和有关单位需要周知或者共同执行的事项;任免和聘用干部。

（7）通报

适用于表彰先进，批评错误，传达重要精神或者情况。

（8）报告

适用于向上级机关汇报工作，反映情况，提出意见或者建议，答复上级机关的询问。

（9）请示

适用于向上级机关请求指示、批准。

（10）批复

适用于答复下级机关请示事项。

（11）函

适用于不相隶属机关之间相互商洽工作、询问和答复问题；向有关主管部门请求批准等。

（12）会议纪要

适用于记载和传达会议情况和议定事项。

除了行政公文以外，各企事业单位、公司等也都会编制各自的文件，在一定范围内流传。

2．文档处理

公文办理一般分为收文和发文。收文办理一般包括传递、签收、登记、分发、拟办、批办、承办、催办、查办、立卷、归档、销毁等程序；发文办理一般包括拟稿、审核、签发、缮印、校对、用印、登记、分发、立卷、归档、销毁等程序。

公文办完以后，应及时将公文定稿，正本和有关材料整理立卷，转由档案部门管理，作为档案加以保存、利用。

文档的存放，一般是根据文档间的相互联系、特征或保存价值分类整理立卷，将同类文档放入一个或几个相近的文件夹中，然后存入文件柜。

2.5.2 电子文档管理系统及其优势

文档管理可以说是一项艰巨的工程，办公系统的"文山"早有口碑。不仅政府系统如此，司法部门要记录每一个案例、保险公司要处理大量的保险索赔资料、一个工程项目也要处理大量的、不断变化的数据文档，如此种种难以细述。面对庞大的、日益增长的文件系统，传统的文档管理方式面临着种种难以解决的问题，主要有：

（1）登录的重复性

一个文件在政府多个机关内流转，就要进行多次签收登记，已经登录的公文转交本系统档案部时要再次登录，由政府机关发散到社会上的文件重复登录量更难以计数。

（2）查找不够及时有效

大量的文件使得手工查找越来越困难，特别是在文件部分内容发生变更、数据更新时，要想一次性查全相关资料难度就更大。

（3）文件办理的总体情况难于掌握

由于每天收发文量大，对每份文件的去向、重要文件的流转状况的了解困难。如要及时掌握一份注明要由 10 个领导签阅的文件，当时到底在哪位手上，以及已阅者签属了什么意见等就很麻烦。

（4）文件流转效率低

由于世界上实际存在着等级差异，一般文件流转要严格遵循自下而上或自上而下的顺序，非特殊情况不能(不宜)越级办理。加上重要的纸基文件不得复印,文件的逐一传阅、签署效率很低,等待、排队问题难以解决。

另外,传统的文档存放采用文件柜,管理与使用存在着诸多不便。

电子文档管理系统的兴起,为解决上述难题提供了技术支持。我们可以把电子文档管理系统理解为是以计算机为核心设备,实现对文件与档案从发文、收文到分类、归档、检索、删除的一体化管理,提高文档利用效率的系统。电子文档管理系统除了利用自身的文件处理功能外以,还需要综合利用文字处理、网络通信与电子邮政、数据库甚至对象链接等多种技术。电子文档管理系统的应用,特别有助于文件的生成、检索和利用。

与手工管理相比,电子文档管理的优势在于:

(1) 采用共享存取文件减少工作量

在计算机系统中,可以利用映射、复制等操作,方便地阅读文件或复制复本,既可以减少部门内实际文件的流转,又可以减少重复登录。即使在公文管理与档案管理两个不同的部门之间,也可以采用复制的办法减少登录工作量。既提高了效率,也必然减少差错。

(2) 存取文件不受时间、地理位置的限制

在多机系统中,或者在网络的支持下,可以实现多人同时或随时办理文件,即使出差在外,也不会影响重要文件的办理,提高了文件使用效率和办公效率。

(3) 检索查询快捷

多入口检索可以满足使用者从多个角度检索某件或某类文档,查询能力方便了催办、跟踪、检查工作,使得随时掌握文件流转、办理情况成为可能,也可以及时获得反馈信息。

(4) 文档管理一体化

在传统办公系统中,公文管理和档案管理是两个不同的行政部门。随着文档管理系统的应用,有利于文件生成-办理-存储-使用一体化管理的实现,减少管理层次和管理人员。

(5) 利用电子档案柜方便档案管理

电子档案柜是一个虚拟的概念。是以计算机的高速运算和海量存储能力,支持记录、文件的集合的形式管理文档,提供任意排序、快速检索、及时更新的能力。一些系统还利用图形界面能力模拟传统办公环境,将档案柜、文件夹等的外形搬上屏幕,使办公人员操作计算机就如同在他所熟悉的环境下办公一样。"虚拟办公环境"已经成为当前相当一批办公自动化系统设计者的追求。

2.5.3 电子文档管理系统的功能

一个好的电子文档管理系统,在遵循常规的公文与档案办理要求及技术规则,符合国家的有关规定的基础上,至少还应具备如下功能:

(1) 创建

创建文档主要可以利用文字处理软件,同时也可以综合电子表格、电子邮件、数据库、扫描输入、图形图像以及 Fax 材料等共同生成所需文件,具有一定的综合、集成能力。

文档创建一般包括两部分:题录和文件体。题录主要是结构化信息,为每个文档提供有关的索引参数,如发文号、题名、主题词、发文日期、发文者等等;文件体即文件内容。

对象技术的应用也具有很大意义,实现综合多个作者或信源的材料并以对象形式存储,可以方便后续文档的信息重用及有关内容的自动更新。例如,在一个议案中嵌入多条文字信息

（如引用的法律、政府文件条文等）、链接一个电子表格（如统计结果）、插入一个图像对象等。文档已经成为不同来源、不同类型的一组信息的结合，成为一种虚拟的、动态的资源。

（2）登记

文档登记实际上相当于题录信息的复制。系统可以实行一次性登记，并对输入的正确性进行检查，避免了重复操作和录入失误

（3）处理

文档处理就是记录办文过程中生成的信息，如领导批示、答复等，使负责文档办理者及时了解文档处理的情况。

办文情况记录应具备版本（修改）控制功能，审核修改者的权限，保留修改真迹，记录修改时间，自动将修改通知有关人员，并能方便地回溯到修改的某个阶段。

（4）发送

将文档通过网络通信系统传送到相关的办公室，一般要借助于电子邮政系统的支持。这一功能缓解了单机 OA 系统中文档传送速度的瓶颈问题，提高了效率。

按照我国国务院规定，利用计算机、传真机等传输秘密公文，必须采用加密装置。绝密级公文不得利用计算机、传真机传输。这点在使用电子文档管理系统时必须注意。

（5）跟踪与催办

跟踪是指对于文档传送、利用情况的记录及报告。利用这一功能，可以了解文档办理的进度、办公人员对文档的利用情况等。跟踪的结果，还可以对当办未办者进行催办。跟踪与催办都可以在全自动的情况下进行。

（6）转储

转储是对完成办文处理后的文档的操作。可以按照实际情况将文档送至不同的地方，例如，对应该存档的文档按一定的分类方法转入电子档案柜系统，将还需做技术处理的文档转入辅助外存，或者将无保留价值的文档送入"纸篓"。

纸篓是一个特殊的存储区，用以暂存待销毁文档。纸篓提供的功能包括：将无用文档投入纸篓，允许随时翻捡（查询），必要时可以捡回，最终提供定时清理。纸篓实际提供了一种销毁保护，但一旦实行了清理，信息则不能再"捡回"了。

（7）查询

查询主要是针对题录信息进行的，可以单项查询，也可以组配检索。例如查询去年国务院发的有关高科技开发区政策的文件等。近年来发展的全文检索技术加强了对文件查询的支持，可以通过文件中使用的某一个或几个词（非主题词）查找文件。

（8）统计

统计数据是掌握文档的综合情况以及办公管理工作情况的第一手资料，而手工办理中统计工作是一个弱项，很难获得及时、准确的统计结果。使用电子文档管理系统可以快速方便地获得准确的统计数据，如本部门的发文总数、收文总数、已办理完的公文数、各部门完成或按时完成的办文量以及领导批示文数、不同反馈意见数等等。

（9）安全控制

由文档特别是公文的性质所决定，文档的安全控制是必须的。

在文档的处理与查询中，主要有权级限制、用户身份确认等功能。系统为每个（组）文件建立一张访问控制表，列出授权用户的优先级。运行时，通过口令等确认用户身份，并根据其优先

级值,确定允许他看哪些文件的哪些部分,或是否允许其修改文件。

在文档发送中,主要是对文件进行必要的加密/解密处理以防止传送过程中的泄密,或者运用先进的电子签名、电子水印等技术以确保发送者身份的合法性,确保发送文件的合法性。

（10）其他

不同的系统还包含有各自独特的功能。如文档在不同的文件夹、文件柜间的移动、复制;文档发布;多种文件格式转换;扫描输入文本识别等等。

2.5.4 电子文档管理系统的主要信息

电子文档管理系统至少应包含如下信息:

① 用户身份:如用户为发文人、收文人或兼具收、发身份;

② 公文记录:如收/发文号、往/来机关、标题等目录信息以及主题词、分类号、份数等;

③ 公文内容:主要指文摘乃至公文全文;

④ 公文状态及类别:如已/未阅、已/未发送、是否保存、是否已入纸篓、销毁时间及销毁批准人、执行人等;

⑤ 公文密级;

⑥ 借阅记录:如借阅人姓名及其权限、借阅日期、还否等;

⑦ 阅读意见;

⑧ 保存地点:如公文所存储的盘片号、缩微胶片号等。

2.5.5 电子文档的相关问题

公文、档案在办公活动中的重要性是不言而喻的。然而,迄今为止,电子文档管理系统仍然是办公自动化系统中应该重点加强的子系统之一。其原因无外乎后两类:一是在办公活动中,文档管理的有关制度、流程、标准等有待进一步完善,因而难以形成具有通用意义的、满足文档管理全过程自动化要求的电子文档管理系统;二是电子文件的特殊性使得传统文档管理面临着从管理模式、管理技术乃至观念的全面挑战。在电子文档管理系统的研制中,从概念到系统运行,其新旧系统交替中所产生的困扰和问题,与引入文字处理、电子表格和数据库等系统时是非常不同的。目前的主要问题如:电子文档管理新理念的建立、电子文档的格式与应用平台、数据存储的安全性、数据的非法访问、电子文档的法律认可及电子文档的检索等。这里主要讨论两个问题:

1. 电子文档格式

这是电子文档处理中的一个非常现实的问题。目前虽然有一些电子文档管理系统,但文档保存格式的问题并没有解决。目前常见的文档格式主要有几类:

① 文本文件格式(.TXT);

② 通用图像格式(如:TIFF);

③ 应用程序自有格式(如:Word、WordPerfect、WPS、Lotus Notes、Photoshop 等)。

一个好的电子文档,从外观上说,应该具有权威性、严肃性、正规性,也应该比较整齐、清晰、美观;从使用上说,应该具有通用性,即在任意系统平台、任意应用系统上都可以使用并保持同一面貌;从电子文档信息的内在逻辑结构上说,应该严谨周备,可以方便地对分布式信息、多媒体信息等以及对不同版本的文档进行管理和组织;从文档存储上说,应该能适应文档持续增长的趋势及网络传输、网上办公的需求;从安全性上说,应该能满足人们对电子文档信息的真实性、完整性和可靠性的要求,并保证文档信息在长期保存后不被损坏。

相对于电子文档的要求,上述常见文档格式都有其自身的问题。文本文件中只有文字,难以保存文件格式、图形等信息,对公文的外观及严肃性、正规性有不利影响;用图像格式保存的文件比较正规,但其内容难以进行进一步的编辑,难以实现信息的再利用;而应用程序的自有格式相互不完全兼容,就是同一个应用程序,其高、低版本之间格式也不完全一致,即使可以转换,文档的外观也会发生变化,最常见的是格式修饰、图像等的丢失。

近年来,在对电子文档管理的研究中,Adobe 公司结合计算机文字、图像处理技术的研究,有针对性地提出了以 Adobe Acrobat 软件、Adobe PDF 文件格式为基础的电子文档管理解决方案。

Adobe Acrobat 软件是一套完整的文档管理应用,包括文档的创建与转换、浏览;文档共享与协作:文档的审阅、批注;文档比较;文档检索;文档加密与数字签名;文档散发与打印等。

PDF (Portable Document Format;便携文档格式)格式文件是由 Adobe Acrobat 软件所生成的数据文件。该软件集扫描、文字识别、添加链接、创建索引、表页及动态控制为一体,可以将文字、字型、格式、颜色及图形包装为一个文件,具体来说,该格式具有如下特点:

(1) 独立于应用环境:

PDF 是一种通用文件格式,可以兼容基于各种应用程序、操作系统、网络环境等建立起来的电子文件,而且不受其版本、字体等的限制。

(2) 多信息支持

PDF 是一种"文本 + 图像"的文件格式,可以保留原始文件的字体、格式、版式、配色及图像等所有信息(包括简、繁体汉字),从某种意义上来说,PDF 很像是 PostScript 的一种延续,是在 PostScript 语言上建立的一个新的电子文件标准。另外,还可以支持数字签名、加注(如注解、标记拼写错误)等。

(3) 优良的压缩技术

PDF 内部包含压缩,PDF 文件比较小,适合于文档的保存与传送。

(4) 与 Microsoft Office 兼容

鉴于 Office 软件使用的广泛性,Adobe 特别注意了与 Office 的兼容问题与转换的方便性。将任何一种 Office 文件拖到 Acrobat 上就可以将其转换为 PDF 文件,而且原文档中的使用要素(格式、图表、超级链接等)都可以保留,是对 Office 程序的一种不错的补充。

另外,从国际组织到各国政府,直至从事此业的商业公司,目前都在下大力气研制电子文档格式,并已经出现了一些成果,如使用 DynaDoc reader 专用阅览器的 WDL 文件、使用 Dcpreader 阅读器的 DCP 文件等。

2. 以文档为中心的计算

电子文档管理系统的另一个比较特殊的问题是,这一系统的很多功能可以分别使用现有的若干计算机应用程序分头实现。例如,我们可以用文字处理系统输入文字;用扫描仪或数码相机、摄像机及有关软件输入图像、视频信息;用电子表格软件创建统计数据图表;用电子邮件程序或传真程序传送公文;用数据库系统进行文档登记、组织、查询与管理等等。在使用套装软件制作公文时,需要在不同软件之间进行切换,很容易使用户更关注于所使用的软件而不是文档制作本身。

所谓"以文档为中心的计算"就是一种解决上述问题的新观念、系统设计思想和应用软件结构。"以文档为中心"实际上是一种"数据驱动",即用户在选定了要操作的数据之后,系统将自动找到相应的应用程序处理这些数据,接受用户指令,并做出响应。而传统的应用程序一般属于"菜单驱动",即用户从菜单上选择相应的子程序或模块来完成任务。"以文档为中心"带来的好处是让用户能更专注于要做的工作,而不是如何操作计算机。人机界面更加友好,使用更方便。

(1) 软件无缝连接

一般说来,软件的无缝连接可以从两方面体现出来,一方面是应用层,即从用户的角度看,各软件相互之间紧密集成,当应用需要调用相关软件时,系统会自动启动它,不需要进行人为干预;另一方面是系统层,即各软件在系统调用、资源调度等方面相互配合,保证相互之间不发生冲突,以最佳调度实现最佳效率。

一个与此相关的重要的概念是"复合文档"。复合文档解决的主要问题就是如何在一个文档内操纵不同类型的数据。传统的编辑器只能分别操纵一种类型的数据,这样不仅增加了用户的操作负担,也使逻辑上相关联的数据分散在多个文件中,难于管理。复合文档提供的一套用户操作模式、文档存储模式和软件结构使得这一难题得到了解决。

目前比较成熟的事例是所谓的"集成软件包"。集成软件包通常被分为两类:套装软件和Works 软件包。前者是将多个独立的应用程序捆绑在一起发行,而后者不单独提供独立的模块。

目前市售三大流行办公软件——Microsoft Office,Corel WordPerfect Suite 和 Lotus SmartSuite 都属于套装软件,由多个可以拆分的应用程序组成,分别包含了文字处理、电子表格、数据管理、演示软件等。虽然目前的套件具有越来越强的集成性、易用性,但对于一般办公人员,包括领导人物来说,仍然显得过于复杂。

典型的 Works 软件包如 Microsoft works 和 Claris Works。与套装软件相比较,它们具有较高的集成度,用户不必选择制作文档所需的程序,只要在打开文件后,根据需要选择模板(如文字处理或图形处理),系统会自动调用相应的程序。一般来说,这类系统更为精练、更为简单,但在特殊功能方面略逊于套装软件。

(2) 对象的链接与嵌入

事实上,是图形用户界面(GUI)的出现为上述困扰人们多年的问题提供了解决之道。GUI把所有的数据都看作是对象,包括数据、文字、表格、图表、图像、音频、动画、视频、图标、应用程序等等,可以是一个文档或者是文档的一部分。在对"对象"的处理方面,Microsoft 首先提出了"对象的链接与嵌入"(Object Linking and Embedding;OLE),这是一种新的概念,也是一种极为有用的技术,是多程序间交换信息的有用工具。

使用 OLE 可以让一个应用程序直接使用另一个应用程序生成的 OLE 对象。一般将提供OLE 对象的应用程序称为"OLE 服务程序",将调用 OLE 服务程序、使用 OLE 对象的应用程序称为"OLE 客户程序"。在安装 OLE 服务程序时,一般会自动在系统上进行登记,以便让其他应用程序使用其提供的服务。

链接与嵌入是两种不同的工作方式。我们将含有对象的文档称为"源文档",将插入对象的文档称为"容器文档",那么:

- 在进行对象链接时,对象并不是被真正地"插入"到容器文档中,源文档仍然保存在原位

88

置,而只在容器文档中插入一个指向源文档的指针。当源文档中的对象被修改后,容器文档中相应的信息也得到更新。由于只是建立了指针,容器文档的规模不会同步扩大,但每次打开容器文档时,系统会首先定位源文档,然后再将其置于容器文档的适当位置,这将耗费一些机时,且两者都要存在于一个系统之中(如果是在网络上的不同机器中,应该保证网络联通)。

• 在进行对象嵌入时,对象是被真正地插入到容器文档之中,成为容器文档的一部分,而与源文档中的对象不再有关系。当源文档中的对象被修改后,容器文档中的相应信息不会受到影响。双击容器文档中被嵌入的对象,系统会自动打开调用该对象的应用程序让用户对其进行编辑,对容器文档中嵌入对象的修改同样不会影响源文档中的相应对象。容器文档中嵌入对象后,其规模会相应地扩大。

采用 OLE 技术,我们可以在制作年度报告时,用文字处理系统写出报告的文字内容,制作或 OLE 相关多媒体对象,将日常用电子表格系统制作的统计报表的相关部分选中后 OLE 至报告之中,为了在大会上作报告,可以将文档进行摘要并保存成演示软件的幻灯片,最终结果可以保存成网页并传至网上展示,等等。

复合文档与 OLE 的概念与技术提出后,即使得以文档为中心的计算得以广泛流行。用户可以很方便地将对象从一个文档拖放到另一个文档,可以在同一文档中方便地完成所需要的工作,而完全不必理会各个对象的保存位置、保存方法和调用方法。

目前这一领域内主要有两套技术标准:OLE 和 OpenDoc。这两项技术解决近乎相同的问题,有着极其相似的思路。

电子文档管理系统是 OA 系统的重要组成部分,且涉及到管理领域中的重要组成部分——公文和档案,对这部分内容的处理,不仅涉及到自动化系统的质量乃至成败,甚至会影响到办公系统的成败安危。其有关问题的解决,迫切需要有关组织、专家及其他业内人员予以关注并拿出解决方案。

第三章 综合 OA 系统的主要功能

在 OA 系统的主要支撑技术与设备中,计算机始终处于突出的地位。早期的计算机技术有不少局限性,如处理速度慢、存储容量小、监视器分辨率低、只能处理数值与字符型数据以及信息处理技术的不成熟,决定了早期的 OA 系统不可能是一种功能完善的综合系统。另一方面,除了依赖于计算机技术与设备的发展,作为全面支持办公系统的自动化系统,还有赖于其他相关技术、设备的不断发展、完善,如网络通信技术与设备、语音处理技术与设备、图形、图像处理技术与设备等。

本章所讨论的内容,主要是指 OA 系统中需要将计算机与其他技术、设备结合使用才能够实现的一些功能。

3.1 电 子 邮 政

办公室是信息汇集与交换中心。办公室工作所处理的信息,除了一部分需要保密、进行封锁以外,大多数要向外界传送,或允许共享,或在有限的范围内传播。一旦办公室内部或办公室之间的通信发生故障,那么至少是时效性较强的办公活动就失去了意义。因此,建立灵活、有效的通信系统是办公自动化的重要课题。

办公信息通信活动一直是借助于谈话、会议、信件、电报与电话等手段完成的。迄今为止,这些仍然是主要的通信手段。随着社会信息量激增以及人们对办公效率所提出的新要求,上述传统通信方式已不能满足信息社会对办公活动及时性和准确性的需要,人们迫切需要一种更快捷、准确的通信渠道,需要能对多种信息的传输处理,需要将办公通信纳入一体化的办公自动化系统之中。

3.1.1 电子邮政概述

电子邮政系统(Electronic Mail System:EMS)是一种以电子方式产生邮件信息,以电子信号向收信人传送信息的通信方式。电子邮政系统有很多种类,从中心设备看,有计算机化的,也有非计算机化的;从通信过程看,发送与接收双方可以是同时在场或不同时在场;从输出结果看,有仅输出硬拷贝的,也有软、硬拷贝均有的。

下面介绍几种常见的电子邮政系统。

1. 电传系统(Telex)

电传系统是目前办公活动中使用得相当普遍的一种信息联通手段。它的基本形式是利用专用线路或者直接拨号线路连接通信终端——电传打字机(Teletypewriter,Teleprinter)。电传比通常的邮政方式速率高得多,而且通信双方无需事先约定,只要传真机开着,随时可以接收对方来件并输出硬拷贝。正是由于这些优点的存在,电传发展很快,其用户已遍布全世界。

但是,通常的电传只能处理数字与字母,只能输出硬拷贝,而且没有编辑存储能力,致使文稿需重新键入,通信终端也必须同时打开,因而不能完全满足办公活动的需要。

2. 传真系统（Facsimile，Fax）

这是一种具有悠久历史的通信手段，第一份传真专利申请于 1843 年。经过百余年的发展，特别是随着微电子技术的发展，传真的概念和传真机都与上个世纪发生了很大的变化。现在的传真系统一般以电话交换网作为通信线路，以传真机为终端设备，其最大的特点是可以处理多种类型的信息，特别是可以处理图形信息。传真系统将原稿作为图来处理，因而具有如下特点：

① 真迹传送：只要选用了适用的传真机，就可以将原稿上的一切信息：文字、图像、印章、签名乃至色彩原样传送给对方。正因为如此，现在人们常称传真为"远距离复印"。

② 操作简便：传真系统对原稿实行扫描输入，不需要重复的键盘操作，因而不会引入新的人为错误。

③ 传输速率高。

传真的主要不足是不能存储信息，稿件传至接收端必须立即输出，且只有硬拷贝。

传真的发展趋势是与计算机连接并使用大容量存储器（一页 A4 格式标准的印刷件大约需要 100KB 的存储容量）。

3. Teletext 和 Videotex

这是近一二十年新出现的两种电子邮政系统，前者起源于电传系统，后者则是在广播电视系统的基础上发展起来的。

Teletext 意译为超级电传。它可以将传送的信息作为电子化邮件，利用通信网络实现不同用户存储器之间的文本信息传输。存储器的设置可以将待发送信息进行暂存，以实现多副本发送，其信息既可以打印输出，又可以仅在屏幕上显示。

Videotex 译法多样，如"交互式可视数据"、"可视图文"等。它以计算机为中心设备，利用的通信网，主要是广播电视网、电话网以及电缆电视网等，终端设备可以采用智能可视终端或改装过的电视机，网上连有多类信息资源，图 3.1 为系统示意图。

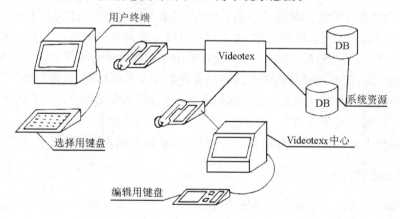

图 3.1 Videotex 系统示意图

Videotex 由英国邮电部于 1970 年首先提出设想，时称 Videodata。1978 年，第一套商用系统 Prestel 研制成功。其开始的主要目标是服务于家庭自动化系统，为用户提供所需要（或指定）的气象、旅游、娱乐、金融等方面的信息。以后也扩展到办公领域使用，如飞机订票、银行业务办理等交互式事务处理。如果一个办公组织建立了内部 Videotex，则可以利用其发布通告、内部事务报告、工作进展数据等，减少以至代替纸质公文散发，也可以用于从资料中心获取各类信息。地区性、全国性的 Videotex 则可以为更广大的区域和人员提供信息检索与显示服务。

Videotex 最主要的特点是：

（1）图文传输

借助于广播电视网,支持话音、文本、图形、图像信息传输。

（2）即时交互式

系统实行双向交流,用户不仅仅是被动地接收信息,而是可以向系统提出要求,具在较强的选择性、针对性。

（3）操作简便

系统多采用简单的自然语言或菜单式,使用者无需掌握计算机系统的专门知识,也无需繁琐的键盘操作,只要根据屏幕提示键入几个数字、字符即可。

Teletext 和 Videodex 系统由于引入了计算机控制,融合了多种新技术,功能强、快捷、方便,一问世即很受欢迎。

4. CBMS（Computer-Based Message System）

目前关于 CBMS 的译法并不统一,如译作"基于计算机的报文通信系统"、"计算机辅助信息系统"、"以计算机为基础的消息系统"等。

CBMS 以计算机为终端设备,利用计算机局域网、电话交换网实现通信,可以处理计算机能够处理的任何信息,可以利用计算机的各种功能。在现有的所有电子邮政系统中,CBMS 功能最强、效率最高、应用最普遍,是集成化 OA 系统的关键组成部分。

由于 CBMS 的上述特点,人们在日常使用中常常把"电子邮政"和 CBMS 完全等同起来。在以下论述中,若非特别说明,"电子邮政"指的就是 CBMS。

CBMS 与其他电子邮政系统的最大不同之处在于它设有"电子邮箱"。电子邮箱主要是由计算机和/或终端的一个存储区及相应的管理软件所构成的一种功能。由存储区存储电子邮件,由特定的软件组织和控制其通信和信息流,以完成发送、接收、管理电子邮件的工作。

CBMS 根据电子邮箱的原理工作。每个用户可以首先向系统申请一个电子邮箱,同时获得邮箱的"钥匙（口令）"。使用时,用户可以将编辑好的电子邮件通过系统的发送功能"投递"到电子邮箱中,"电子邮局"利用系统的传递功能负责将邮件加盖邮戳后,按信封地址投递到收件人的电子邮箱中。收信人可以在自己的计算机上查看邮箱、读取邮件或将电子邮件输出到纸上。

应该指出的是,"电子邮件"、"电子邮局"等概念与"电子邮箱"一样,是系统的一种功能而不是实物。物理上,它们存储在计算机的存储器上,逻辑上则是由计算机文件构成的。

3.1.2 电子邮政的特点

办公活动中最常利用的通信方式是传统邮政与电话。这两种使用了百余年的方式为人类的信息传递、沟通起到了巨大的作用,但从今天的角度看,也存在着明显的问题。我们从如下 4 点将传统邮政、电话与电子邮政系统做一比较。

（1）通信延时

传统邮政从古老的步行、飞马传书到如今的航空传递、特快专递,在减少通信延时方面有了长足的进步,但在电子时代,飞机的速度仍嫌太慢。电话、电子邮政以电子速度传递信息,通信延时少。

（2）同步问题

一般电话采用实时同步方式,虽然信息传递速度快于邮政,但必须要求双方同时在场。日常工作中,拨叫电话后对方占线、无人或不便接电话的发生率均较高,在一定程度上抵消了传输速率带来的高效率。电子邮政与传统邮政类似,利用邮箱(或电子邮箱)解决同步问题,而且电子邮政更优于传统邮政,可以有直接收发、延时收发、定点收发等多种功能,且不受时区、地理等因素的局限。

（3）系统可靠性

传统邮政系统的可靠性不稳定,且发信人难以及时确认联通是否成功。采用电话方式,假如对方不在场要请人转告,重要信息只靠人工记录,没有有效的硬拷贝,而且也不便于传送正式的文件、文稿等。电子邮政系统可靠性高,特别是可以立即得到反馈信息;邮件大小几乎没有限制,双方可以同时保留同一邮件版本,既可以是软拷贝,也可以是硬拷贝,而且,系统还提供了邮件存档、检索等丰富的功能。

（4）多拷贝发送

办公活动面临大量的一对多问题,很多文件、通知等需要同时发给多个对象,在使用传统邮政系统时,常常面临多次抄写(甚至是印刷)、反复操作的繁琐工作,在使用电话系统时,需要反复拨号、多次重复同样的语言,而使用电子邮政系统的多拷贝发送功能,可以将同一内容的邮件同时传送给多个用户,快捷、简便。

随着新技术的发展以及技术间的融合,传统邮政、电话方式也在发生着变化,它们仍然会在办公系统中长时间发挥作用。但是,电子邮政系统兼有此二者双重优点,特别是以计算机为控制系统,更有利于办公信息从生成、处理、传输到输出的一体化办理,在未来的办公活动中将得到越来越广泛的应用

3.1.3 电子邮政系统的主要信息

电子邮政系统中的邮件由两大部分构成:信头(信封)和信体(正文)。

信头的作用类似于传统邮政中的信封,但信息更多,至少包括发信人地址姓名(邮箱号)、收信人地址姓名(邮箱号)以及接收此邮件副本的其他收信人地址姓名等。接收到的邮件信头中,还应有该邮件发送的日期和时间

除了上述必备信息外,信头往往还有若干可选信息,例如:

• 邮件标题:这是邮件的内容大意,以便区别不同邮件,可作为检索标识。

• 关键词/内容提要:是主题的补充说明,作用与主题类似。

• 挂号标志:这里沿用了传统邮政的名词,其含义是要求指明是否只允许接收者本人阅览。对于挂号邮件,按收者需要给出口令或签名。

• 发送时间:一般可为发送时的系统时间,也可以由发送者指定发送时间,到时由系统完成发送。

• 保留时间:指明本邮件保留的最长时间,过期则由系统自动删除。该选项一般允许接收方修改。

• 要求应答:通知接收方阅信后回发回执,表示收到本件或作出"是"或"否"的答复。

• 附件说明:有些系统可以将一些图表、说明、计算机程序、文件等封装成邮件附件,随邮件发送,此时则应说明是否带有附件,附件的文件名是什么。

信体即信件内容,是电子邮政系统要传送的办公信息,可以是普通信件,也可以是文件资料。

由于信头信息简洁,且多为可检字段或统计字段,一般可设计为定长格式,而信体则为不定长格式。

3.1.4 电子邮政系统的主要功能

如前所述,电子邮政系统是根据电子邮箱的原理工作的,因而其基本功能就是对邮箱及邮件进行管理,以保证邮件在合法用户之间准确、安全、及时地传送。具体来说包括:

1. 邮件生成与发送

发送邮件之前应先准备好邮件,完成邮件描述与正文编辑。一般来说,电子邮政系统都提供行编辑或文本编辑功能,用以生成、编辑邮件。此外,用户也可以借助其他字处理软件先编辑好文件,再调入电子邮政系统作为邮件正文。

邮件准备完毕后,利用系统指定的发送键(命令、组合键等)就可以将信件交付系统以完成发送。

根据用户在信头中对邮件的描述,系统可调用多种发送功能:

(1)普通邮件

系统运行时,将随时或定时地巡查信箱,"取出"用户投入的待发邮件,按指定接收人地址投入其邮箱,待其方便时查看。

(2)快件

对要求尽快交付给接收方的邮件,系统会立即发送并同时传送某种声音或色彩,以便在将邮件投入对方邮箱时提醒其有快件到达,最好立即查看。

(3)延时交付

某些邮件,特别是办公活动中的一些文件、通知具有很强的时间性,发出时间稍早与稍晚都会造成不良后果。对这类邮件可以事先编辑好放入邮箱并指定发送时间,系统将在延时到达时发送邮件。

(4)复写件

即一对多发送。系统可以提供多地发送乃至全网广播发送服务,一次性地将用户生成的一个邮件同时发往指定的多个接收者,或者用户不指定接收者,则发往网上注册的各个邮箱。

(5)传阅

即多址顺序发送。可以指定传阅顺序,还可以用追加命令询问邮件的当前位置,以控制或了解传阅情况。

(6)盲拷贝

为了保密的需要,不希望别人知道邮件的去向,系统将隐去信头上的目的地址后进行发送。

(7)优先发送

对系统内的用户,系统会根据情况赋予不同的优先级,用户也可以为自己待发的邮件指定不同的优先级。在网络较忙时,系统会保证优先级高的邮件立即发送,而一般邮件则待到系统不忙时再发送。

2. 邮件传输

邮件传输部分的主要功能是为发送邮件建立通信环境、用户邮件分拣、加密处理、确定寻址方式并最终以一定方式将邮件传送至接收端。

其中,寻址方式主要有:

(1)单址寻址

这是最普遍的邮件寻址方式,系统会根据接收者地址判断是本网邮件或它网邮件,进行正确地传送。

(2)多址寻址

当一个邮件需传给多个接收者时,用户在信头逐一输入接收者地址,系统会自动将该件复制,并逐一传送给指定的多个接收者。

(3)分发表寻址

当一个用户需要固定地多次向一组人发送同样的邮件(如与固定客户群联络、通知某办公室开全体会议),为避免每次填写大量的、同样的地址,可事先编制分发表,输入有关人员的地址并给分发表起名保存。发送时只要在接收地址中输入分发表名,系统会自动读出分发表中的每个地址,并将邮件投入其邮箱。

(4)隐蔽分发表寻址

这是一种分发表寻址与盲拷贝功能相结合的方式。

在采用多址寻址或分发表寻址时,除了列出接收人名单,使系统自动分发以外,还可以由用户指定邮件传递顺序,系统按顺序将邮件发给第一个接收者,待其接收并予答复后再传给第二个接收者,以此类推,最后返回发送者。这种方式在征询意见等办公活动中很有价值。

3. 接收与后处理

系统将邮件投入接收者信箱后,接收者可以取信、读信并对邮件进行必要地处理,主要功能包括:

(1)邮箱查看

用户随时可以用钥匙打开自己的邮箱,了解是否有新件到达。系统还可以提供各种辅助,如将已阅件、未阅件分别显示等。

(2)邮件浏览

对邮箱中的信件可以取出阅读。为了节省时间,一般允许用户选择浏览邮件标题、信头信息,浏览邮件的第一句、第一段或者浏览全文。这样,用户可以有选择地优先阅读某些邮件,而有些可以根本不看。邮件浏览可以由用户指定为屏幕阅览或者打印输出。

(3)立即应答

来信如注明要求应答,或者来信虽未要求而用户想立即回信,可以利用此功能只编辑回信,系统会利用来信信头,将发信人地址与接收者地址互换后发送回信,减少信头输入的操作。

(4)转发

对注明要求转发或用户认为有必要转发的邮件,可以通过指定转发接收人的办法将邮件包括其附件转发出去。转发前,用户还可以在原件上附加一些文字,如说明、意见等。转发功能在办公活动中非常有用。

(5)保存

阅毕且有价值的邮件,如文件、单据等,可以从邮箱中移出,以计算机文件的形式保存在磁盘上。

（6）删除

电子邮政与普通邮政不同，"取出"后，邮件仍然存在于邮箱之中。由于电子邮箱利用的是计算机磁盘，为了节省空间，应经常清理邮箱，将无保留价值的邮件及时删除。

4. 其他

除了上述基本功能外，很多电子邮政系统还提供了若干辅助功能。如：

（1）邮箱管理

主要是负责处理用户建立邮箱的申请，为其设置邮箱，也负责撤消邮箱。

（2）安全保密

为了保证邮件在传送中不被窃听，系统提供口令、密码等各种安全措施。在 OA 系统中，这一功能是必需的。

（3）预制格式

为了简化邮件编制，系统内含多种公文、合同等的标准格式，用户只要每次根据需要按格式输入内容即可。另外，用户还可以自制专用"信封"、"信纸"。

（4）存档管理

对需要保存的邮件进行后处理，建立邮件文档，以便保存、检索。

（5）统计

对往来邮件进行各种统计，如发件数、收件数、各类邮件数等。

（6）系统帮助

帮助用户使用系统，并在用户操作有误时及时提醒。

（7）应用接口

为了提高工作效率，应能方便地与其他有关应用系统挂接，如挂接日程管理系统控制发信时间或商讨时间安排、挂接文档管理系统处理以邮件形式传送的公文、挂接数据库系统处理邮件信息中的数据等。

（8）文件类型转换

将电子邮件转换为便于处理的文件形式，如 ASCII 码文件、Word 文件、数据库文件以及某种标准的图形文件。

电子邮政系统可以提供相当丰富的功能，现有的系统中，有很多各具特色的服务。但是功能越多，系统成本越高，在设计、选择系统时，应充分考虑实际需要，不要片面追求多功能。

3.2 电子排版系统

电子排版系统是一种建立在字处理系统之上的，更高一级的文字复制系统。它不仅在专业出版单位的出版工作自动化中占有重要地位，也广泛地应用于以文字处理为主要工作的各类场合。在办公信息日益增多的今天，人们对信息输出的速度、质量及再加工能力提出了更高的要求，电子排版系统已经成为 OA 系统的重要组成部分。

电子排版系统，有时又被称为"电子出版系统"或"计算机照排系统"。严格地说，第一，在国际上，电子出版是一个更为广泛的概念。供出售的各种机读数据库、各种程序（包括游戏程序）等软件的出版，各种磁带版读物、各种视听资料等不以纸为介质的出版活动，以及现在大量涌现的多媒体产品等,都可以纳入电子出版系统的范畴。第二,照排机是电子排版系统中的重要设备,是高精度专业出版中必不可少的设备。但是在通用的排版系统中,特别是在中、低精度的办公室出版中,也可以采用其他设备来代替。本节所讨论的电子排版系统主要是指由电子计算机控制的,由文字发生器和照相机(或印字机)等设备组成的,具有专用软件以实现排版功能的系统。

3.2.1 电子排版系统的特点

与文字处理系统相比,电子排版系统因其主要面向出版活动,所以具有如下三个特点:

● 字体、字号齐全。这类系统一般至少有几十种字体、十几种字号,有基本的外文字母(如英、日、俄、希腊文等)及其不同的字形(如黑体、白体、斜体、花体……),而且应该具备无级缩放功能。

● 编辑功能强,能满足出版物对各种复杂版面的要求。如能方便、快速地处理乐谱、插图、数学公式、化学分子式等特殊要求,能按需要排出各种版面。

● 输出分辨率高(至少在 300DPI 以上),产品质量好。

输出分辨率又称字形精度,指单位距离内所输出的点数,其单位是“点/英寸”,记作 DPI(Dots Per Inch),现也用公制的“线/毫米”为单位,二者的换算关系为:25 DPI≈1 线/毫米。

输出分辨率与整个系统的多种因素有关。这些因素包括:

(1) 输出设备

主要指能产生“硬拷贝”的印出设备,如以针式打印机为代表的击打式印字设备,包含有喷墨式、热敏式及激光印字机等的非击打式印字设备。

针式打印机中,印字质量较好、功能较强、使用较为普遍的是 24 针打印机,它可以用来打印 24×24 点阵字库的汉字,多数汉字可表现为双线体,有一些笔锋处理。24 针打印机的输出分辨率只有 75～150DPI 左右。

非击打式印字设备中,喷墨式印字机和热敏式印字机的输出分辨率都高于针打。输出分辨率较高的是激光印字机,这是一种将激光扫描技术与电子照相技术结合在一起的新型印字设备,输出分辨率可达 300～400DPI 甚至更高。激光照排机的输出分辨率一般在 700DPI 以上,是目前承担高精度正式出版任务的输出设备。

(2) 汉字字模点阵规模

在汉字排版系统中,由于汉字数量大、字形复杂,必须先把每个系统用字的图形转换成光电信号序列,然后以数字化的形式预先存储在计算机内,需要时再调出来进行输出。存储汉字信号的特定区域一般称为“汉字库”、“字模库”或“汉字字形发生器”。汉字库形成的基本原理是,由若干条等距离垂直线和水平线交叉成栅格,栅格中每个格对应一位存储器。将汉字逐一写入栅格后由计算机对其进行扫描,格内着墨或墨迹多者存储器置 1,反之置 0,扫描结果以16 进制数进行存储。其中栅格的疏密决定汉字字模的点阵规模,栅格越密,点阵规模越大,字形精度越好。如 24×24 点阵规模的汉字字形优于 16×16 点阵字形。一般来说,正式排版系统中要求 5 号字的点阵密度至少在 108×108 以上,特大号字需要 576×576 点阵。

(3) 字形信息处理软件

排版系统对字库的要求是字体字号齐全、字形精美、节省存储空间、存取速度快。点阵规模小的字库一般可作为“简易字库”使用,因其点阵规模小,所以每个字模的数据量小,节省空间,可采用整字存储方式,读取速度较快。主要用于输出一般要求不高的非正式出版物、校样,进行公文处理、程序调试等工作。

正式排版系统不仅需要简易字库,更需要建立"精密字库"。从表 3-1 提供的数据可以看出,一个字体和字号齐全的精密字库,其存储量要在 10^9B 以上,这种天文数字的存取是难以想像的。为此,人们提出了若干种汉字字形信息压缩技术,如字根组字法、向量表示法、记录黑段白段法、轮廓加参数描述法等。字形信息处理软件就是实现字形信息压缩/还原功能的软件,一般要求做到压缩倍数大、失真度小、输出分辨率高、还原速度快。

表 3-1 汉字点阵规模与字库存储量

点阵规模	单字对应二进制数	单字占字节	7000 汉字字库空间
16×16	256	32B	224KB
24×24	576	72B	504KB
32×32	1024	128B	896KB
48×48	2304	288B	2.02MB
64×64	4096	512B	3.58MB
96×96	9216	1152B	8.06MB
108×108	11664	1458B	10.2MB
128×128	16384	2048B	14.34MB
576×576	331776	41472B	290.3MB

（4）输入设备

在扫描输入的情况下,扫描输入设备的精度也会影响输出分辨率。如果采用了较低档次的扫描仪,输入图像粗糙,则无法获得高输出分辨率的产品。

3.2.2 系统构成

一个完整的电子排版系统,应该由排版程序（软件）和排版设备（硬件）共同构成,现分述如下:

1. 排版程序

软件的作用是按照用户的排版要求及排版命令,自动执行对正文的排版处理。排版软件是整个系统的心脏,其编制质量直接关系到系统的功能及各种指标。

为了完成既定的排版任务,排版软件应该满足以下要求:

① 能快速排出规范美观的版面。

② 自动化程度高,用户只需指出排版结果而不必一一指明排版动作。如图空,用户只要说明图的位置、高、宽等即可,不用在屏幕上具体排出,如"科印"系统的排版命令 #[m,n],意思为"在下行起始位置,留一个 m 个字宽、n 行高的图空",排版命令使用及结果如图 3.2 所示。

图 3.2 留图空排版命令使用及结果

再如自动成页功能,当一页的修改影响下一页的版面时,系统能自动处理,重新形成以后各页。

③ 能方便地处理各种特殊要求,如对数字公式及其回行的处理,对各种流程图、电路图、任意曲线的排版与修改。

④ 能进行图文合一处理,如图形放大、缩小、剪裁、图上叠字等。

⑤ 用户界面友好,易于学习,操作方便。

⑥ 与其他系统接口良好,能接受并处理如字处理、电子表格、数据库系统建立的文件,能连接多种输出设备。

2. 终端

按照所承担的任务,终端可以分为:

(1) 数据采集终端

这是以脱机操作为主的一类设备,主要承担文稿的输入与简单的编辑工作。终端数据可以用软件方式提供给主机,也可以用联机方式传递给主机,这类设备可以采用文字处理机或微机。

(2) 组版终端

主要在联机状态下工作。这类终端需在主机控制下或在自身管理程序的支持下,能够执行用户程序。用户可以在组版终端上输入排版命令,在屏幕上显示排版工作的结果及有关信息。这类终端可采用较高档次的微机。

(3) 版面设计终端

主要是指报版的设计、显示与修改,这类终端需采用高分辨率、具有图形显示能力的终端,分辨率一般应在 1024×768 以上,最好能达到 1280×1024。

(4) 图文扫描仪

主要用于图形、照片的输入,其分辨率至少应在 400DPI 以上,并要求能支持至少 256 灰度层次。

3. 照相排版机

简称照排机,这是电子排版系统的重要设备,它直接承担版面输出的任务,是决定输出版面质量的重要因素。

要输出高质量的版面,必须采用能产生高分辨率文字的照排机,目前主要是第四代照排机——激光照排机。

4. 印机字

这是系统的辅助输出设备,主要承担版面设计与调整的中间结果输出、校样输出以及用于非正式出版的结果输出。凡是符合轻印刷要求的印字机均可。一般印字机较照排机价格低廉,能够使用普通纸印刷,因而合理地配置印字机,可以提高整个系统的性能/价格比。

5. RIP

这是系统的核心设备,也是设计与评价各种不同系统的关键点,主要功用是提供输出用的精密汉字库、图形、照片点阵,进行对汉字字模的压缩与还原和实现对输出设备的输出控制。起RIP 作用的设备过去称作照排控制机,现国外对连接 300～400DPI 印字机的 RIP 仍称为控制机。目前的 RIP 有箱式与卡式两种。

3.2.3 照排工作流程

此处我们结合图 3.3 对照排工作流程描述如下：

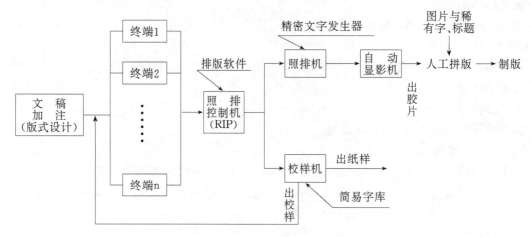

图 3.3　照排工作流程示意图

（1）版式设计

根据编辑意图，在原稿上标出有关版式的批注（又称"排版注解"），以告诉排版软件进行相应的处理。版式主要有如下四种：

① 正文版式：正文版式包括字体、字号、缩格、行长、页宽、栏数（单栏、双栏或多栏）、行距、字距、禁则处理等等。正文版式要求可按规定的形式插入原稿之中，也可以通过程序，保存在正文版式说明文件中，供排版软件调用。

② 页码版式：正文版式确定后，需要规定页码的类型和位置，包括：

• 页码符号：阿拉伯数字或罗马数字。

• 页码括号：有无括号，括号类型。

• 页码位置：页上部或下部，页角或页中。

• 页码至版心距离。

• 页码字体、字号。

③ 标题版式：标题版式包括标题级别、字体、字号、居中、上空、下空、左空、匀空、右空、左齐等等。

④ 书眉、脚注版式：主要包括线长、行长、行距、左空、右空、字体和字号。

（2）文稿输入

编辑人员通过键盘等输入装置，将原稿文字以及排版注解输入计算机中。由于编辑人员熟悉稿件，同时可以改正一些明显的错误。这项工作要求编辑人员不仅要熟悉编辑业务，也要能够使用计算机并熟练掌握一种文字输入方法（如汉字编码等）。否则，可以另外聘请录入员来完成这一工作。使用专门录入人员，可以加快录入速度。但目前的情况是，一般录入人员文字修养不够，稿件输入讹漏甚多，需要加强校对力量。

最为理想的方式，是作者向出版社提交"电子稿件"及相应的打印复本，即作者自己直接利用计算机等设备进行写作（或将文稿写入磁盘），经反复校改确定无误后交给出版社，编辑在磁盘文件中加入排版注解。这种方法优点很多。一方面,作者自己输入,可以避免一些不应有的失误,如草写体外文字母、数字及公式的辨认等录入员最难处理之处正是作者最为熟悉的,而且可以反复校对,不受印刷厂的限制;另一方面,减少了出版社的工作负担,降低了对编辑人员文字输入的要求,使之可将主要精力投入内容控制及版式设计上。目前,一些文字工作者及出版社已经采用了这种方法。

文稿的输入通常有两种形式:

① 联机输入(on-line input):又称直接输入,即将原稿及排版注解中的每个字(字符)通过键盘转换成相应的代码,在计算机中央处理机的控制下,直接传送进计算机。

② 脱机输入(off-line input):使速度较慢的输入装置不与主机连通,先通过输入装置(终端、微机等)将原稿及排版注解转换成代码,并记录在磁盘、磁带等介质上。使用时,将磁盘等装入主机,再由主机调入内存并执行。

(3) 校对及修改

原稿及排版注解输入计算机的过程中,难免出现各种错误与不妥之处,如错字(与原稿不符的字)、错体、掉字、多字等以及不合版面规格要求之处,需要校对和修改。这项工作可以通过两种形式完成:

① 将文件调到终端的显示屏上。在屏幕上阅读、校对,用终端的编辑控制键直接进行增、删、改。采用这种形式可以反复修改,直至满意为止。但阅读屏幕不符合人们的习惯,容易产生视力疲劳,故小规模校改或特殊问题校改方以采用此法为宜。

② 用打印机印出清样。在输出的纸样上,按照一般校改方法给出校对标记后,由录入员上机按纸样修改。采用这种方式则与普通校对方式一致,宜于为人们接受而且节省机时,但修改时必须经过录入人员,增加了工作环节,因而也增加了出错的可能,需要细致地核对。全文校改,特别是初次校改、错误较多时,一般采用这种形式。

校改又可以分为文本校改和版式校改两种,文稿录入完毕后打印校样,检查文字错误,修改完毕后执行排版处理,最后按排版结果输出版式,再检查排版注解及排版结果,以便于校改人员集中精力、分工负责。

(4) 版面组装

主要用于编辑报纸等一版上含有多篇文章的出版物。编辑人员事先将所用稿件编号,组装时,将已校改完毕的文章按照编号逐篇调入显示屏,主机中已装入的排版软件则根据文稿中的排版注解自动组织版面。编辑人员可以在屏幕上观察排版情况,也可以随时通过终端发出修改命令,以调整、更新版面,如移动位置、放大或缩小字号以及文章所占版面、安装图表等。

(5) 照排输出

各种修改、调整工作完成后,由操作员向主机发出照排命令。主机中的排版软件将文稿调入内存,将其中的文字按照排版注解处理成合乎要求的版面。

排版软件由排版主程序和排版注解执行程序组成。进行处理时,计算机首先分析输入的数据,如果输入的是排版注解,则转而执行相应的排版注解执行程序,如果是文稿字符,则检查字库中是否存在该字符,若存在,则将其转换成地址码存入磁盘。排版主程序按照排版注解对正文进行逐行处理,加工成页后,按页面存储,直至文稿的全部页面处理完毕。最后由照排主机将版面输出到胶片或相纸上。上述工作是在 RIP 控制下,完全自动地完成的。

对于汉字的照排输出,还必须调出精密型汉字库,在输出控制装置和输出程序的控制下,按存储的汉字地址码在字库中找到该汉字的压缩字形信息,然后将压缩字形信息复原,最后执行输出。

（6）人工拼版

在一些系统中,书稿中的图片不能由排版程序产生和处理。排版程序只是根据排版注解的要求,在版面上为图片留下一块空白(习称留"图空")。照排完成后,人工将图片剪下并贴到版面胶片的图空处,以形成完整的版面。此外,程序也很难处理稀有字标题,因此同样要在胶片上留下相应的空白(习称留"文空"),最后仍由人工拼贴完成。

（7）制版印刷

照排后并经过必要的人工拼版,可以得到载有完整版面信息的透明软片,将得到的透明软片覆盖在一种特殊的感光性聚合物版材上,经晒版、冲洗后,即可制成凸版。这种凸版同铅活字版或纸型经浇注而成的铅版一样,能够直接上机印刷。

3.2.4 桌面出版系统

桌面出版系统是一种通行说法,指一类不需要专用排版设备,只是在高档微机上配有出版工具软件,即可以满足一般出版要求的计算机系统,也称为微机排版系统,这类软件更适合于在办公系统中应用。

1. 出版模式的变革

从前述照排工作流程可以看出,电子排版系统一直是以照排机为中心的集中控制体系,即由终端输入文稿后送入照排机,照排机负责排版并输出普通纸校样,一般经过 3 次输出校样并修改后正式输出成品,早期的排版系统均采用这种结构,如图 3.4 所示。

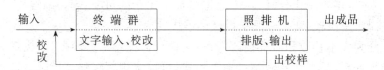

图 3.4　传统照排系统结构示意图

这种系统结构存在着不合理的因素:

① 多功能的计算机终端群只负责文字的输入与校改,不能充分利用计算机终端、特别是微型计算机的功能。

② 昂贵的照排机不能充分发挥其独特的照排功能,工作效率低。

③ 系统不平衡,整个系统的排版功能完全集中在照排机上,照排机成了系统的"瓶颈"。

由此可见,这种结构使得整个系统不能充分发挥其硬件配置的作用,造成了系统的高成本,低效率。此外,照排机价格昂贵,除了专业大出版社、印刷厂外,其他单位很难购买,即使购买,其性能价格比也是极低的。这种高价、低效的系统很难走进办公领域,成为办公室出版的工具。

微型计算机的发展为改革这种传统模式提供了可能。原有的集中控制体系被分解成了两部分:以微型计算机为主体的前处理部分和以照排机为主体的后处理部分,两部分相对独立,如图 3.5 所示。

这种新型系统结构把排版系统的中心环节——排版工作,从照排主机移到前端系统,在一

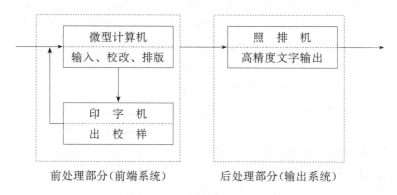

前处理部分(前端系统)　　　　后处理部分(输出系统)

图3.5　微机排版系统结构示意图

台普通微机上装配排版软件,就可以实现文稿的输入、编辑、排版及校改等工作,并且能在屏幕上或所配置的打印机上看到排版结果;照排机成了系统实际上的通用外设,只负责将微机编辑排版的最后结果进行高精度的文字输出。

微机排版系统主要是按照专业印刷出版标准进行系统设计的,排版功能完备。由于前处理部分相对独立,凡能够购置微机的办公机构都可自行配备,资金雄厚者可购置激光照排机完成精密照排,否则也可以连接较便宜的激光印字机完成轻印刷,必要时将软盘送至照排中心照排。可以说,这种系统结构的改变,使得电子排版系统真正走进了办公室,成为办公自动化系统的重要组成部分。

2. 桌面出版工具

完成桌面出版的工具软件包括有页面设计软件、图表图像编辑软件、字体软件等。

目前的页面设计软件具备文字处理系统的基本功能,也能够将人们用其他文字处理系统制作的文档转入页面设计程序之中。

页面设计软件与一般文字处理系统最大的不同之一是使用了"帧框(frame)"和"主页(master pages)"的概念创建出版物。

帧框也称图文框。一个帧框可以容纳一段文字、图形或图像,也可以仅仅是一个占位符。在创建新文档时,每一页上可以为主文本创建一个帧框,帧框可以在页上拖动以保持正文与其他成分之间的位置关系。帧框还可以实现复制、旋转、连接及周围文字的绕排等,适合设计高结构化、版面集中的文档,如杂志、报纸等。

主页实质上是一种页的模板,用以建立基本的设计元素,包括希望出现在出版物所有页面上的图像或文本。使用主页可以节省用户的页面设计时间并且可以使页面和出版物之间保持一致性。在主页上定位非打印辅助线,可帮助用户在整个出版物里精确地、一致地安排文字和图像。一般来说,主页中都包含有用帧框设计的页眉、页脚和正文体,用户还可以自行设计更复杂、更适合具体需要的主页。如公司每月向股东发送产品或经营情况通讯,内页每页包含一个公司徽标的水印,文字分双栏排列,有图。每页下部留出一个通栏位置作为部门介绍。封面封底则用另外的格式,如包括公司的彩色徽标、刊物名称、刊期、本期目录、公司地址、邮编等联络信息等。

页面设计软件还提供了更为强大的输出能力,可以建立专业化的出版文件,可以支持从通常的黑白激光印字机输出到 PostScript 照排机的高精度分色输出。

现在的大多数桌面出版软件还可以进行不同格式的电子出版物的设计与制作,如制作放在网络主页上的 HTML 格式文档、用于传输和跨平台编辑阅读的 PDF 格式文档等。

目前较为知名的页面设计软件如 Adobe PageMaker 和 Quark XPress 等。

如果出版物中涉及较多的图元素,或者对图元素的设计输出有较高的要求,可以配合使用图表、图像编辑软件。图表编辑软件多采用矢量或对象来表示图,很适合用来制作细致的技术图表。常用软件如 Adobe Illustrator,Micromedia FreeHand,Corel DRAW 和 Microgrfx Designer 等。图像编辑软件则比较适合制作、再现照片、油画等艺术类作品,常见的软件如 Adobe Photoshop,Micrografx Picture Publisher,MetaCreations Painter 和 Corel Photo—Paint 等都属于这一类。

3.3 语 音 处 理

语言是人类使用历史最悠久、最习惯、最直接的信息交流工具。在办公活动中,办公联系主要通过电话,公文、合同等的形成往往基于反复的商讨,……语言是与文本同样重要的办公信息形式。在办公自动化迅速推广的今天,人们有理由期望各种讨论、通话的情况不再需要经过人工整理成文字形式再输入计算机,也不必再时时盯着计算机屏幕阅读各种信息,而是由计算机自动接收人的语言,经过识别、理解、整理后保存,或者是由计算机朗读存储起来的文本、转达某项指令,以实现真正意义上的"人-机对话",以改善办公环境,减轻人的负担,提高办公效率。特别是在我国,汉字输入仍然是办公自动化系统的一个瓶颈,如能实现人与机器的语言交互,减少人们学习汉字输入方法的时间,提高输入速度,更具有特殊的意义。

3.3.1 计算机语音处理基础

计算机语音处理就是利用计算机对语音信息进行理解、识别与合成、播出的技术。形象地说,就是让计算机能听懂人的话和让计算机说人能听得懂的话,是计算机对人类听与说的复杂过程的模拟。我们知道,人的听与说是两种完全不同的机制。相应地,计算机语音处理也有语音识别和语音合成这两个分支。研究与开发语音处理系统要涉及计算机、语音学、声学等多个学科,除了需要研究语言的发音机理、耳朵接收原理外,还包括心理感知、信息编码等很多环节。自 60 年代以来,世界上很多国家,包括一些发展中国家都投入了大量的人力、资金以研究本民族的语音处理系统并取得了一定成效,语音处理系统已经在军事指挥系统、工业控制系统、办公自动化系统、智能机器人等领域得到了部分应用。

语音处理的大致过程是:对说话人的语音波形进行观察、测量和采集,根据一个给定的模型得到语音的信号表示,然后通过技术处理(经过其他的变换)使信号转为一种便于处理的形式,最后由人或者机器进行信号提取。其中,无论是语音识别还是语音合成,也无论是语言的存储、处理和传送,语音信号的表示都是一个关键性的问题。

语言信号的表示方法应该满足以下几点:

① 能够保存语音信号的消息内容;

② 便于存储和传输;

③ 可以实现多种变换而不损害所含消息内容;

④ 表现形式能使消息内容易于被人或机器所提取。

目前通常采用的信号表示方法有两大类:波形表示和参数表示。波形表示是通过抽样和量化保存模拟语音信号的波形数据;参数表示则是将上述波形数据做进一步处理,以得到一个语音产生模型①的各相关参数。这些波形数据或参数,可以成为语音识别时的特征或语音合成的素材。采用波形表示法处理简单,但所需存储空间大,一般只适合于特定环境和特定系统,而参数表示法则可以用较小的存储空间获得较高的识别精度和较好的合成音质,是目前研究的重点。

3.3.2 语音识别

1. 语音识别简述

语音识别是指将声音信息转化成等价的文本形式信息。人的听觉是外界语音信息进入大脑的惟一通路。听觉系统由外耳、内耳、耳蜗神经、耳蜗核等直至大脑皮层听觉区。在听觉通路的各个阶段上,都存在着对语音的处理。我们将人类对于语音识别的过程简略表述为:内耳底膜接收声波并对其进行频谱分析以提取语音特征,然后将特征信息按一定的编码方式转化为神经脉冲。脉冲信号经过多个阶段的处理后,刺激大脑皮层听觉区形成某个音的感觉。大脑再根据一定的语法、句法等完成对这一信号的解释与理解。人对于语言的识别与理解能力很强,人的脑神经细胞多达 140 亿左右,脑神经系统可以超高速并行工作。人能在噪声环境中,在多种声音、多个话音混杂的状况下分辨出并且听懂其中一个人的讲话,这些是目前的计算机系统所望尘莫及的。

2. 语音识别技术

就目前来说,语音识别与理解系统一般由下面三部分组成:

(1) 预处理

这部分包括对语音的拾取、放大、滤波(消噪)、模/数转换、端点检测等。

(2) 语音识别或训练

这部分包括参数提取、模板/模型制作及识别。其中参数的选择涉及到能否得到高识别率,也会影响到识别方法的选择,一般应考虑选择能较好地表征语音特征、荷载语音信息多、比较稳定的参数。

(3) 后处理

这部分的作用是把经过识别处理而形成的拼音转换成汉字并理解语义的含义。它涉及自动分词、词类分析、词义分析、词用分析、语法分析、同音字判别等等。后处理部分主要依赖语言学知识库,利用库中的词汇、语法、句法、语义、语用及常用词组合等知识,按一定的推理策略把音转换成字。

图 3.6 为语音识别与理解系统的示意图。

目前语音识别主要采用两种办法:

① 样板匹配法:这种方法在系统内设有语音字典,字典中的每一个字(单字、词、短语、口令等)都有标准的数字化的声波波形信息作为样板。识别时,主要是将输入声音的特征参数与

---

① 目前的一个典型模型是"终端模拟"模型。它把语音波形看成是发音系统(如声道)对声源(如声带)激励的响应,通过语音分析,即可分别得到声道特性和激励函数的有关参数。

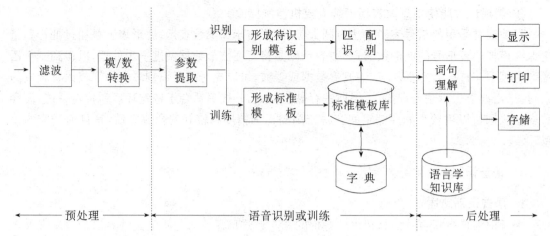

图3.6 语音识别与理解示意

样板进行匹配以完成识别。这种方法识别精度高,算法简单,比较容易实现。目前的实用系统绝大多数都采用这种方法。这种方法的主要问题是存储量大,训练时间长,检索工作量大,不够灵活。

② 特征转换法:这种方法是把按一定规则测得的语音特征进行计算后转换成词、短语、句子。这种方法技术难度大,特别是目前,我们对人类辨音机理还知之甚少,有待进一步深入研究。

3. 语音识别系统的评价

目前存在着各种类型的语音识别系统。具体来说,语音识别系统可以根据下列三个因素组合分类:

• 语音类型:被识别的语音是孤立字还是连续话音(孤立字是指说话人在每个字或单词之间留有明显间隔)。

• 词表规模:被识别的语音是有限词汇还是无限词汇(一般将100字以下的称小字表,100～1000范围内称中字表,1000以上为大字表)。

• 说话人限制:被识别的语音是特定人讲话还是任意人讲话。

在语音识别系统中,最简单的是特定讲话人有限词汇的孤立词识别,而任意讲话人无限词汇的连续话音识别的实现则存在着极大的困难。

在办公自动化应用中,选择、评价语音识别系统可以考虑如下指标:

① 发音方式相关度:即是允许用流利发音方式还是只允许用孤立字词;

② 发音人相关度:不同人的发音方式不同,同一个人在不同情况下发音方式也有差异,发音人的年龄、性别、方言背景、身体状况、情绪等是否影响识别准确率,系统是否要求单个特定人,多个指定人还是非限定人,是否要经过训练以及训练的次数;

③ 词汇限制:是只允许说指定的若干词、句还是允许任意话音;

④ 环境约束:是否对环境有特殊要求,如是否要求使用隔音室,对话筒的质量、话筒安放角度、传输线要求等是否严格;

⑤ 识别率:指识别准确程度的高低,还包括人工干预工作量的大小。

一般来说,要求苛刻的系统实现较为容易,成本低,质量也高些。但是,为了在办公系统中达到实用,除特殊用途外,一般希望给用户较大的自由度。

3.3.3　语音合成

人类语音生成的过程是将大脑构成的说话信息转换成语言代码,然后通过神经和肌肉的控制,按一定规律推动声带和声道,使发音系统发出声音。语音合成就是指模仿人的上述语音生成过程,将计算机中的文本信息转换成相应的语音信号,并控制音响设备输出语音的过程。一般来说,在高档微机的扩展槽内插上语音合成卡,连接好扬声器,再装入并运行相应的语音合成软件,即可构成一个语音合成系统。

由于语音合成处理的结果是输出语音信息供人判断、理解与使用,而人的辨音能力和语言理解能力远高于机器,因而语音合成的实现较语音识别相对容易。

语音合成系统按其所采用的技术可以分为两类:一类是采用语音的压缩-存储-回放技术,存储的是语音波形的数字化信息。使用时,根据一定的算法将存储信息恢复为语音波形,再根据需要将多个波形拼接后输出。这类系统语音播出质量好,但存储量大(1 个音节约占 10KB存储空间),一般只适合于有限词汇系统的语音合成,或在上下文关联度不大的场合使用,通用性差。

另一类是语音参数按规则合成技术。其要点是提取并存储语音参数而非语音波形信息,使用时,提取参数并通过相应的模型对参数进行运算,再利用事先定义好的规则对语音进行编辑组合,最终形成输出。这类系统存储的是所提取的语音参数,选取的语音单位小,因而所占存储空间少,可以用较小的存储量合成任意语音,有利于实现根据要求控制语音的节奏、强度和发音的持续时间等随同音素序列变化的因素,以便最终使机器发音接近人类发音。

图 3.7 为语音参数按规则合成的示意图。

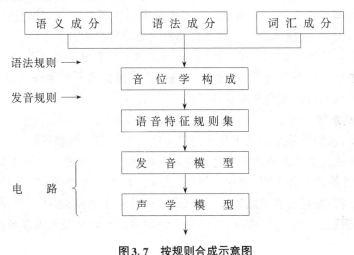

图3.7　按规则合成示意图

语音参数按规则合成是一种远未成熟但是极具前途的语音合成技术。因为要想使语音输出不受词汇限制,应该做到存储较小的语音单元,合成时根据语音规则处理声学特征的一系列变化。如在汉语中,一字多音现象、随上下文读音转化现象很常见,例如,"头发"的"发"不读/fa/而弱化为接近/fe/;"展览"的"展"字不读本音的上声而转读阳平等等。语音参数按规则合成是电子学专家和语音学家共同努力的成果。

语音合成系的评价指标主要有 3 个:

① 合成语音的逼真度与易懂度；

② 讲话内容的多样性,包括讲话的流利程度；

③ 语音合成系统的成本,包括所需软、硬件的复杂程度。

在选择语音合成系统中,应综合考虑上述三个指标,结合实际需要选定。例如,在一些讲话内容和上下文关联度要求不高的场合,选择线路简单的单片语音合成器即可满足基本需要,而在要求输出丰富的信息内容、更强调多样性和自发性的应用中,就只能选择采用规则合成技术的系统,设备也至少是高档微机。

3.3.4 语音处理在 OA 中的应用

语音处理的初衷是为残障人提供特殊服务,如利用语音合成技术为视觉障碍者朗读屏幕文字;利用语音输入解决不能做键入动作者的录入问题等。但很快人们就发现,语音处理可以应用于服务行业、办公管理机构等多种领域,具有广泛的市场。现已投入实用的系统主要有如下几类:

1. 语音应答系统

语音应答系统也称查询系统的语音输出。其基本原理是系统内部存储有数字化的语音信息(波形或参数)。当用户向系统提出查询请求时,系统将应输出的查询结果转换成语音形式回答查询。这类系统较为简单,一般有一定的查询范围,如民航、车站的信息服务系统、股票行情查询系统、电话查号自动报号系统等。这类系统与电话系统联合,可以实现数据库远程查询,对改变人们的工作方式极具推动作用。如 2.4.4 节中提到的便携式电子日程表就属于这类应用。

2. 语音打字机

这是一种声控智能系统,也称"听写机",主要是采用语音理解与识别技术,准确而同步地接受操作者口述的内容,并根据上下文关联自动而快速地选择和判断发音所对应的词汇,然后将其以字符形式存入计算机。1986 年,意大利研制成功了一个用于秘书工作的这类系统,日本也已在法院工作中使用了类似的系统。这类系统解决了键盘输入的种种不便,特别是在我国,这类系统的研制与成熟将会受到普遍欢迎。

3. 说话人识别系统

在一般情况下,人们希望给说话人较大的自由度。但是在一些特殊的场合,较小的自由度更具实用价值。说话人识别系统的应用之一就是声控锁。系统事先存储特定人的语音特点或特定的语词、短语并给出变化范围。使用系统时,系统将要求使用者再重复该特定用语,并将其与内部样板进行比较,相符合者才能操作系统(或才许进入办公室、才许打开保险柜等)。这比一般的键盘口令、钥匙具有更好的安全性。说话人识别系统在侦破及军事领域的应用也有较好的效果。

4. 综合话音服务系统

所谓综合话音服务系统是指将语音应答、说话人识别及语音理解与识别等功能综合在一起的系统。国外一家航空公司的飞机票查询与预定系统,就是通过计算机系统与用户之间的不断对话完成查询、订票、信用结账等一系列工作的。

例如,当用户通过电话叫通订票处服务台后:

计算机:这里是×××航空公司查询与购票服务部,请用键盘输入你的账号。

[用户输入账号,计算机检查确有此账号。]

计算机：你好，×××先生。请说一句你确认的短语，以便信用结账。

[用户照办。计算机核查无误后]

计算机：谢谢！×××先生，同意你的用费记账。你想订去哪里的飞机票？

用　户：华盛顿。

计算机：你想从哪个机场起飞？

用　户：纽瓦克。

计算机：你想哪天从纽瓦克起飞？

用　户：×月×日(或"明天")。

计算机：你想要什么时间的？

用　户：×时。

计算机：请稍候。以下是你所要时间两个小时以内的航班。(计算机检索磁盘上的航班时刻表，读出相关的信息，然后询问)你想预订哪次班机？

用　户：×××次。

计算机：×××次的头等座还是经济座？

用　户：头等座。

计算机：你要几张头等座票？

用　户：1张。

计算机：请稍候，我查看一下是否有合适的座位。(检索后说)我高兴地接受你的预订，机票将在1个小时内在你的传真机上输出，账单将在月底送到。请问你还需要什么吗？

用　户：没有了。

计算机：谢谢你惠顾×××航空公司，再见！

[操作结束]

3.4　图形、图像处理

图形与图像的处理是办公室必不可少的日常业务之一，如绘制各种部署图、发展态势图、曲线图，管理各种图片、照片等等。利用计算机进行图形、图像的处理需要专门的软件和硬件的支持，技术也较为复杂，因此本节的重点在于图形、图像处理系统的基本功能及其在办公领域中的应用。

3.4.1　图形、图像处理概说

在计算机科学中，图形、图像处理属于计算机图形学(Computer Graphics；CG)的研究范畴。计算机图形学是研究用计算机进行图形、图像处理的原理、方法和技术，如用计算机制作或分析图表、曲线、地图、物体、动画和艺术影像等图形或图像。计算机图形学起源于60年代初，然而只是到了近几年才得到了极大的发展，成为一个内容十分广泛的新兴学科。

图形是利用几何学上的点、线、弧来描述处理对象的轮廓，可分为二维图形和三维图形。图形表面可以有不同颜色或浓淡层次，图像则是用点描述物体本身，用点的灰度等级或不同颜色表示物体表面的层次。图形和图像都是计算机图形学的研究对象。

随着计算机性能价格比的提高，图形的运动与变形、彩色绘图、数－图转换等软件的发展，计算机图形学的应用领域不断扩大，其中最活跃的领域如：

（1）计算机辅助设计与辅助制造

计算机辅助设计（Computer Aided Design；CAD）和计算机辅助制造（Computer Aided Manufacturing；CAM）的应用极为普遍，尤其在机械、电气、土木、建筑、汽车、印刷电路板等行业，已经成为工程师们的有力助手。人们使用 CAD/CAM 专用命令在显示屏上设计与制图并最后输出，可以缩短设计时间，实现设计结果标准化，提高了设计制造部门的效率和质量。

（2）科学计算与模拟

将科学计算的结果用彩色图形图像显示，对于强化人们对数据及其相互关系的认识与理解，尤其是对仿真技术极为重要。科学计算结果的可视化是当前的一个引人注意的课题。

（3）事务图形处理

主要是对计算机中存储的相关数据进行加工处理，以易于理解的图形形式提供给用户，这是办公活动中的一种典型应用。

（4）动画制作

用计算机制作动画需要采用二维及二维图形处理。动画制作不仅应用于文娱活动，也在广告制作中被普遍采用。

（5）图像处理

图像处理是计算机图形学的一个最主要的应用领域，在地图绘制、遥感、气象云图分析、医疗等方面都有有价值的应用。

应该说，图形与图像是两种相似而又不同的处理对象，其处理方法、主要技术、研究重点等等都存在着很大差别。但若从基本功能、处理过程看又确有许多相似之处，故下面我们将二者放在一起讨论。

3.4.2　图形、图像处理系统的功能

我们所讲的图形、图像处理系统是基于计算机控制的，其主要功能有：

（1）输入

由于图的基本单位是点，若在键盘上手工输入不仅不便、速度慢且极易出错，所以一般采用特殊的输入设备。这类输入设备包括扫描输入仪、光笔、磁性字符阅读器、鼠标器以及传真机、摄像机等。这些设备可以把图转换成数字信号传入计算机，以图形文件的形式存储起来，供使用时调入。

（2）存储

图所占的存储空间极大。一幅 A_4 幅面的真彩色图片，如果用 300DPI 分辨率的扫描仪输入，则需要 24MB 的存储空间，即使采用数字压缩技术，也仍然是一个较大的问题，因此需要大容量存储器的支持，如 GB 级硬盘、光盘等。目前，5.25 英寸（1 英寸＝2.54 厘米）光盘的存储容量在 600M 左右，是图形、图像存储的理想的介质。

（3）处理

包括基本的图形处理技术和文件图像的自动分析。所谓基本的图形处理技术指对已经生成（输入）的图像数据的处理，如图的扩大、缩小、旋转、平移等线性坐标转换，多张图的重叠、图的剪裁、拼接、增补，闭合图的着色等等。这类技术目前已比较成熟。文件图像的自动分析如对扫描输入且以图形文件形式存入的复杂文件图像的结构进行分析，摘录概要、分析整理以及检

索各种文件图像(研究报告、手册等)的结构(文章、图表、照片等)。

(4) 图与数据的相互转换

即把图与数据表连接,将表中的数值转换成各种图形(数据的可视化),或者将图转化为数据(交互式作图、文件图像的字符存储等)。

(5) 传输

图的远距离传输,特别是在视频图像的传输中,最主要的问题仍是数据压缩。采用先进的图像压缩技术并配以适当的带宽,则可以支持办公室的图形图像处理及视频会议的要求。

(6) 输出

指把存储中的图形、图像数据转化为直观的图形图像。图形、图像输出需要借助特殊的硬件,如高分辨率图像显示器、X-Y绘图仪、高速激光印字机等。一些系统还具有在幻灯片、投影片上直接打印的功能。

就目前水平来说,一台高档微机配以适当的输入输出设备,并加载图形图像处理软件,就可以满足办公活动中对图形图像处理的一般要求。

3.4.3 图形、图像处理在办公活动中的应用

图形、图像处理具有非常广泛的应用领域,仅就其在办公活动中的应用就有多种,例如:

(1) 输出各类统计图

这是办公室内图形图像处理最基本、最普遍的应用。图形图像处理系统从数据库中抽取数据,将看上去杂乱无章、毫无关系的数据以图的形式显示出来,以直观、醒目的图形方式揭示数据的变化状况、内在联系,帮助人们对数据进行分析,比较,以支持决策。

(2) 交互式作图

这是一种通过用户对屏幕输出的图形的修改或重绘,表示用户的意见或构思,通过上述反复交互最终完成设计、计划任务的工作方式。例如在计划系统中,用户先给定目标曲线,系统则根据现有条件运行模型并绘出运行曲线。用户可以将两条曲线进行比较,然后在屏幕上修正运行结果曲线使之接近目标曲线,并同时观察这种修改所引起的各种参数(资金投入、工时、设备水平等)的变化,最终选定一个可以接受的方案。这种方式比直接调整参数更加直观、操作也简单。

(3) 文件输入

大量的办公文件的输入一直是一项令人头疼的工作,采用扫描仪将已经形成的文件输入到系统则不失为一种较好的处理办法。最初的图像处理系统是将扫描输入的文件作为图像整体处理,检索起来不够方便。现在很多系统可以将扫描输入的文件进行逐字符的转换,最终以文本形式保存,这就大大拓展了这一技术的应用范围。图像输入简单快捷、转换成文本字符后又可以和其他系统资源互调,并可以运用已经成熟的各种文本管理办法,既简化输入,又可以统一管理。

(4) 档案管理

如果没有图形图像处理系统的支持,档案管理系统仅仅是简单的文字资料管理,不能满足真实办公系统中对档案照片、影印件等的管理,甚至也无法处理普通档案中所必有的个人照片。要达到与真实系统一致,就必须采用图像处理技术,实行文、图一体化管理。

另外,户籍管理、技术档案、特别是公安系统的档案管理,更需要以图像处理为基础。

（5）签名、笔迹管理

为了保证办公文件的权威性、合法性，领导者或当事人签名是文件的组成部分之一，而这种签名一旦从键盘逐字符输入就失去了其主要意义。公文审批、签阅时领导者意见也具有类似的作用。因而，对签名、领导意见等，不仅要保留行文，而且要保留笔迹。图形处理技术可以把签名笔迹作为一种图形存储起来，必要时可进行输出、比较、鉴别。

图形、图像处理技术对办公活动的支持远不止上述几条，其他如指纹管理与鉴别、办公室布局设计、虚拟办公环境，包括 OA 系统的图形用户界面，都将对 OA 系统的完善发展有重要意义。

3.5　管理信息系统与决策支持系统

办公室的主要工作是对各类信息的处理和利用，从这点类分 OA 系统，大致可以分为两类：一类是面向日常事务处理的，另一类是面向领导决策的。早期的 OA 系统一般着重于利用设备减轻办事人员的负担，而后，办公信息的管理以及对高层领导层的支持逐渐引起了人们的重视。在这种背景下，与 OA 前后兴起的其他信息系统，如数据处理系统、管理信息系统、决策支持系统等，就自然而然地被纳入了综合性的 OA 系统之中。随着时间的推移和技术的进步，OA 与相关信息系统的相交与融合，使得 OA 系统实现了由数据处理到知识处理的演变。

3.5.1　决策

决策是办公系统服务的主要目的。一般认为决策是指为了达到某个目的而在若干个可选方案中进行分析、判断并作出最后抉择的过程。按照西蒙(H. A. Simon)的观点，决策过程可以分为三个阶段：情报——发现问题和收集数据；设计——规划各种解决问题的方案；抉择——选定一个方案并付诸实现。下面以管理工作中的制定计划为例，它的决策过程与信息需求如图3.8所示。

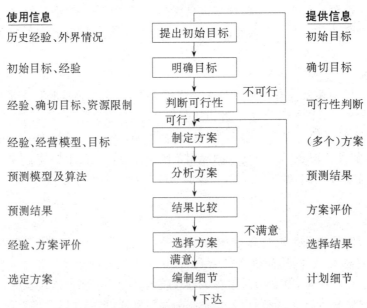

图3.8　计划制定过程及信息需求

从图 3.8 可以看到,在计划制定的各个阶段,决策者需要的帮助是多方面的。首先,他需要根据当前的外界情况及历史经验,统观全局,提出本部门的关键问题,确定初始目标。随后,需要考虑这个目标是否可行,这就要利用有关资源及其他限制条件的资料,并根据经验作出判断。进一步地,要制定达到可行目标的具体方案,这一步骤中需要本部门管理的基本模式,当然,也要订出切实可行的方案,必须做到理论模型与实际经验相结合。有了方案之后,需要预测按此计划进行所需要的费用,估计可以带来的收益。根据预测结果,才能对方案进行全面评价和选择。对于被选中的方案,应编制各种细节以便下达。

对于决策有多种分类方法。

按照决策的预先计划能力,决策可以分为 3 种:

① 结构化决策,即能够预先确定决策准则或规程的决策方式。这类决策往往是例行的和经常重复的,具有固定的算法。因其能按照事先编制好的程序完成决策,所以又称程序化决策。

② 非结构化决策。一般指没有预先制定的决策准则或规程,或者没有什么规律可循的决策方式。这类决策往往针对突发事件或个别问题,没有固定的算法,需要相机而动,也称非程序化决策。

③ 半结构化决策。这是介于上述两种决策之间的方式,其决策过程有一定的规律可循,但又受时间、地点、条件变化的影响,结果不能完全确定。社会管理活动、经济活动中的很多问题均属此类。

由于决策活动包含对多个方案的抉择,那么,每个方案的结果就是抉择的重要依据之一。按照决策的结果类型,决策也可以分为 3 种:

① 确定型决策。每个方案的各个结果都是明确的,且只有一个最优解。此时决策者的任务就是计算出最好方案。

② 风险型决策。能够明确每个方案有几个可能的结果,并且各结果可能发生的概率是已知的。根据结果的价值及其发生概率,决策者根据需要、条件甚至个人偏好作出抉择。由于概率只表示一种可能性,根据可能作出抉择是有一定风险的。

③ 不确定型决策。这是指已知结果但概率未知的情况。处理这类问题具有相当的难度,一般是要设法给出其概率,将其退化为风险型决策问题。

对于不同类型的决策,在计算机处理中将采用不同的对策。

在支持办公活动的信息处理系统中,事务处理系统(Electronic Data Processing System;EDPS)和管理信息系统(Management Information Systems;MIS)主要用来处理结构化程度较高的问题,得到的结果多数是确定型的。而解决半结构化甚至是非结构化的问题,主要是利用决策支持系统(Decision Supporting System;DSS)来完成。

3.5.2 管理信息系统

OA 发展的较早阶段,人们利用计算机对日常工作进行的管理主要是面向各职能部门的,一般是针对各部门的专用数据处理项目开发的,称为电子数据处理系统(EDPS)。如"工资管理系统"、"科研活动管理系统"等,EDPS 的数据往往是局部的,而且一般只有原始数据或简单的统计综合数据,提供数据更新、统计、查询等功能,对管理决策的支持极弱。

管理信息系统(MIS)是在 EDPS 的基础上发展起来的,是一种主要服务于管理和结构化决策活动的信息系统。MIS 已经经历了 30 年的演变,现在仍然是一个处于不断发展中的事物。

1. 基本概念与结构

什么是 MIS 呢？1985 年，第一个管理信息系统系的创建人，美国明尼苏达大学研究生院的戴维斯教授(G. B. Davis)给出的定义是：管理信息系统"是一个利用计算机的硬件和软件，手工规程，分析、计划、控制和决策模型以及数据库技术的人-机系统，它能提供信息，支持企业或组织的运行、管理和决策功能。"这个定义较为全面地说明了 MIS 的目标、组成和功能，在全世界范围内得到了普遍认可。我们也可以将其表述为：利用 EDPS 和大量定量化的科学管理方法，实现对生产、经营和管理过程的规划、调节、管理、控制和预测的人-机信息系统。

实际上，MIS 更适合于理解成一个总的概念。

首先，一般的组织管理活动是分层的。大致来说，可以自上而下分为战略计划、管理控制、运行控制和事务处理四个层次。上层需要下层提供的信息和功能。从业务处理量来说，呈下大上小的金字塔结构。

其次，一般的管理体系是按职能分条的。当然，不同的组织机构的职能范围不同，管理功能的划分也就不同。例如，一个制造业企业的管理功能可以有市场与销售、生产、财会、人事等等。

层与条的结合，可以构成如图 3.9 所示的结构。

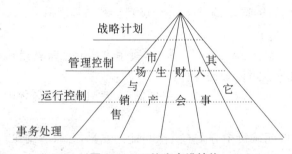

图3.9　MIS的金字塔结构

依据这一总的概念性结构，MIS 的子系统划分方法，既可以按横的方向，即按不同的管理层次划分，如事务处理子系统、运行控制子系统等；又可以按纵的方向，即按职能划分子系统，如生产管理子系统、财务与会计子系统等。还可以按纵横结合划分，如运行控制级的销售子系统。采用最后一种划分，可以达到模块化设计的目的，即按需要和其他模块组配成适用的任意子系统。

MIS 的概念还可以用图 3.10 表示。

2. 特点

从前述给出的 MIS 的定义可以看出，它包括三个要素：系统的观点、数学的方法和计算机的应用。具体来说，其特点是：

（1）人-机系统

应该说，所有的信息系统都是一种人-机系统，MIS 也不例外。计算机是提高管理效率、完善系统性能的重要工具，而人才是系统的主体与核心。

（2）一体化

MIS 是由若干子系统构成的。早期的系统多是按工作需要，分部门、分任务逐一分散建立起来的。对旧有系统改造特别是建设新系统时所面临的任务，是必须站在全局的高度统筹安

114

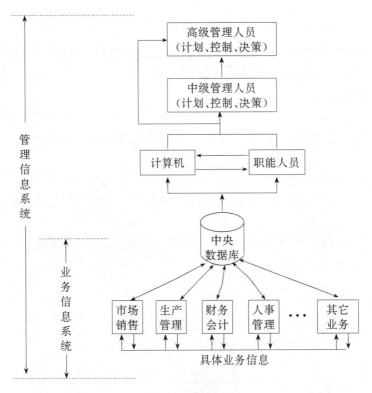

图 3.10　MIS概念图

排,以使系统内部各部分协调一致,信息统一,具有全局性。应该说,建立整个系统统一规划的数据库是成熟的 MIS 的重要特性。

（3）面向结构化问题

MIS 所要解决的主要问题是管理中所涉及到的结构化问题,即日常的例行信息处理和有确定结果的结构化决策。

（4）利用数学方法和各种模型

解决结构化问题可以使用解析的方法、运筹学的方法、程序方法等对问题建立模型并求解,以实现求解过程和结果的最优化。使用模型是 MIS 与 EDPS 的最主要区别。

在较大型的 MIS 中,往往集中了多个子系统所需要的模型,这种模型的集合称模型库,模型库及相应的模型库管理系统是 MIS 的重要组成部分。

（5）强调对经营管理过程的分析、计划、预测与控制作用

MIS 区别于 EDPS 的另一个特点是,它不仅提供原始数据或综合数据,更强调应用科学管理方法和模型对信息进行深加工,并利用信息对经营活动进行管理,如分配资源、工作调配等。

总而言之,MIS 面向现代化企事业单位管理系统中信息活动的全过程,并为各类管理提供决策时所需要的信息。进一步说,MIS 与 OA 系统的综合与融合,可以使各级管理部门了解企业的有关经济活动,加强支持与宏观控制,协调社会经济生活的健全发展。

3.5.3 决策支持系统

MIS 所提供的决策辅助主要针对结构化决策,单靠数据库与模型库还远不能解决社会管理活动面临的大量半结构化和非结构化问题。在这种条件下,决策支持系统(DSS)应运而生。

1. 基本概念及结构

DSS 是在 MIS 的基础上发展起来的。它在 MIS 的辅助下,利用其提供的信息,应用包括数据库和人工智能在内的综合性科学支持领导层的决策活动。从某种意义上说,DSS 就是 MIS 和决策过程的结合。

关于决策支持系统目前没有统一的定义,一般认为可以把 DSS 看成一个交互式的、基于计算机的软件系统,它利用综合数据库、模型库和决策规则(方法库)帮助决策者解决半结构化甚至是非结构化决策问题。

图 3.11 是波克扎克(R. H Boczock)等给出的一个概念结构。所谓 DSS 的概念结构,就是抽象地描述 DSS 的大致功能以及运行流程。

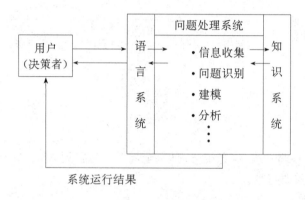

图3.11　DSS概念结构示意图

在上述结构图中我们可以看到,DSS 由用户、语言系统(LS)、知识系统(KS)和问题处理系统(PPS)共同构成。其中,用户(决策者)既是系统的起源又是系统的归宿。当用户有了决策问题后,通过 LS 将问题交给 PPS,PPS 则开始进行有关的信息收集并调用 KS 进行问题识别。如果数据不够或问题不能识别时,PPS 就通过 LS 与用户对话,商讨、索要必需的数据,直到完成问题识别。问题识别出来后,PPS 根据需要选择或构造模型、运行模型分析方案的可行性;最后,选取几个参考方案与可行性分析结果,构成决策支持报告,交付用户。这种概念结构虽然简单,未能提供系统内部的细节,但对于我们初步了解系统的工作很有好处。

2. 特点

与 MIS 相比,DSS 的主要特点在于:

① 面向半结构化乃至非结构化问题。

② 用户是决策者。与其他办公信息系统相比,DSS 的使用者不是一般办事人员或技术人员,它是一种面向高层管理人员的系统。

③ 支持模型构造。由于 DSS 解决非结构化问题,其求解方法和过程就具有了不确定性,现成的模型不一定能满足需要,因而要在识别问题的基础上,根据已有知识灵活选择、构造模

116

型来求解。一般来说,DSS 中存有大量的模型片断以作为构造模型的素材。

④ 提供备选方案。DSS 输出的不是惟一的结果,而是运行有关模型、方法后提出若干备选方案。DSS 完成的工作主要是问题分析、方案确定中的部分工作,最终作出决策的是人而不是系统。

⑤ 强调人的作用。DSS 中人的作用更为重要。DSS 是在大量、反复的人机交互中获取系统运行所必须的信息与知识,如决策人的经验、价值观、决策风格乃至性格特点(稳健型、激烈型等),这些信息与知识最终将影响决策的进行和方案的确定。因此,DSS 更具个人色彩和专用性。

3. 关于 DSS 的研究

自 80 年代以来,人们对 DSS 理论、系统结构及建立方法等进行了多方探讨,产生了若干具体方案,并进行了尝试性开发,取得了初步成效,对 DSS 的发展与实际应用起到了促进作用。以下介绍三种研究成果。

(1)"四库一体化"结构

1986 年,为了促进我国经济信息管理系统的建设工作,我国开展了"国家经济信息系统"的研究,提出了若干信息系统结构方案。图 3.12 所示为其中的"四库一体化"系统结构。

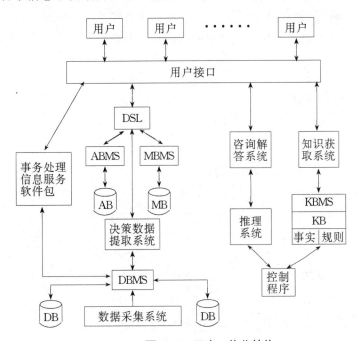

图3.12 四库一体化结构

其中四库是指数据库(DB)、模型库(MB)、方(算)法库(AB)和知识库(KB)。系统以四库及其相应的管理系统 DBMS,MBMS,ABMS 和 KBMS 为基础,整个结构由用户接口、数据库系统、事务处理和信息服务系统、决策支持系统和专家系统几部分组成。

在这个结构中,决策支持部分由决策数据提取系统(DGS)为模型组织数据,通过决策支持语言(DSL)提供给模型供其运行,描述、构造模型,并通过用户接口与用户交互。

（2）基于数据库技术的 DSS 解决方案

1996 年，王珊教授发表了基于数据库技术的 DSS 解决方案，方案包括 3 个方面的内容：

① 数据仓库技术（Data WareHouse；DW）

1991 年，W. H. Inmon 提出了 DW 的概念。他认为"数据仓库就是面向主题的、集成的、稳定的、不同时间的数据集合，用以支持经营管理中的决策制定过程。"现有信息系统一般是按数据的自然属性组织数据，很多有用信息往往淹没在大量的细节的数据中。数据仓库则力图按主题提炼这些数据，以面向分析的综合性数据支持管理和决策。

② 联机分析技术（On-Line Analytical Processing；OLAP）

1993 年，E. F. Codd 提出以底层数据库和数据仓库为基础，利用经综合提炼的历史数据进行数据分析处理的新技术——联机分析技术。OLAP 具有灵活的分析功能，直观的数据操作和分析结果可视化表示等优点，使用户对基于大量复杂数据的分析变得轻松而高效。

③ 数据发掘技术（Data Mining；DM）

DM 是从大量 DB 或 DW 中发现并提取隐藏在其中的信息的一种新技术，涉及了数据库、人工智能、机器学习和统计分析等多种技术。传统的 DSS 通常是在某个假设的前提下，通过数据查询和分析来验证或否定这个假设；而 DM 则能自动分析数据，进行归纳推理，从中发掘出潜在的模式，或产生联想，建立新的业务模式，帮助决策者调整市场策略，并找到正确的决策。

图 3.13 就是基于上述三种技术内在的联系性和互补性，将三者结合设计的 DSS 构架。

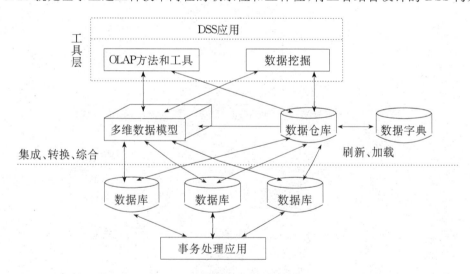

图 3.13　DW，OLAP和DM结合的DSS构架

在这种构架中，DW 对底层 DB 中的事务级数据进行集成、转换和综合，重新组织成面向全局的数据视图，解决了 DSS 中各 DB 数据结构不一致的问题。OLAP 从 DW 中的集成数据出发，构建面向分析的多维数据模型，再利用多维分析方法从多个不同的视角对多维数据进行分析、比较。DM 以前两点为基础，自动发现数据中的潜在模式，并以这些模式为基础自动作出预测。

（3）智能决策支持系统

由于决策是一项极为复杂的思维活动，尤其是涉及到非结构化问题，传统的 DSS 是难以支持的。人们因而希望在人工智能应用方面有所突破，利用人工智能、专家系统、知识工程等领域的成果,研制智能决策支持系统(IDSS)。图 3.14 为 Hill 提出的一个 IDSS 框架。

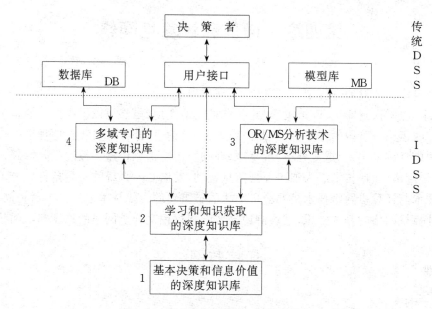

图 3.14　设想的智能决策支持系统框架

该框架的构思是以深度知识的开发为基础的。

深度知识是指更一般更基础的知识,如牛顿第二定律就是弹道轨迹的深度知识。该框架以决策最基本规律的知识和最具价值的信息为基础,还包含有学习和知识获取的深度知识库、如何使用运筹学和管理科学模型的深度知识库和其他专家的深度知识库,并以这些深度知识共同支持传统的 DSS。

智能决策支持系统的研制与发展,将为领导层决策提供更加有效的支持。

第四章　通信和计算机网络

在办公自动化的发展进程中,在单机上实现单项业务的自动化处理,或者购置一批现代化设备(如文字处理机、复印机、碎纸机等)并各自独立地使用,虽然可以提高办公质量和效率,但也仅仅是完成了第一阶段的任务。由于办公设备、办公信息、办公人员等在地理上的分散性,以及而引起的信息重复输入、重复处理、重复建库问题,传统信息传递手段的延时性长、可靠性差等问题,使得网络、通信技术成为加速办公信息流动,发展 OA 系统的必要条件。

通信技术与计算机网络技术是办公自动化的最重要的支撑技术之一。本章将简要介绍数据通信与计算机网络的基本知识,重点讲述局域网和程控交换机网络的原理和联网技术。

4.1　通信与网络基础

4.1.1　基本概念

1. 通信

用特定的方法,通过某种媒体或传输线路,将信息从一地传到另一地的过程称为通信。一般按照传输信号的性质,将通信分为模拟通信、数字通信和数据通信三种(参见图 4.1)。

模拟通信是传输模拟信号的通信方式。模拟信号是一种在频率和幅度上随时间连续变化的信号。

数字通信传输的是数字信号,这是一种以有限个数位来表示的离散电子脉冲信号。

数据通信是指利用计算机和通信线路传输数据信号的通信方式。数据信号是一种特殊的数字信号,它具有一定的编码格式和位长要求。目前,计算机网络中传输的就是二进制编码的字母、数字、符号以及数字化的语音、图形、图像信息,因而属于数据通信。

数据通信是 50 年代后期随着计算机技术的发展与普及而兴起的一种新型通信技术,它主要包括编码/译码、调制/解调、抗干扰、抗衰减、同步及检错纠错等技术。

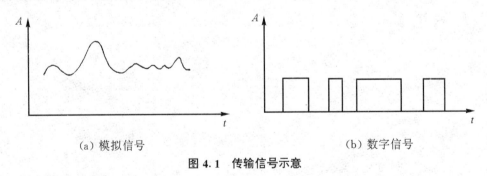

(a) 模拟信号　　　　　　　　　　　(b) 数字信号

图 4.1　传输信号示意

2. 基带传输与频带传输

基带传输是指按照数据信息的原样,即不改变信号性质进行的传输。在基带传输中,一条通道的频谱为传输一路数字信号所占用。

120

频带传输是指用数据信息调制载波信号,然后对数据信号调制成的模拟信号进行的传输。在计算机远程通信系统中,一般采用频带传输方式,在一条通道上(利用多路复用技术)传输多路信号,以提高线路利用率。

3. 信道与信道带宽

信道是指通信系统中一路信号的通道。

信道带宽是指信息传输介质、传输装置等允许通过的、信号损耗较小的频率范围。也用来指信号的频率分布范围(即信号的频谱宽度)。

信道的分类方式有很多。按照带宽,信道可以分为:窄带信道,带宽为0~300Hz;话音频带信道,带宽为300~3400Hz;宽带信道,带宽为3400Hz以上。信号带宽越宽,对通信设备及传输介质的要求就越高。

4. 数据传输速率

数据传输速率是通信信道的重要特征之一,也称信道速率。是指在数据传输系统中,单位时间内传送的信息量,用比特/秒(bit per second;bps)表示。

5. 误码率

误码率是衡量数据通信系统或信道传输可靠性的指标。外部的干扰、噪声或信道本身的噪声、衰减等的存在都可能引起传输错误,不同系统或信道的传输性能不同,出现传输错误的多少也就不同。误码率就是指二进制位在传输系统中被传错的概率,可以表示为:

$$Pe = \frac{Ne}{N}$$

其中,Pe 为误码率,N 为传输总位数,Ne 为被传错的位数。

目前,一般电报电话通信线路的误码率在 $10^{-4} \sim 10^{-6}$ 左右,而数据通信系统一般要求误码率低于 $10^{-6} \sim 10^{-9}$。

6. 传输模式——同步传输与异步传输

传输模式也称同步问题,它关系到发送端传送的信息能否被接收端正确接收。解决这一问题的方式主要有两种:同步传输和异步传输。

同步传输是字符成组传输,每组前后加上控制字符,每组内各字符之间有精确的时间间隔,如图 4.2(a)。系统以同步传输模式工作时,可变长数据块前设置两个或两个以上同步字符 SYN(在 ASCII 中的编码为 00110010)。接收端只要检测到两个或两个以上 SYN 则开始接收传输数据,直至在数据块后再检测到表示数据块结束的 SYN。

同步传输的主要优点是传输速率高,因为识别字符编码的起止比特少,在同样的传输总位数下传送的数据位多,特别适宜长数据的连续传输,主要用于计算机之间的通信。其缺点是不易准确,接/收任一方同步器失灵则所传数据全部报废。另外同步传输需要精确的同步时钟,造价高,所采用的通信协议也较复杂。

异步传输是以字符为单位分别传输,以低电平(逻辑"0")表示起始位(传号),后面是字符位及校验位,最后以高电平(逻辑"1")为结束位(空号)。每个字符都单独地按此格式传输,如图 4.2(b)。

异步传输由于大量使用起止比特,加长了传输时间,但传输准确度较高,且允许通信设备不连续地发送及接收字符,适用于单字符或短信息的断续传送,在计算机终端、电传打字机等设备的通信中使用较普遍。

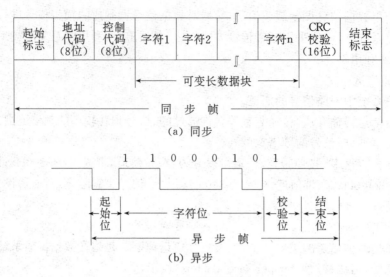

（a）同步

（b）异步

图 4.2　数据传输格式

7. 路径的通信方式

按照信息传送方向与时间的关系，有以下 3 种工作方式：

（1）单工通信

指数据只能沿一个固定的方向，由发送端传至接收端的通信方式。为了保证发送信息的正确性，信道中还传输有监控信号（如进行差错控制的应答信号），其传送方向与数据传送方向相反（见图 4.3(a)）。单工方式成本低，但灵活性差。

电视和广播通常采用单工通信方式。另外，数据通信领域中的遥测系统，如由远程传感器向数据采集计算机传送数据等，也是单工方式。

（2）半双工通信

指数据可以沿两个方向传送，但同一时刻只能做单向传送的通信方式。在半双工通信中，终端既有发送装置，也有接收装置，按照收/发要求交替工作（见图 4.3(b)）。半双工方式对于传送少且长的报文较为有效，但在改变传输方向时会造成延迟。

在以请求/响应模式工作的系统，如主机与终端之间的会话等常采用此种方式。

（3）全双工通信

简称双工通信，指数据可以同时在两个方向上传送的通信方式。双向传输的实现，既可以采用两个单工信道（四线），也可以采用频率分割法，将传输信道分成高频和低频两部分（双线），见图 4.3(c)。该方式在实行双向传输时不需要等待，不引起延迟，因而在需要连续使用信道、吞吐量大，响应速度要求很快时常被采用，如主计算机之间的通信。双工通信成本较高。

8. 差错检测与控制

数据通信系统要求有较低的误码率，但传输系统中差错的存在是不可避免的，特别是随着传输速率的提高，误码率也会提高。为了不使传输差错过多而导致系统陷入混乱，差错检测与控制已经成为数据通信系统的重要组成部分。

差错检测的基本原理是：用某种方法对信息序列进行变换，使本来彼此独立的数据位呈现某种相关的规律性。在接收端，利用这种规律性就可能发现信息序列是否有错，并据此控制重发或纠错。目前可供选择的校验方法很多，奇偶校验和循环冗余校验应用较为普遍。

122

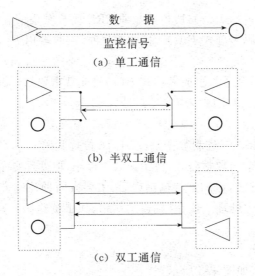

(a) 单工通信

(b) 半双工通信

(c) 双工通信

图4.3　单工、半双工与双工通信

（1）奇偶校验

奇偶校验是"奇校验"和"偶校验"的统称。奇校验是指在被校验信息序列中增加一位校验位,当信息序列中"1"的个数为单数时,校验位置"0","1"的个数为双数时,校验位置"1",以使包含校验位在内的新的信息序列中"1"的个数保持为单数。反之,使包含校验位在内的新的信息序列中"1"的个数为双数则称为偶校验。

这是一种简单通用的差错检测方法。例如在采用奇校验的系统中,接收端只要简单检测所收到的信息序列中"1"的个数即可:如果含偶个"1",则说明传输有错。奇偶校验方法的局限是,它只能发现单数位错,且不能确定哪位错,因此没有纠错能力。

由于奇偶校验方法易于实现,而且在实际通信系统中,一位错出现的概率最大,因而应用仍较广泛。

奇偶校验有一些派生方法,典型的如二维奇偶校验(纵横奇偶校验)。该方法以简单奇偶校验中的校验位为横校验字,即发送一组信息序列后,再发送一个校验信息序列为纵校验字(参见图 4.4),因而可以发现并纠正一位错,具有较好的校错能力。

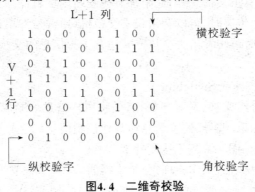

图4.4　二维奇校验

（2）循环冗余校验(Cyclical Redundancy Check)

CRC 校验的原理是:发送端与接收端共同选定一个生成多项式 $P(x)$,然后将数据位序列

多项式 $G(x)$ 除以双方选定的 $P(x)$，所得余数即 CRC 码。发送信息时，CRC 码通常附加在数据位序列后，共同构成编码多项式 $F(x)$。接收信息时，接收端用 $F(x)$ 除以 $P(x)$，余数为 0 表示传输正确，反之有误。

在 CRC 校验中，选择合适的生成多项式 $P(x)$ 是非常重要的。目前国际上流行的 $P(x)$ 很多，其中，CCITT 推荐的标准生成多项式是：

$$P(x) = x^{16} + x^{12} + x^5 + 1$$

称 CRC-CCITT，适用于 8 位二进制数据码，产生 16 位校验码。

由于 CRC 采用了复杂的数学公式，检错失效率极小，但处理复杂、校验时间长，成本较高。

无论采用何种校验方法，检测到传输错误后，主要有两种控制方法：如果校验码具有纠错能力（如二维奇偶校验法中处理一位错）则自动纠错，如果校验码只有检错能力（如 CRC）则采用某种方法控制重发。

9. 信息交换方式

信息交换方式的分类如图 4.5 所示。

信息交换方式 { 线路交换
存储交换 { 报文交换
报文分组交换

图 4.5　信息交换方式分类

(1) 线路交换（Circuit Switching）

线路交换是指交换中心通过为通信双方切换电路而建立信息传输路径的交换方式。其工作过程为：经过用户请求，由交换机为两个或多个用户建立物理通信线路，用户信息发送完毕释放线路。线路自建立至拆除，其使用方式为独占的。其收费和距离及线路建立的时间有关，与通信量无关。这种方式采用的设备与操作简单，线路建立后，用户可以无延时地发送信息，且不会发生线路阻塞，较适合进行远程大量信息传送和实时信息交换。缺点是信道利用率低。

线路交换是公用电话交换网（PSTN）中普遍采用的技术。

(2) 报文交换（Message Switching）

报文交换属于存储交换（又称存储-转发）方式，它以信息的逻辑单位——报文为单位进行交换和处理。报文除了含有正文信息外，还附加有源发站地址、目的站地址、结束标志及其他辅助控制信息。报文在网上传递时，可以利用报文交换机（通常是专用计算机）的存储器，当信道忙时进行暂存，待信道闲时再转发出去。该方式适合于短信息的交换，但交换机需要大容量存储器，网络延时长。

(3) 报文分组交换（Packet Switching）

报文分组交换简称分组交换，又称包交换，是将用户信息分割成有一定长度限制的小段，并给每个片段加上地址标识、编号、校验信息和其他控制信息成为分组（又称"包"），每个分组作为独立实体在网上传送。图 4.6 表示为了完成表 4-1 要求的信息交换，分组交换网的工作原理。分组交换的最大好处是系统可以根据网络情况选择空闲路径，传送适当的分组，避免了线路拥挤，减少了延迟时间；合理限制分组长度可以提高线路利用率；传输可靠性高，

表 4-1

发送节点	接收节点	传送信息
A	Z_2	123
B	Z_1	ABC
C	Z_1	789

保密性好。但分组增加了控制信息,且系统成本较高。

此方式首先应用于美国 ARPA 网,现已成为计算机网络中广泛使用的信息交换技术。

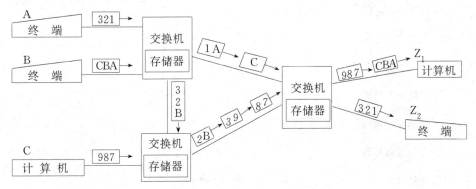

图4.6 分组交换网工作原理示意

10. 报文传送延时

从发送设备产生一个报文开始,直到其收到"发送成功"的应答为止的时间间隔称报文传送延时。该延迟时间由三部分组成:①报文排队等待时间;②报文自发送端到接收端的传输时间;③接收端应答信息的返回时间。报文传送延时与网络的很多因素有关,如每个节点发送报文的频度(反映网络负载程度)、报文的长度、所采用的网络协议、网络中连接的节点数量、网络传输速率、误码率等等。

4.1.2 数据通信的基本结构

数据通信系统的基本结构如图 4.7 所示。

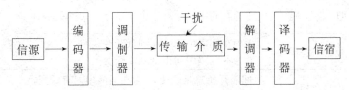

图 4.7 数据通信的基本结构

说明:

图 4.7 中信息自左向右单向传递,由信源传至信宿。

当信息传至编码器时,由编码器对其进行编码,主要是将信源发出的模拟或数据信号转换成一种符合系统要求的数字信号。

我们已经知道,数字信号是一组离散电子脉冲序列,每个脉冲代表一个信号元素。在传送二进制数据时,可以使数据的每一位对应一个信号元素,如"0"用低电平表示,"1"用高电平表示,这就是一种编码方式,称"不归零码"。

在实际系统中,为了改善传输性能,如保证一定的带宽、降低误码率、减少同步难度,往往选用其他一些编码方案。图4.8和表4-2为几种常见的编码格式。

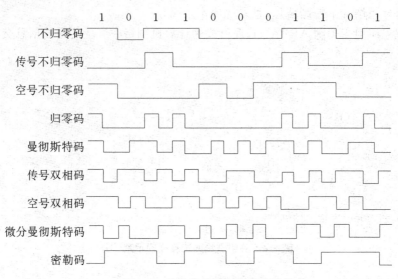

图4.8 几种常见数据信号编码格式

表 4-2 几种常见数据信号编码方案的特征说明

编码名称		特征说明
不归零码	不归零码	1为高电平,0为低电平
	传号不归零号	1为在间隔开始跃变,0为不跃变
	空号不归零号	1为不跃变,0为在间隔开始跃变
归 零 码		1为在间隔开始有半个比特脉冲,0为无脉冲
双相码	曼彻斯特码	1为在间隔中间由高到低跃变, 0为间隔中间由低到高跃变
	传号双相码	间隔开始总是跃变,1为在间隔中间有跃变, 0为在间隔中间不跃变
	空号双相码	间隔开始总是跃变,1为在间隔中间不跃变, 0为在间隔中间有跃变
微分曼彻斯特码		1为在间隔开始不跃变,0为在间隔开始跃变, 间隔中间总是跃变
密 勒 码		1为在间隔中间跃变,0为如果下位为1不跃变, 如果下位为零在间隔终端跃变

以局域网标准编码之一的曼彻斯特码为例,该方案在每位中都存在有规律的跃变,便于同步;信号频率较高,适合于光纤通信系统,目前应用较广泛。

利用现有的模拟式电话网络不适宜直接传送数字信号。为了使计算机及终端设备发出的数字信号能在这类信道中传输,应该先将数字信号转换成模拟信号,这一过程称为"调制",完成这一工作的设备即"调制器(Modulator)"。

126

通常采用的调制方法是:选定一种频率稳定的正弦波作为载波,用待传送的数据信号对载波的幅度、频率或相位进行调制,可以产生三种调制波形(如图 4.9),这就是常说的幅移键控(ASK)、频移键控(FSK)和相移键控(PSK)三种调制技术。相应地,调制器分为调幅型、调频型和调相型,以调频型为常见。为了适应信道传输速率的要求,每种调制器均有一种或若干档次的速率。目前一般按 CCITT V 系列国际标准制作,常见的有 1200bps,2400bps,4800bps,9600bps,12000bps 等等。按照外部形态,调制器还可以分为内置式(插在计算机内的扩展槽中使用)、外置式(使用 RS-232 接口与计算机连接)和阵列式(为多个设备堆叠在一起,一般在通信中央枢纽使用)三种。

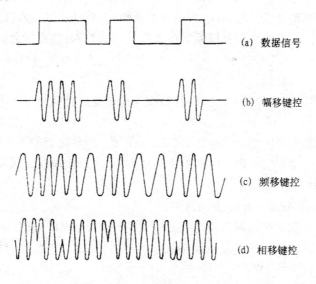

(a) 数据信号

(b) 幅移键控

(c) 频移键控

(d) 相移键控

图 4.9　调制波形

调制后的信号经过传输介质传至信宿前,先由解调器(Demodulator)对信号进行解调(解调是调制的逆过程),再由译码器将其还原为输出信息。

在一般情况下,常将调制器和解调器做成一个设备,称"调制解调器(MODEM)",实际上是一个数/模(D/A)和模/数(A/D)变换器,它提供一个数字环境和模拟环境的接口。

另外,由于干扰的存在,信号传过一段距离后会发生"畸变",因而在传输线路上,每隔一段距离要适当安排使用放大器、中继器等设备,以提高信号幅度。其中,放大器(Amplifier)是一种用输入信号控制本机电源,使输出信号与输入信号具有一定比例的放大关系的装置。中继器(Repeater)是将一路电路上传来的电流经过放大,自动地转发到另一电路或多个电路上的装置。

4.1.3　计算机网络

自从计算机进入信息处理领域以来,如何充分利用计算机所提供的高速处理、海量存储能力,充分发掘、利用信息资源,一直是人们关注的问题,也是促进计算机应用方式改进的主要动力。计算机的应用方式大体上经历了三个阶段。

最早的计算机一般为每个用户单独地使用,即单机-单用户方式。在这种方式下,单机的存储量受到很大的限制,不同的计算机用户交互数据很不方便,计算机的高速处理能力未能充分利用,系统效率低。鉴于单机-单用户方式的不足,随着计算机技术的发展特别是分时操作系统的出现,用户可以通过通信线路将自己的终端与计算机连接,形成"终端群"。多个用户在自己的终端上共同使用一台主计算机,可以充分利用计算机资源,大大提高计算机的使用效率,也使主计算机成为了一个个"信息中心",这就是单机-多用户方式。计算机应用领域的日益扩展和信息量的激增,使得单机-多用户方式显现出了与单机-单用户方式类似的弊端,即不能充分发挥计算机的作用,不能充分利用信息资源,而且,原来具有一定优势的"信息中心"在更大的范围里成为了"信息孤岛"。在这种形势下,计算机网络应运而生,成为一种新型的更有效的计算机应用方式。计算机网络(Computers Network)是指用通信介质将在地理上分散的、具有独立功能的多个计算机系统连接起来,以实现计算机硬件、软件和数据资源的共享。

计算机网络是计算机技术和数据通信技术相结合的产物。随着社会信息化程度的提高,分散在不同位置的人们之间要求随机、快速、方便地互通、共享信息,计算机网络系统的发展、普及已经成为一种历史的必然。

目前,计算机网络有多种类型,这里,我们按其覆盖范围将其分为如下几类:

1. 简单通信

计算机上一般都配有标准通信接口,如 RS-232 等。距离很近的两台计算机可以通过标准接口和线路直接连接以传输数据。这种方式简单方便,可以实现双工通信,但是其传输距离仅15 米左右,所连计算机数目有限。

2. 局域网(Local Area Network,LAN)

局域网是计算机局部区域网的简称,是一种把分布在一定区域内(如一幢办公楼、一个工厂、一所学校等)的各种数据通信设备连接起来实现通信,以提供较高的传输速率和较低的误码率的网络形式。

局域网的发展始于 70 年代中期。微型计算机的应用、普及和互联要求,使局域网得到了迅速发展,而局域网也以其技术成熟、经济、有效的特点成为计算机网络中的重要产品。鉴于局域网在覆盖范围、传输可靠性、性能价格比和技术的复杂程度等方面均较为适合办公环境的要求,目前 OA 系统中使用较多的通信技术是局域网。

3. 广域网(Wide Area Network,WAN)

广域网也称远程网,这是一种在地理上呈广泛分布状的网络,其覆盖范围可为多城市、多地区甚至整个国家和全世界。广域网传输速率低、建网与维护代价高。近年来,由于公用数据网技术成熟且逐渐商品化,人们可以利用已有的公用数据网连接成广域网,以降低建网费用。

1969 年,美国国防部高级研究计划局开始研制的 ARPA 网及以此为主干发展而成的、今天已广为人知的 Internet 都属于广域网。在办公领域中,也可以利用广域网技术,将若干个局域网连接起来,实现远程信息传输与管理。

4.2 计算机局域网

通过观察、统计我们可以得知,办公活动中的信息交互多数是在机关、单位内部进行的,其传输范围主要在几幢建筑之内,一般采用局域网就可以较好地支持这类通信活动。在这一节,我们将重点介绍局域网的基本构成及其主要技术。

4.2.1　局域网的构成

局域网的基本形式是分散在附近的计算机、各种外设等通过传输介质相互通信交换信息，以共享网内各种软、硬件资源。图 4.10 所示为一种局域网的基本结构。

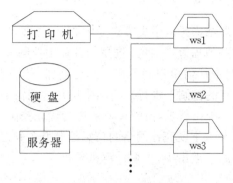

图 4.10　局域网示意图

其中，ws1,2,3…为网络工作站，可以通过网络适配器连在网上。硬盘、打印机等各种具有特殊功能的外设可以通过服务器或直接连在网上。上述设备均可称为网络节点。网络上连接的各种外设均为网中所有用户开放。

网络适配器(Network Adapter，NA)又称网络接口卡(Network Interface Card，NIC)，简称网卡，是将工作站、服务器等连接上网的关键设备。网卡一般直接插在主机的扩展槽上，在网络软件的控制下工作。

网络工作站是连接在网络上，通过运行软件完成信息输入、输出、处理、存储或通信任务，共享网络资源的计算机。对网络工作站可以按多种方法进行分类。①按照计算机带否磁盘，可分为有盘工作站和无盘工作站；有盘工作站可以脱离网络独立工作，便于网络的分布式处理，但硬件投资偏大。无盘工作站因只有主机板、监视器及输入设备，没有磁盘，因而成本低、便于管理控制，但由于所有的程序、数据只能放在网上的服务器上，会因通信量过大而导致网络效率下降，且脱离网络无法工作。②按照性能，可分为事务处理工作站和图形、图像、语音处理工作站等。前者因其工作性质对处理速度、存储量等要求不高，可采用性能指标较低的廉价设备，而后者对设备的性能要求高。随着多媒体技术的发展，多媒体工作站的研究、应用正日益引起人们的重视。③按照连接的距离与方式，可以分为本地工作站和远程工作站。本地工作站指近距离直接通过网卡连在网络上的工作站，可以和网络进行高速数据交换；远程工作站是利用远程通信设备、通过电话线进行通信，数据交换速度低。

服务器是为网络中各终端提供共享网中软、硬件和数据库资源等服务的设备和软件。服务器的种类很多，按设计思想可分为两类：专用服务器和通用服务器，前者是专为网络而设计的，后者则是在高档微机上运行网络操作系统等软件而使其成为服务器；按实际应用可以分为：①文件服务器，主要是安装网络操作系统及实用程序，提供硬盘共享、文件共享、打印机共享等功能。②应用程序服务器，作用是在处理用户提交的任务时，使网中多个处理器为一个事务服务。③通信服务器，这是连接构成大型网络系统的各局域网并对其进行管理的设备。在实际系统中，一个计算机可以实现一种以上服务器的功能。

4.2.2 局域网的拓扑结构及其评价

所谓网络的拓扑结构是指网络中各类设备(节点)间的物理连接方式,即通信线路按何种几何构形连接网中各节点。基本的网络拓扑结构有五种:

1. 星形结构(Star)

图4.11 星形

星形结构是以中央节点为中心,中央节点与各外围节点分别通过单独线路连接的辐射式结构。这是一种集中控制式网络(如图 4.11)。在星形结构中,网中任何用户间不形成闭合回路,他们之间的信息交换与连通均在中央节点的控制下进行。当网中用户之间需要进行通信时,由发送节点向中央节点提出请求,由中央节点进行优先控制并最终为其与接收节点建立通路。在星形结构中,中央节点主要充作网络的信息控制开关和通用数据处理设备,因而需要较强的功能和较高的可靠性,一般由中、小型计算机承担。

星形结构的主要优势在于:

① 易于控制,由中央节点作为总控,则各外围节点设计相对简单,且网络延迟时间确定。

② 任一外围节点故障对网络全局没有影响,不会造成网络瘫痪。

③ 外围节点与公用网连接经济方便。只要中央节点与公用网连接并运行相应的软件,外围节点不必在硬件、软件上做太多的改造即可。

星形结构的主要问题在于:

① 全网过于依赖中央节点机的性能,一旦中央节点机发生故障则整个网络不能工作。

② 各外围节点间的连通必须通过中央节点,这将造成中央节点机负担过重,当较多的外围节点同时申请通信时,中央节点就会成为系统的"瓶颈"。

为了控制中央节点机故障对网络的致命影响,现在一些星形结构的系统采用了多主机(主要是双主机)方式,当一台中央节点机发生故障时,启动备用主机支持工作。目前采用星形结构的局域网有 IBM 的 SNA,DEC 的 DECnet,Novell 的 Netware/s 等。

2. 环形(Loop;Ring)

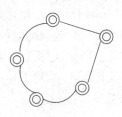

图 4.12 环形

环形结构是一种网中各节点用通信线路连成闭合回路的结构。这是一种分布式控制网络(如图 4.12)。环形结构中最经济且易于控制的是单向通信的单环方式,这也是目前局域网中主要采用的环形结构。在这种结构中,信息沿环单向传输,经由每一个节点传送给相邻节点。

环形结构的主要优势是:

① 环形中各节点间的通信方式为单向,每个节点只接收前一个节点发出的信息,因而网络控制简单,且网络延迟时间确定。

② 网中各节点地位平等,易于实现分布式控制。

③ 各节点均可实现存储转发功能,且在转接信息时起中继作用,节点之间的传输距离可以较大。

环形结构的主要问题是:

① 可靠性差,任一节点接口故障或任一段线路故障都会造成全网瘫痪。

② 网络扩充不够方便,增删节点时全网不能工作,因此一般采用事先申请,批量增删的办

法来处理。

③ 当网上串接节点较多时,网络延时太长。

为了提高环形网的可靠性,人们研究了多种改进方法,如故障节点的"自动旁路法"就是其中的一种。故障节点的自动旁路法采用双环结构,其备用环与主环平行,如图 4.13 所示。

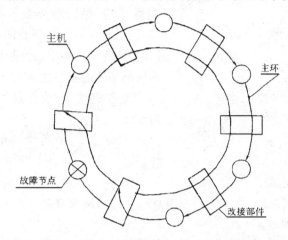

图 4.13　自动旁路法示意

正常情况下备用环不工作,当主环的某一线路、节点机出现故障时,网络在管理节点的控制下改变环路,信息流转入备用环传输,而将故障节点或线路置于环流之外。自动旁路法可以在多个节点机发生故障或主环多处链路故障的情况下保证网络畅通。但由于采用了备用环和大量的改接部件,使得整个系统成本较高,且故障发生概率增加。

早期具有代表性的环形局域网是 70 年代中期剑桥大学研制成功的"剑桥环"(Cambridge Ring),随着分布式处理需要的增长,环形拓扑结构日益引起人们的关注。目前应用较多的环形局域网有 IBM 的 Token Ring 等。

3. 总线结构(Bus)

总线结构的基本形式是将多个节点挂接在一根公共电缆总线上,这是一种分布式控制网络(如图 4.14)。在总线形结构中,总线是各节点的共享线路,它支持网络信息的双向传输,并向各节点提供广播式通信。

图 4.14　总线形

总线形结构的主要优势为:

① 可靠性较高,节点机故障一般不会影响全网工作。

② 扩充性良好,节点的增删、移动比较方便,总线长度也可以利用中继器等转接部件进行扩展。

③ 不需要中央控制节点,有利于实现分布式控制。

④ 采用共享信道,信道利用率高。

总线形结构的主要问题是:

① 由于扩充容易又没有中央控制节点,网络延迟时间不确定。

② 总线故障对系统影响较大。

③ 由于采用共享线路且信息为双向传输,控制比较复杂,网络也容易发生超载。

总线形结构是目前局域网中使用比较普遍的结构,Xerox 的 Ether Net,3 com 的 3 Plus,IBM 的 PC Net,Corvus 的 Omninet 等都采用了总线形拓扑结构。

4. 树形结构(Tree)

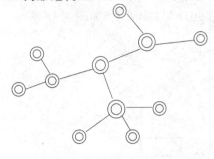

图 4.15 树 形

树形结构是总线形的变形,为一种不闭合的分支电缆结构,是一种分级的集中控制网络(如图4.15)。在树形结构中,任意两个节点间都不形成闭合回路,电缆支持网络信息的双向传送。

树形结构的主要优势在于:

① 可扩充性好,节点以及电缆的增删、移动都较为方便。

② 对分主次、分等级的层次型管理系统的模拟性好。

树形结构的主要问题是,

① 可靠性不高,线路故障,尤其是与根节点相连的线路故障会造成网络大面积瘫痪。

② 结构复杂,控制困难。

对于希望采用树形结构的用户来说,降低结构的复杂度是很有意义的。目前在局域网中较流行的是二叉树结构,即从根节点开始向下分级和向左右分成两支电缆,各级以此类推。这种结构相对简单,减少了控制的难度,也保留了树形结构的基本优势。

5. 网形结构(Mesh)

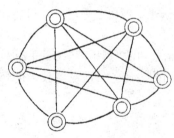

图 4.16 网 形

网形结构是一种网中任一节点都通过单独线路与网中其他各节点相连的结构,是一种高度分散的网络(如图 4.16)。在网形结构中,全网没有明确的中心,所有节点都相互连接,从而为节点间信息传输提供了迂回路径。

网形拓扑结构的最大优势在于它的可靠性高,任一节点故障都不会造成网络瘫痪,线路发生故障时可以通过路径选择,利用迂回线路保证信息传递,一般不会引起通信中断。

但是,网形结构所需要的通信线路太多,如果网中有几个节点,则每个节点需要连接 n−1 条线路,连接麻烦,也造成了增删节点的困难。此外,大量的迂回路径,增加了网络控制的复杂性,也造成网络延迟时间的不确定。网形结构网络的造价也高于前几种。

采用这种每个节点都与网中其他节点相连的网形结构的网络被称为"全连通网络"。尽管这类网络的优势极为明显,但局域网的网络技术难以承担如此复杂的路径选择,加之造价高,使得局域网中极少采用这种结构。在某些高级的或重要的管理部门,为了满足实际系统对可靠性的要求,可以采用局域网技术支持的"部分连通网络"。这种结构可以根据需要选择节点间是否直接相连,在保证重要节点的直接连接及必要的迂回路径的基础上,适当减少线路数量,简化路由选择,降低控制的复杂程度,降低造价。

上述五种基本的局域网拓扑结构各自都有较为突出的优势,也各自存在着一些明显的问题。在评价、选择局域网时,对其拓扑结构的性能评价,我们可以参考安德逊和詹森提出的五项指标做如下考虑:

（1）模块性

这是评价一个(或一组)节点的变动对其他节点乃至全网影响的指标,影响越小模块性越好。模块性关系到网络扩展的难易程度,即是否便于增删节点或延展网络。在上述拓扑结构中,模块性最好的是星形结构。由于星形结构中由中央节点进行总控,增删节点的主要工作就是对该节点与中央节点进行物理连接或拆除连接,同时修改中央节点上的路径表。模块性最差的是网形结构。每增加一个新节点,除了需要对该节点与网中已有所有节点逐一进行连接外,由于一个新节点的增加会大大增加系统的通信路径,使得系统需要逐一改变各节点机上的路径表甚至改变路径选择算法。对基本拓扑结构的改变也会改变其模块性,如果为了控制星形结构中中央节点故障所造成的灾难性后果而采用了双主机方式,则该结构的模块性就变得较差。

（2）灵活性

这是一个反映信息从发送节点传至接收节点的过程中,可以选择的路径多少的指标。灵活性关系到网络运行的可靠程度。可选的路径越多,灵活性就越好,网络运行的可靠性也就越高。网形结构的灵活性最好,即使是采用部分连通结构,其可选择的信息传输路径也相对较多。灵活性较差的结构如环形结构,任何两点间的信息传输都只能沿一条固定线路和方向绕环一周才能完成。在灵活性较差的环形结构中,任何一个节点、一段线路发生故障时,由于没有其他路径可以选择,都只能中断通信。

（3）容错能力

这是一个描述故障出现后系统继续运行的能力的指标。任何一个系统都不可能完全不出现故障,我们所希望的是故障发生后不要影响全网运行,最好也不会出现明显的报文传输延迟。系统故障可以分为节点故障和线路故障两类。无论出现何类故障,网形结构都具备良好的容错能力。如果某个节点出现故障,只会使其自身成为孤立节点,只影响其他节点与该节点之间的通信,不会对全网有什么影响。如果某一条或某几条线路出现故障,系统会自动选择其他路径,甚至不会使用户明显感到延时的增加。星形结构在线路与外围节点发生故障时容错能力较好,至多使相关节点成为孤立节点,不会使全网通信失败,但中央节点故障则是灾难性的。环形结构容错能力差,任一种类故障都会影响全网运行。

（4）瓶颈的可能性

这是一个反映系统结构中薄弱环节的指标。随着系统负载的增加,大多数系统结构中都会有易于发生超载的环节,这就是这里所说的"瓶颈"。这种结构性的弱点是选择网络结构时必须心中有数的。当多个节点同时处于通信高峰时,星形结构的中央节点极易成为瓶颈,一旦中央节点出现超载,则会造成全网瘫痪。总线结构的线路也会成为瓶颈。

（5）逻辑的复杂性

这是一个关系到通信软件复杂程度的指标。系统在控制节点间的信息传递时,需要对传递路径、出错时的容错与恢复处理等作出判断,逻辑的复杂性就是指这种判断的次数及其复杂程度。这类判断能力主要是由通信软件所提供的。网形结构的路径算法最为复杂,特别是当若干条线路故障致使系统改变了基本结构时,逻辑的复杂性还体现在随基本结构的改变而改变整个控制方式,而在故障排除后再切换回原方式。星形、环形结构的逻辑复杂性则低得多。

上述几种局域网中常见的拓扑结构各自都有较为明显的优势,也都存在着相应的问题。在建设局域网,选择网络拓扑结构时,应该从提高整个网络的性能/价格比出发,根据现有条件和实际需求,综合评判、选取网络结构。

在设计较大型的办公自动化网络系统时,可根据使用网络的不同部门的实际情况,将两种或多种基本的网络拓扑结构进行组合,形成复合形拓扑结构,如图4.17所示。

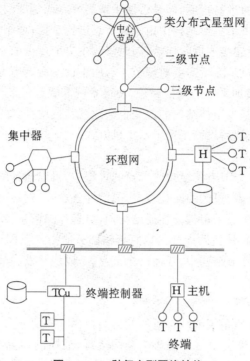

图4.17 一种复合型网络结构

4.2.3 局域网的传输介质

传输介质是指网络中实际连接各种设备,以完成信息传输的物理路径。传输介质的简单分类可参见图4.18。

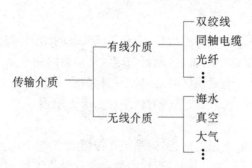

图4.18 传输介质的分类

局域网中常用的传输介质有如下几种:

1. 双绞线电缆(Twisted Pair Cable)

将两根相互绝缘的铜线绞合成有规则的螺旋形成为一对双绞线,多对双绞线外加保护套则构成双绞线电缆,如图4.19所示。双绞线电缆在电话系统中应用得较为普遍,在电话系统干线,双绞线电缆中可有多达几百对双绞线。双绞线电缆也是计算机局域网中最为廉价的传输介质,其中通常含有几对双绞线。双绞线的性能较差,普通双绞线电缆一般无金属屏蔽层,抗干扰及保密能力差;传输信号尤其是高频信号衰减严重;传输速率较低,一般在 1Mbps 左右,传输距离也比较短。但是双绞线电缆结构简单、成本低、可以支持星形、环形和总线形拓扑结构,特别是双绞线电缆一般能与电话线路兼容,可以充分利用已有的电话网作为局域网的基础,简化了局域网的布线工作,使得双绞线电缆在局域网传输介质中一直保留有一席之地。

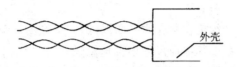

图 4.19 双绞线电缆一般结构

近年来,国外也出现了一些以双绞线为传输介质的优秀局域网,如 10BaseT,采用 0.4～0.6mm 无屏蔽组合电缆,数据传输速率已经达到了 10Mbps。

2. 同轴电缆

同轴电缆由同心的导线、绝缘体、屏蔽层和保护套构成,如图 4.20。其中,导线为单股或多股的铜芯,起传输信号的作用。绝缘体多以聚乙烯为材料,在导线与屏蔽层之间起绝缘作用。屏蔽层为铜或铝制成的金属丝网或金属管,可以提高电缆的抗干扰能力。保护套由塑料、橡胶等材料制成,是同轴电缆的外壳。在远距离电话、电报

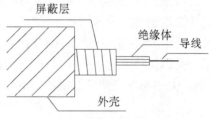

图 4.20 同轴电缆一般结构

传输和有线电视信号传输中常采用同轴电缆作传输介质,同轴电缆也是局域网中应用最普遍、技术最成熟的传输介质。

同轴电缆可以分为很多种。按电缆的外径尺寸,可以分为粗缆和细缆。粗缆外径一般在 1.5cm 左右,细缆外径约 0.6cm。

按照传输信号的形式,同轴电缆又可以分为基带同轴电缆和宽带同轴电缆两种。

基带同轴电缆一般采用铜丝网作为屏蔽层,只能传送一路数字信号,网上信号可以双向传输,可连接的设备比较多,每段可接几百个设备,加中继器后可达上千个。能支持各种拓扑结构,价格也相对便宜。其在传输距离、安全性等方面的指标高于双绞线电缆,但仍嫌不够。

宽带同轴电缆多用挤压成的铝带为屏蔽层,能够传递模拟信号,也能传递数字信号,信号传输为单向。宽带同轴电缆的带宽可达 300～400MHz 以上,可以使用频分多路复用技术将一条宽带电缆分为几十个数据通信信道,因而可以在一条电缆上实现数据、语音、图形、图像等多媒体信息的同时传输。在可连接设备数、传输距离、安全性、抗干扰能力等方面较基带同轴电缆更为优越,但其安装维护较为复杂,造价偏高。

目前国内常见的局域网产品,如 Ethernet 等,都以同轴电缆作为首选传输介质,而且主要采用基带传输方式。但也应该看到,宽带传输可以提供基带传输难以实现的服务,随着应用要求的提高和网络技术的发展,宽带传输将成为网络未来的一个重要内容。

3. 光缆(Lighwave Cable)

光缆以光导纤维为纤芯,纤芯外包有固体包层。若干根光纤组合在一起成为光缆,其组合

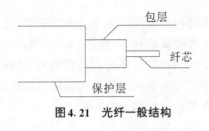

图 4.21　光纤一般结构

方式或者是为多根光纤再加一个保护层,或者是将光纤放在一个空腔体中,如图 4.21。

光纤与其他导体的显著不同在于光纤传导的是光能,而其他导体多传导电能。光纤工作是基于光在两介质交界面上的全反射原理。纤芯的折射率高于包层的折射率(约 1％左右),这就将以光的形式出现的电磁能量约束在两介质界面以内,并使光沿着与轴线平行的方向传播。光缆作为传输介质的主要优势在于其物理尺寸小且重量轻(一根光纤的直径仅 10～200um 左右)、带宽大(可达数千 MHz)、信息容量大(一根光纤能传输 500 个电视频道的图像信号、50 万路电话的语音信号,而外径为 1cm 的光缆通常组合了 32 根光纤)、抗干扰能力强、安全性好、传递衰减小(几个 dB/km)、拉伸强度高(约相当于钢材料)、传输速率高、无中继传输距离远。需要说明的是,传输速率与传输距离是两个相互制约的指标。在评价光纤通信系统时,一般采用传输速率与传输距离的乘积作为其传输能力的指标。随着光纤技术的发展,光纤通信系统的传输能力大约每 4～5 年提高 10 倍,现在,传输能力为 1000Gbps.km 的系统已进入实用。

光纤应用也有一定的局限性,如很难在不断开光缆的情况下读出光信号,而光能在分岔与接头处损耗很大,这是目前光纤的分岔与接头技术未能解决的,这也使得光缆还不适宜应用于总线形一类的拓扑结构。另外,光纤技术复杂、敷设要求高、造价高。但是我们仍应看到,一旦技术成熟,上述问题是能够解决的,光纤在局域网络,包括办公自动化系统中将会得到广泛的应用。

在为设计局域网而选择传输介质时,可以着重考虑以下几个因素:
- 传输速率
- 传输距离
- 带宽
- 噪声吸收能力
- 安全性能
- 误码率
- 可支持的网络拓扑结构类型
- 铺设难度
- 费用

4.2.4　局域网的访问控制方法

局域网上各节点机均可以利用网络完成信息传输,信息从一个节点到另一个节点的传输过程称为对网络的"访问"。一般来说,网络信道的使用方式有两种:独占的和共享的。在采用共享信道的网络系统(如环形、总线形等)中,如果一个以上的节点同时访问网络,则各自发送的信息会在信道中相遇且相互干扰(即发生"冲突"),造成通信失败。因此,在共享信道中,凡是要实现信息传输的节点,首先必须占用通信信道。节点占用通信信道的方法称"访问控制方法",也称访问控制协议。访问控制的目的,是在共享信道上,既减少多节点发送信息时冲突的产生,又提高信道的利用率。这是网络设计中的一个关键问题。

访问控制方式主要有两类:分时方式和竞道方式。简而言之,分时方式是将通信时间分成若干个"时隙",又称"时槽"(Slotted),发送节点必须等待空闲时槽或分配给自己的特定时槽才能发送信息,因而避免了冲突的发生。这种方式的主要问题是,如果时槽分得较小,系统开销过大,且不适于长报文的传送;如果时槽分得较大则降低了信道的利用率。竞道方式不必系统指定各节点机的发送时间,发送节点按照一定的方式抢占信道并发送信息,这种方式可以减少信道空闲,提高信道利用率,但控制机制较复杂。下面,我们对几种常见的访问控制方式定性地予以说明。

1. 载波监听多路访问(Carrier Sense Multipe Access;CSMA)

CSMA 方法的原理来自 70 年代初夏威夷大学的 ALOHA 网。该网最初采用"随机多路访问"法,当用户有信息要发送时,不必与其他节点进行协调,可随时发至公共信道。如果恰好信道中有信息传输或多节点同时发送信息时,就可能会产生冲突,信号畸变,致使通信失败。至此,卷入冲突的各节点必须各自等待一个随机时间后重发,直到通信成功。采用这种方法,当发送节点较多时,冲突会大大增加,通信成功率低,信道的有效利用率也很低。

ALOHA 的早期实践证明,多路访问中完全随机、不予控制的方法不利用提高网络效率,存在着很大的盲目性。能不能采取某种控制方式减少冲突的发生呢?

研究者们发现,如果信息的传播时间与其发送时间比极小,当一个节点发送信息时,其他各节点几乎可以同时测到。这一发现导致了 CSMA 方法的产生。

CSMA 的含义是:准备发送信息的节点准备好报文并提出发送请求后,首先监听信道上有无其他节点发送信息(检查载波)。如果监听到信道闲(无载波)时立即发送报文,直至发送完毕;如果监听到信道忙(有载波),则继续监听,直至可以发送。此次发送是否成功,取决于能否收到接收节点正确接收的答复,如果收到肯定答复则结束这个发送过程,否则重复上述监听-发送过程。这一工作过程参见图 4.22。由于在信道忙时其他节点不再发送信息,大大降低了冲突发生的概率。这种控制方法被人们形象地称为"先听后讲"。

CSMA 方法是一种在发送信息前监听的方法,一旦进入信息发送阶段则不再监听,即使信息发出后立即发生冲突,也不会停止发送,且在收到接收节点答复前不能了解发送中出现的问题,致使信道的有效利用率仍不高。为了解决这类问题,CSMA 产生了一些变形,如:

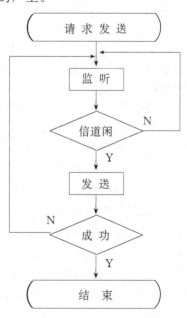

图4.22 CSMA的工作过程

• CSMA/CD(CSMA/Collision Detection;载波监听多路访问/冲突检测):

CSMA/CD 的工作过程如图 4.23 所示,即在发送前执行 CSMA,一旦进入发送阶段,则一边发送信息,一边监听发出的信号。如果发现信号发生了畸变,说明信道中已经发生了冲突,发送节点立即中止发送报文,同时发送一个干扰信号以通知全网冲突的存在。等待一个随机延迟时间后,发送节点再利用 CSMA 方式重发。CSMA/CD 方式也被人们给予了一个形象的说法:先听后讲,边讲边听。CSMA/CD 方式可以在冲突发生后立即停止发送,有利于信道的及早恢复,使信道的有效利用率较单纯的 CSMA 方式有所提高,且通信管理较为简单。

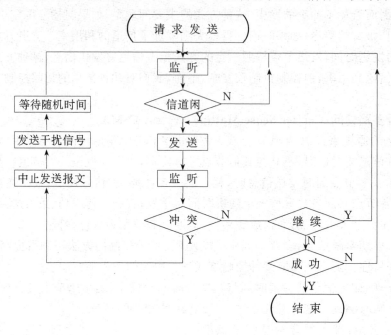

图 4.23 CSMA/CD方式工作过程

1980 年,IEEE802 委员会建议将 CSMA/CD 作为局域网访问控制的一种标准,在总线形拓扑结构中应用较为普遍。

• CSMA/CA (CSMA/Collision Avoidance;载波监听多路访问/避免冲突):

CSMA/CD 方式可以尽早检测到冲突的发生,但不能完全避免冲突。而 CSMA/CA 方式将 CSMA 方式和分时方式组合在一起,可以避免冲突的发生。在正常情况下,系统采用 CSMA 方式,各节点以竞道方式使用信道。一旦有节点竞道成功,开始传送报文,系统就切换成分时方式,为各节点分配时槽,直至信道闲,系统再恢复为 CSMA 控制方式。CSMA/CA 方式实现较为容易,但信道利用率偏低。

2. 令牌传递(Token Passing)

网络中的令牌是一组特殊的信息(信息帧),图 4.24 就是一种令牌帧格式。其中,F 是令牌帧的首、尾标志,Token 部分可以是一个 8 位的代码组,C 为控制码,CRC 为帧的校验码。令牌有"忙令牌"和"空令牌"之分,如可以指定 Token 部分为 11111111 时为忙令牌,为 11111110 时为空令牌。

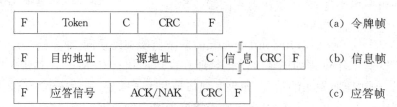

图 4.24 令牌环帧格式

138

令牌传递控制非常适合于环形拓扑结构,常用的方法如令牌环(Token Ring)。其工作过程为:当网络初始化时,由一个指定节点产生一个空令牌,使其绕环路各节点依次传递。任何网上节点要发送信息时,首先准备好自己的信息帧并等待空令牌的到达。接到空令牌后,发送节点先将令牌翻为忙令牌,随之向环上发送含有源地址、目的地址的信息帧,如图 4.25。

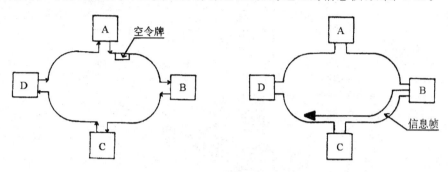

图 4.25 令牌环工作原理示意图

此时环上其他各站均处于监听状态,对传来的信息帧检查目的地址,如果不是本站则转发下站,如果是本站,先复制下信息帧并进行校验,然后将校验结果以应答帧的形式发出(信息正确发送 ACK,信息有误发送 NAK)。信息帧沿环运行一周后返回发送节点。发送节点检查应答帧是否正确,如果正确,则收回信息帧,将忙令牌改为空令牌送到网上,如果有误则重发。依不同的系统,对节点占用令牌的时间、发送或重发的次数等有不同规定。图 4.26 为一种令牌环工作流程图。

令牌既然也是一信息帧,在传递过程中也就会出现错误,这时网上就会出现多个空令牌、忙令牌不停运行或令牌丢失等不正常现象。一般情况下,采用令牌环控制方法的系统都会指定一个节点为监控节点,该节点设有计时器并参考网络正常延时设置计时周期。当超过计时周期未收到令牌,则认为令牌丢失,这时该节点清除网上残

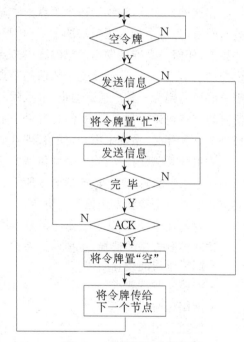

图4.26 令牌环工作流程图

留信息,重新生成一个空令牌并发送上网;当一个计时周期内收到一个以上的令牌,则认为出现多令牌,该节点将多余令牌收回。为了解决忙令牌不停运行的问题,监控节点将每次经过它的忙令牌做标记,当再次检测到该忙令牌时,说明发送节点工作有误,监控节点则负责清除该信息并发送一个空令牌。

采用令牌环控制时,节点等待令牌时间较长,信道利用率不高,在增减节点时,算法和维护都比较复杂。但由于它不存在竞道问题,不会形成冲突;信息在网上传送时间确定,有利于实时控制,特别是它全部采用数字技术,因而发展潜力很大。

能不能在非环形拓扑结构中采用令牌传递控制呢?事实上,令牌传递法已经在总线形拓扑

结构中得到了应用,这就是令牌总线(Token Bus)。

为了满足令牌必须沿环路顺序通过各节点这一基本要求,令牌总线方式为每个节点设置发送顺序,令牌和信息均按发送顺序前进。这样,就在一条物理总线上形成了一个逻辑环路,如图4.27所示。

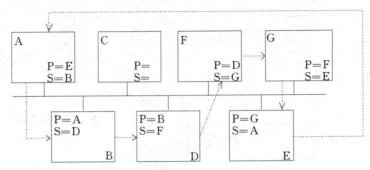

图4.27 令牌总线工作示意图

在这种方式下,系统给每个节点一个站号以确定其逻辑顺序(逻辑顺序可以与物理顺序无关),同时,为每个加入逻辑环的节点(称环内节点)指定前趋节点(P)和后继节点(S)。同令牌环相似,任何一个准备发送信息的环内节点都必须等待空令牌,拿到令牌的节点就在一段时间内控制了信道。每个节点接受它的前趋节点传来的令牌、信息,并将其交给自己的后继节点。由于总线形结构为一种广播式通道,节点随时可以收听到网上传输的任何信息,不能或不拟发送信息的节点可以不加入逻辑环,称环外节点。图中的节点C就属于环外节点。环内节点退环或环外节点入环时,系统采用一定的管理办法,修改相关点的S值或P值。

采用令牌总线控制,除了令牌传递的一般优势外,最大的好处是可以利用一些方法调节节点的业务量。例如,改变P,S值的一般设定办法,使业务量大的节点在一个逻辑环路中有两次甚至多次获得令牌和发送信息的机会。

令牌传递也是IEEE802委员会推荐的局域网访问控制方法。

访问控制方法的选择,主要应该考虑:

- 网络采用的拓扑结构
- 网络实时性要求
- 网络延时
- 信道利用率
- 控制的复杂程度

4.3 网络间的连接

4.3.1 开放系统互连

1. 问题的提出

可以说,计算机网络是由两大部分组成的:

- 资源子网:由各类计算机、终端设备及数据库、应用软件等构成,以提供硬件及软件方面

140

的资源。

• 通信子网：由各种通信设备、传输介质及控制软件等构成，提供节点间各类信息的通信能力。

发展计算机网络的目的，正是为了利用通信子网将原有的一个个"信息孤岛"连接起来，使用户充分享有资源子网所提供的软硬件资源。随着社会信息化程度的提高，各种机遇、竞争无不与信息密切相关。人们要求在更大的范围、更多的领域、以更快的速度获取所需要的信息。在这种形势下，单一的局域网已成为新的信息孤岛，把更多的网络连接在一起，使不同网络上的用户可以相互访问、共享资源已经成为一种必然趋势。

但是，由于不同厂商所生产的设备、网络以及软件在结构、性能、信息格式等方面存在着很大的差异，即使同一厂家的产品，不同型号的硬件、不同版本的软件之间也不尽一致，致使难以直接连接、应用。为了解决这个矛盾，人们进行了多方探讨、研究与实践，提出了"开放系统"这一概念，其基本思想是，为了在各系统间交换信息而制定一系列标准规则，各系统无论在内部采用何种技术或方案，只要在规定的界面上遵守这些规则就能够相互访问。按照这些规则开发的系统就称为开放系统。从用户角度来说，开放系统具有可移植性（应用软件对硬件相对独立）、互操作性（不必进行特殊的识别即可享用其他资源）和交换一致性（人机界面、命令格式等一致，用户可以方便地使用不同系统），这也正是开放系统追求的目标。

显而易见，通信系统能否达到开放、实现互联，核心问题是通信标准化。通过在系统的主要界面上建立公认的标准，使各厂商生产的设备、网络在外部特性上具有一致性，才能使系统具有开放性和易于互连。为此，人们提出了开发标准的通信系统结构的设想并着手做了一系列的工作。

2. 通信系统结构

通信系统结构中的一些问题可以在常规现象中得到类比。下面我们看一下思想交流的结构。

人与人之间要进行交流，首先要有传输思想的媒介、机构和手段，如声带振动并通过空气传到他人耳膜；在纸上写下文字传给对方；通过手势（如哑语）、旗帜挥舞（旗语）等表达某种意思。这些是构成交流的基础，可以称之为"信号层"。在信号层的基础上，人们还要遵守种种规则，如语言的词义、语法等。如果双方采用的规则不同，则需要相互的识别和转换，否则无法实现对信号的理解，这是"语言层"。只有这两层还不能保证人们在任何情况下都能顺利地交流思想，交流双方还应具备共同的技术背景，因而还要有更高的层次——"知识层"，这一层包括一个人所具备的修养、知识、理解能力、概念等等。

在上述讨论的基础上，我们可以抽象出交流、传输等活动中具有共性的三个要点：

第一，为了交流或传输，人们要借助于一个有层次的通信功能；

第二，高一层功能是建立在低一层功能之上的；

第三，每一层均要遵循一定的规则。

同理，计算机网络通信系统也适合于采用分层结构。各层相对独立，每层完成一定的功能，上一层建立在下一层的基础之上，下一层为上一层提供服务，做好应有的准备工作。同层之间遵守一系列有关信息传递的控制、管理、转换手段和方法。在这种结构中，有必要强调两个基本概念：协议和接口。

协议（Protocol），也称通信协议，是为保证在不同设备之间正确传递信息而事先制定的语义、语法变换规则的集合,它包括对信息格式、信息传输顺序等的约定。由于通信结构是分层的,设备之间的通信只能在同层之间进行,这种协议也被称为同层协议。简而言之,协议是完成不同设备同一层次之间通信的条件。

接口(Interface),此处指接口协议,是实现同一设备中两个相邻层次之间通信的条件,以保证信息与功能在相邻层次之间的过渡。

为了便于实现不同系统之间的通信,实现开放系统互联,网中各设备应该具有相同的层次划分和一组标准的协议及接口。通常,我们将分层结构及其协议统称为计算机通信系统结构。目前最具代表性的通信系统结构就是由国际标准化组织(International Standard Organization;ISO)提出的开放系统互联参考模型(Open System Interconnection Reference Model;OSI RM)

4.3.2 ISO/OSI 参考模型

为了实现网络系统的标准化,1980 年,ISO 为开放系统互联提出了一个参考模型,即ISO/OSI RM。该模型使用了分层的概念,共分有 7 层,自下而上分别是物理层、数据链路层、网路层、传输层、话路层、表示层和应用层,另外还定义了传输介质。其结构如图 4.28 所示。

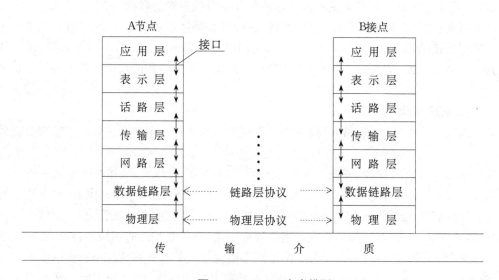

图 4.28 ISO/OSI参考模型

各层最主要的功能及其传输单位是:

(1) 物理层(Physical Layer)

物理层是整个通信系统的基础,主要是提供在一条物理介质上传输信息的实际手段,如与传输介质的接口,物理连接的建立、维持和拆除等。通信信息以位流形式在物理介质上传输。

(2) 数据链路层(Data Link Layer)

数据链路层主要是通过一定格式及同步控制、访问控制、差错控制等,在非理想的(存在着衰减、噪声、传输延迟等)物理介质上,保证报文以帧为单位实现可靠的传输。

(3) 网路层(Network Layer)

网路层的主要功能是实现路由选择和分组交换,控制信息包在节点之间的传输。

（4）传输层(Transport Layer)

物理层、数据链路层和网路层属于通信子网,提供各种面向网络的服务。而高层的应用层、表示层和话路层属于资源子网,提供各种面向用户的服务。传输层位于通信子网与资源子网的连接处,主要功能是实现底层协议和高层协议的接口与转换,并提供端-端(主机之间)连接,自传输层起,以上各层的传输单位都是报文。

（5）话路层(Session Layer)

话路层主要是组织和协调两个用户之间的对话并为他们建立或者取消逻辑通路。

（6）表示层(Presentation Layer)

在不同的网络系统中,信息的表示方法不同,表示层即完成不同系统信息表示方法的转换,如代码转换、字符集转换、报文的加密与解密等。表示层协议对多媒体信息传输具有特别重要的意义。

（7）应用层(Application Layer)

应用层是 OSI 参考模型的最高层,其内部功能较为繁杂,包括下 6 层所未实现的、与通信有关的功能。其中最主要的是网络管理、文件传输、事务处理等。总之是提供用户访问网络的手段与方法。

在 ISO/OSI RM 的各层,ISO 都制订或批准了若干通信协议标准。其中较为成熟的主要是通信子网协议。在实际应用中,还没有哪一个实际系统完全遵循 OSI RM 的全部协议。通信系统标准化还面临着艰巨的任务。

4.3.3　网络互联方式

由于事实上存在着各种各样的网络,因而,网络互联可以有如下几类：
- 同类(或类似的)局域网连接(LAN)
- 异型局域网连接(LAN-LAN)
- 局域网与广域网连接(LAN-WAN)
- 广域网与广域网连接(WAN-WAN)

无论哪类连接,互联时都需要使用连接器。网络连接器是实现设备与网络、网络与网络连接的设备,可以是一些专用的硬件,也可以是由一台计算机运行相应的软件构成。实现设备与网络连接的如前面提到过的网卡,实现网络与网络连接的主要有中继器、网桥、路由器和网关等。

1.　中继器(Repeater)

中继器的概念在 4.1.2 节中介绍过,它在 OSI 参考模型的物理层实现连接。使用中继器可以在不同的电缆段之间复制信号。网络的物理距离是有限的,如标准以太网(10Base-5)最大网络干线段长度限制为 500 米,每段最多只能连接 100 个工作站。为了连接更多的工作站,就需要用中继器连接网段。中继器不提供网间阻隔功能,仅起扩展距离的作用,因而严格地说,中继器不是网络连接器,而只是网段连接器或网络扩展器。中继器可以把多个网段连接成一个网络。中继器是与高层协议无关的设备。

2.　网桥(Bridge)

网桥是一种在类型相似的局域网之间存储转发信息帧的设备,它在 OSI 参考模型的数据链路层实现网络连接。网桥具有阻隔网络的作用。它记录网络上设备的物理地址,监视所连接的子网上的全部通信情况,对收到的帧进行判断,删去发往本网的帧,将发至它网的帧按一定的路径选择算法转发出去。网桥是与高层协议无关的设备。

3. 路由器(Router)

路由器是一种在网络之间存储转发报文分组的设备,它在OSI参考模型的网路层实现网络连接。路由器有阻隔网络的作用,比网桥的智能程度更高。它有一张整个网络的路由选择表,上面列有网上设备的地址、到达各目的地的步数及相关的传输费用等。在转发报文分组的过程中,它可以检查信息包,对其合法性进行判断,或根据要求对数据的内容或格式进行转换(如分割大包,到达目的节点后再行装配)。一般来说,路由器是与高层协议相关的设备,应该为每种协议提供单独的路由器(如单独安装连接软件)。

现在已出现了多协议路由器,这类新产品具有一定的协议转换功能。

4. 网关(Gateway)

网关是一种在应用一级提供异型网互联能力的设备,它在OSI参考模型的高层实现网络连接。网关除了具有路由器的一切功能外,更主要的是它可以实现不同高层协议的转换。在工作中,网关根据需要对信息进行重新打包或更改语法以符合目的系统的要求。例如用TCP网关,可以把Netware,Token Ring等与由VAX、SUN、APPLLO等异种机组成的TCP/IP LAN进行连接。网关服务器软件安装在作为网关的计算机上。高层协议转换要涉及大范围的信息处理,因其完全由软件方法实现,所以效率低。通常不用网关承担一般的通信连接。

以上是一些基本的网络连接器,它们与ISO/OSI参考模型的关系参见图4.29。

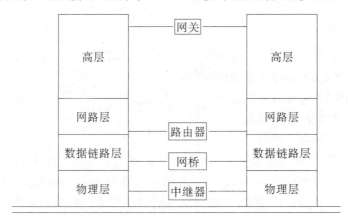

图 4.29　网络连接器与 OSI RM 的关系

近年来,市场上出现了一些综合上述设备特点的新型网络连接器:

(1) 桥路器(BRouter)

桥路器兼有网桥与路由器双重功能。这类设备在技术上虽没有新的突破,但其灵活、实用,很受用户欢迎。

(2) 集线器(Hub)

也称连线集中器,是90年代初兴起的新型网络互联设备。其最初的动因是为了改善局域网上节点安装与管理不太方便的状况。早期的集线器实质上是一种有多个端口的中继器,集线器的每个端口用双绞线与工作站的网络接口卡连接构成一个子网。集线器可以起到隔离子网的作用,任何一个网段故障只影响这一网段上连接的设备。集线器还具有改变网络拓扑结构的

144

能力,管理人员可以在不改变电缆接线的情况下用软件方法改变网络布局。目前集线器的功能越来越强,已经出现了具有网桥、路由器功能的集线器。

4.4　办公系统中的其他通信手段

局域网在OA系统中得到了普遍的应用。成为现代化办公活动中信息通联的重要工具。除此以外,其他一些通信手段也在办公系统中获得了应用,本节主要对其中的程控数字交换机系统、综合业务数字网等做一简析。

4.4.1　程控数字交换机通信网络

电话系统一直是办公系统实现内外通信的基本手段之一,一般由电话机、电话线路和交换设施组成。程控数字交换机是目前交换设备中最先进的一种。

程控数字交换机(Private Automatic Branch Exchange;PABX)是计算机技术与通信技术紧密结合的成果,是OA通信中的一种常用手段。程控数字交换机的基本功能是由计算机控制数字交换网,通过运行计算机程序实现线路交换。

1. PABX的基本结构

PABX系统由数字交换网络、控制系统、接口电路和外围设备构成,其基本结构见图4.30所示。

图4.30　PABX基本结构示意图

(1)数字交换网络

为了扩大交换机容量,提高线路传输效率,PABX的数字交换网主要采用了多路复用时分交换技术。时分多路复用(Time Division Multiplexing;TDM)的基本原理是抽样传输。根据抽样定理,对于连接变化的任意模拟信号可以只传送其抽样,只要抽样选择的频率大于模拟信号最高频率2倍,就可以保证接收端模拟信号的保真性。由于话音频率为300～3400Hz,系统按一定的时间分配原则分别接通各路信号,并以8000Hz的频率对信源发出的信号进行抽样。取样值量化后进行脉冲编码调制(简称脉码调制;Pulse Code Modulation;PCM)使每个取样值转换成以脉冲表示的二进制数。整个网络传输的都是经过PCM编码后的时分复用数字信号,所以称为数字网。

在接收端,经过PCM译码和信号分路,将模拟信号按要求传给指定接收设备。

对于大型的PABX系统,常常将时分交换和空分交换结合起来使用。

(2)控制系统

一般由多CPU组成。主要提供系统的交换功能控制、服务功能控制和外围接口电路的管理控制。

（3）外围设备与外围接口电路

由于实现了全数字化网络,PABX 的外围设备已经突破了普通电话机的局限,扩展为各类数字式设备,如计算机、电传机、图文传真机、可视电话机等等。网络与各类外围设备之间,由 PABX 配置的数字接口电路或模拟接口电路连接。

2. PABX 的软件

PABX 是基于计算机控制的,因此,只有在丰富的软件的控制下,各硬件才能完成相应的功能。其软件主要有两大类:运行软件和支援软件。

运行软件是 PABX 工作时所必需的软件,主要包括:执行管理程序(负责对整个系统的软件硬件资源进行管理和调度等)、呼叫处理程序(负责对数字交换网交换的状态,资源、业务等的管理和负荷控制)、系统监控和故障处理程序(监视系统运行情况,对故障进行紧急处理)、故障诊断程序运行业务管理程序(业务量统计、计费管理、用户登记、变更与撤消等)。

支援软件是 PABX 运行软件的开发与管理工具。具体说,是为运行软件的设计、开发、调试、运营与管理维护各环节提供服务的软件工具。包含有源文件生成程序、编译程序、调试程序、安装测试程序、系统数据与用户数据的生成与装入程序等等。

3. PABX 的性能

PABX 能够支持一个办公楼群范围内的多种设备之间的通信。在办公自动化领域中,可以承担起相当一部分网络通信任务。就目前情况来说,多数 PABX 系统的传输速率为 64Kbps 或 128Kbps,能满足大多数数据传输的要求,特别是能够提供比较稳定的语音传输能力,并对语音传输提供了丰富的服务功能。但 PABX 频带范围比较窄,传输线路效率较低,由于采用集中控制方式,系统可靠性偏低。

为了弥补系统自身的固有弱点,PABX 提供了较强的组网能力,多个 PABX 可以连接形成专用的或地区性的网络,扩大通信范围,也可以通过并入公共通信网,利用公共网的传输能力与信息资源。在一个单位内部,还可以将 PABX 与 LAN 混合组网,利用各自的长处支持办公自动化系统的通信活动。在这种混合网中,能够利用 PABX 的组网能力,将局部的 OA 系统与公共网或其他系统相连。

4.4.2　综合业务数字网

1. 概述

综合业务数字网(lntegrated Services Digital Network;ISDN)属于数字通信网络。CCITT 在 1984 年出版的红皮书中将其定义为:ISDN 由电话综合数字网(IDN)演变而来,它向用户提供端对端的连接,并且通过一组有限的、标准的、多用途的接口支持语音、数字、图像、图形、传真等广泛的业务活动。ISDN 的宗旨,就是通过一个网络向用户提供各种不同的业务。

ISDN 是计算机技术与网络通信技术相结合的产物。早在 70 年代,针对社会对多种类型信息的处理、传输业务的需求,人们希望在 IDN 的基础上,将用户线从传统的模拟方式改造成数字方式,提出了以 ISDN 作为下一代通信网络的设想。70 年代主要是进行理论上的探讨,对其概念、工作原理、系统性能、经济效益以及可行性进行了广泛的研究。至 80 年代,各国普遍加强了试验研究,特别是在 1985 年以后,美、日、英、法、德等国都在不同规模上进行了试验并取得了成效。在 80 年代里,CCITT 陆续发表了一系列建议,对 ISDN 的发展进行指导。ISDN 在其发展过程中曾一度沉寂,近年来,随着多媒体处理的需求和 Internet 的普及,ISDN 在办公、生活、教育等领域的通信活动中又活跃起来。

2. ISDN 的基本结构与特点

ISDN 可以将电话网、电报网、传真网、广播电视网、数据网、图像网等多种独立的业务通信网综合成一个电信网,以实现各类信息采集、处理、传输、控制的一体化。从理论上说,凡是能转换成数字信号的所有原始信号,都可以利用 ISDN 进行传送交换。ISDN 已经包括了现有的各种通信业务,其概念性结构如图 4.31 所示。

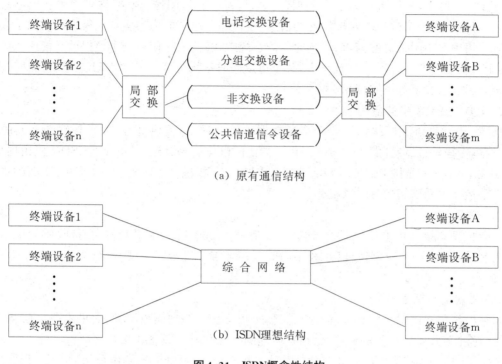

（a）原有通信结构

（b）ISDN理想结构

图 4.31　ISDN概念性结构

概括起来,ISDN 具有如下基本特征:

（1）标准化的用户-网络接口

ISDN 为用户提供一组标准化的入网接口,各种类型的终端,诸如计算机、传真机、电传机、视频终端、电话机等等,无论是采用线路交换方式还是采用分组交换方式,都使用同一个接口进入 ISDN 网,因而用户可以用惟一的 ISDN 号码打电话、发传真和电传、检索信息资料等。标准化的接口使得用户在使用终端设备时更加灵活、方便。例如在接口容量允许的情况下,用户可以通过插拔插头或开关控制,实现终端漫游或随时改变终端类型,实现需要的信息传输。

（2）端对端数字连接

传统的数字通信技术是利用调制解调器在模拟电话网中用话音频带传送数据,其最高速率为 28.8Kbps,一般在 9.24Kbps 以下。而 ISDN 则是真正的全数字通信网,无论哪种类型的原始信号,都先在端上转换成数字信号,换言之,所有信息都以数字复用的形式出现在 ISDN 的用户—网络接口上,即实现用户线(端与端之间)的数字化。

ISDN 的基本速率接口(BRI)可以提供 2B+D 的带宽。其中,B 信道传输速率为 64Kbps,用来传送数据等用户信息;D 信道一般为 16Kbps,主要用于传输控制信息(如传输前的呼叫建立、网络监视等），一旦呼叫成功，也可以用来传输低速数据。必要时，用户还可以利用接口全部 14.4Kbps 的带宽。另外，CCITT 还规定了一种 H 信道，用以传输高速用户信息，这种接口称 ISDN 的基群速率接口（PRI），可以满足通信量大的用户的需要，如 PABX 或 LAN 用户。PRI 提供 30B＋D 的带宽，可以用来支持高速传真、高保真音响、视频信息等，其传输速率可达 2Mbps 以上。

（3）综合通信能力

在 ISDN 网上，可以方便地实现数据、文字、语音、图形、图像、视频、动画等等各类信息的通信，也可以利用一个端口同时传送各类信息，这种综合通信能力的实现使得它可以满足人们在实际应用中对不同带宽的需求。传统的通信系统中，终端只能使用一个模拟话音信道传送信息，而 ISDN 终端可以占用一个 B 信道，甚至可以同时占用一个或几个 BRI 或 PRI，能够同时传输语音、画面、文字等不同信息。

3. ISDN 在 OA 中的应用

ISDN 为计算机互联提供了一个高速数据传输工具，为提供计算机、远程终端之间的互联、多媒体传输等，已经开发了大量的应用。如法国电信已经开通了 60 余种 ISDN 应用项目，而美国在 1992 年的全国 ISDN 联网活动（TRIP'92）中，提供了 185 种 ISDN 应用。下面列举几种与办公活动关系密切的具体项目。

（1）传真

一般传真系统利用电话线路，传输速率一般低于 9600bps，受限制较大，接收质量也不理想。而利用 ISDN 的一个信道，以 64Kbps 速率，四类传真机传输一页 A$_4$ 纸文件最快可只用 5 秒钟。

（2）可视电话服务

可视电话需要同时传输话音和视频信息，采用一般传输线路投资大，效果也差。在 ISDN 系统中，通过 2 个甚至 6 个 64Kbps 信道把两端的摄像与音响设备连接起来即可实现。在终端设备兼容的情况下，甚至可以召开全球交互式电视会议，方便地实现跨国公司的全公司会议乃至政府间首脑洽谈。

（3）电子邮政

利用 ISDN 传递电子邮件，可以突破普通电子邮件只传送文本的限制，将文本、数据、语音、图像等类信息一体化封装，即实现多媒体邮件传送。

（4）多端点屏幕共享

ISDN 提供了多个端点同时共用同一屏幕画面的功能。这一功能可以使分散在不同地理位置的用户同时阅读、编辑同一文件，在办公地点或办公人员为分布式的情况下，ISDN 的这一功能可以帮助提高工作效率。利用这一功能，身处各地的用户还可以方便地进行书写或话音讨论，共同进行创作或学术争鸣。

如前所述，ISDN 已开发了大量的应用，其类型、功能还在不断扩展。利用 ISDN，办公自动化系统将获得更加多样化的传输手段。

图 4.32 为办公自动化中应用 ISDN 的一种示例。

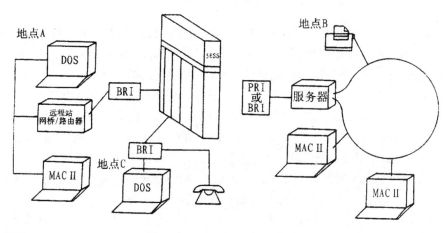

说明:

5ESS:AT&.T 的 ISDN 交换机,可接入 BRI 或 PRI

DRI:ISDN 基本速率接口

PRI:ISDN 基群速率接口

图中终端设备有:IBM 系列机、Apple 系列机、传真机、数字电话机等。

图 4.32 ISDN 在 OA 中的应用示意

4.4.3 宽带网络

信息化进程的核心趋势是宽带化。进入 21 世纪之时,信息交流的方式已从简单的通话进入多媒体时代,信息业务也扩展到电子商务、电子银行、网上办公、电视会议、远程教育、远程医疗、视频点播等等,这些通信业务带宽需求极大,可参见表 4-3。如此之大的业务容量必须依赖宽带网。

表 4-3 常见通信业务带宽需求

	未压缩(bps)	压缩后(bps)	说　　明		
电话	64K	8～32K			
VCD	73M	1.5M	352×288	30 帧/秒	24bit/像素
HDTV	1728M	20～30M	1920×1250	30 帧/秒	24bit/像素
可视化图像	2250M	50～200M	1250×1250	60 帧/秒	24bit/像素
LAN 互连	64～1000K				
会议电视	36.5M	384～2048M	352×288	15 帧/秒	24bit/像素
可视电话	9.2M	64～128K	176×144	15 帧/秒	24bit/像素

宽带概念实际上包含有三点:宽带交换、宽带传输和宽带接入。目前,百兆局域网乃至千兆局域网已经或即将成为主流;骨干网一般采用光纤结构,传输速率已经得到了极大的提高;但从交换局到用户终端之间的一段网络——接入网仍然是系统传输的瓶颈,制约了整个网络应用的发展。在办公网络中,如在我国政府上网工程的各政府网站,连接速度慢、等待时间长,已经成为其应用的一个极大的障碍。因此,宽带接入成为网络技术研究的一个重点问题,也成为人们所关注的热点话题。

1. ADSL

目前,用户线部分在整个通信网中占到总传输长度的大约 1/3。人们希望对这部分资源进行充分利用,以达到既满足用户(包括中小办公室、大学校园、商住小区等)对带宽的需求,又降低接入费用的目的,因而铜线(铜质电话线)接入引起了广泛的重视。

铜线接入技术主要有:高速数字用户线(HDSL)技术、不对称数字用户线(ADSL)技术和甚高比特率数字用户环线(VDSL)技术,统称 XDSL 技术。其中,ADSL 的应用很受欢迎。

ADSL(Asymmetric Digital Subscriber Line)是利用数字编码和调制解调技术,实现在一对普通电话双绞线上传送双向高速数字信号,主要用来传输不对称的交互性宽带业务,其用户线下行 8M,上行 1M,传输距离约 3000～4000 米。ADSL 允许在一对双绞线上,不影响现有的普通电话业务而实现对互联网的访问,包括视频点播。

ADSL 实行点到点连接,保密性好。另外,由于 ADSL 可以极大的提高 IP 数据业务分流的能力,高速数据用户的增加不会增加对传统话音交换机的负荷,终端用户上网可以节省电话费用,真正实现“24 小时在线”。

由于采用的是没有抗干扰介质保护的双绞线,抵抗天气干扰(打雷、下雨等)的能力较差。

2. HFC

HFC,也称光纤同轴电缆混合接入,是在有线电视(CATV)的基础上发展起来的。它可以提供 CATV 业务以及话音、数据传输、视频传输和其他交互性业务。HFC 在一个 500 户左右的光节点覆盖区可以提供 60 路模拟广播电视、每户至少 2 路电话、速率至少高达 10Mbps 的数据业务。将来利用其 550MHz～750MHz 频谱还可以提供至少 200 路 MPEG-2 的点播电视业务以及其他双向电信业务。应该说,我国最早入户的宽带业务就是 CATV。目前已有 8000 万有线电视用户,高达 1G 的带宽。在已经普及了有线电视的地方,利用 Cable Modem 在 HFC 上就可以进行双向高速通信。若使用 256QAM 的调制方式,Cable Modem 能够提供下行 36M,上行 10M 的最高共享带宽,如果线路质量不好(噪声、损耗、干扰等),也可以都采用 QPSK 调制,使得上下行都是 10M。

HFC 使用共享连接模式,数字带宽是共享的,上网人数太多时会影响速度,安全性也较差。另外,信号介质和电视节目也是共享的,有线电视的播放也会对数据传输带来影响。

有消息报道,2000 年 1 月,我国国际线路的总带宽达到 351M,至 2000 年 7 月,已达到了 1234M。ChinaNet 第三期扩容使出口带宽达到 1.6G,2001 年初争取达到 3.3G。2000 年 8 月,中国电信在京、沪、穗三地间开通了 2.5G 互联带宽的骨干线路。2001 年,全国所有的省会城市之间都将以 2.5G 的带宽光缆连接。中国电信之外的其他运营商开始进入数据通信领域。中国网通骨干网 CNCnet 建立在 IP/DWDM(密集波分复用)的基础之上,在两根光纤上实现 17 个城市覆盖 40G 的全 IP 通道,出口带宽达到 377M;联通公司的 Uninet 在北京、上海、广州开通了国际出口,出口带宽达到 450M,省会城市间达到 155M;CERNET 正在自主建设覆盖全国 36 个主节点高速传输网,网络带宽不低于 2.5G。对于办公系统来说,网络带宽的增加,为网上政府的开通提供了有力的支持,除了可以方便地实现网上办公,加强政府与市民的交互以外,还可以将会议搬到网上,减少异的会议,从时间、场的、交通、办公费用等多方面减少政府负担。

4.5 中小型办公系统组网

4.5.1 内部组网方法

1. 组网类型

不同的网络系统——集中式网络、局域网、城域网、广域网等——都可以支持对分散计算机的控制、管理与应用,支持资源共享,支持分布式计算,支持各种综合信息服务,所不同的在于其覆盖范围、性能、效率及成本。对于办公系统来说,办公室或办公人员、办公设备的分布范围、系统信息的数量与重要性、数据传输与数据处理的实时性要求、系统更新周期、费用水平等是选择网络时应该重点考虑的问题。

局域网投资小、技术较为成熟、建网与网络维护比较方便,目前,一般中小型办公系统多为选择局域网。可以选择的类型有:

• 为整个网络配一个文件服务器,即文件服务器 LAN。在这类局域网中,服务器只起文件存储与传送的作用,不负责数据处理。例如,用户需要在节点机(如微机)上检索某班的所有学生的名单,此时可将检索请求发送至文件服务器。如果该使用者有检索该数据库的权利,服务器即将学生数据库发给该节点机。在节点机进行检索、更新了数据之后,再将数据库发还给服务器。这种网络结构可以不必配置过于高档的服务器,但是要求节点机具有相当的数据处理能力,且网络传输负担较重,比较适合现在只有微机,节点数量不太多的办公系统采用。

在一般的系统中,往往使用一台计算机承担文件服务器和打印服务器。还可以用一台计算机作为通信服务器,当有节点机需要连接 LAN 以外的机器时,将该请求送出。

• 采用客户/服务器方式,即客户/服务器 LAN。在这类局域网中,服务器执行主要的处理操作,再将处理结果传送至客户机,实际上,完整的操作是由两台机器共同完成的。在对上一个例子进行处理时,服务器收到节点机的请求后,自动在数据库中进行检索,然后将检索结果发给节点机,节点机负责数据的输出处理。显然,采用客户/服务器 LAN 更可以充分利用计算机的功能、均衡负荷。

• 如果是在一个很小的范围内,更方便的组网方式是对等 LAN。在这类网中,各节点都是平等的,可以相互访问,可以共享网中的所有资源,效率也更高。但是,在对等网中一般不设网络管理员,由用户自行维护自己的系统和数据,也不具备其他 LAN 中的安全控制机制,因而不适合作为办公系统的主体网络。对等网一般只用来连接 10 余个内部节点或用于临时使用。

当然,还应该选择网络拓扑结构、通信协议,还应该确定网络带宽,常见的有 10MB、100MB 乃至更高。

2. 网络设备与软件

(1) 硬件

• 节点机 如微机和各种外设;

• 网卡及其驱动程序 最好采用 PCI 总线标准,支持即插即用功能以及半双工/双工工作方式的网卡,要注意网卡所遵循的通信协议及驱动程序所支持的网络操作系统;

• 通信信道 可以是一根双绞线(配屏蔽或非屏蔽双绞线连接器——RJ45 水晶头)、细电缆(配 T 型头),也可以是无线通信中使用的收发器;

• 集线器(Hub)　两台计算机间可直接用网线连接网卡,但如果采用双绞线连接多台节点机,应该配置集线器;

• PVC管　用来放置网线的塑料管,起绝缘和防水等作用;

• 网络互联设备　根据被连接网络双方的情况,选择网桥、路由器、网关、交换机等设备。

(2) 软件

• 网络操作系统　在服务器端,可以采用如 Windows NT,NetWare,LAN Server 等;在其他节点机上,可以用 Windows 98 等。当然,要注意与设备及服务器端系统的匹配。在安装网络操作系统时,要安装相应的网络协议,如要连入外网,则要安装 TCP/IP 协议,一般也要安装文件和打印机共享;

• 群件　一类应用软件,主要用于在局域网环境下更有效地协同工作。群件多以电子邮件为基础,可以实现工作组的日程安排、项目管理、网络会议、信息共享、网络交流等功能。比较著名的有 Novell 的 GroupWise、Lotus Notes 等,Office 也可以实现其中的功能;

• 其他应用软件　如网络管理、防火墙、数据库及工作中需要使用的其他软件。

4.5.2　与其他系统的连接

局域网只限于单位内部使用。如果要和其他单位的局域网通信,或者将位于不同地理位置的一个办公系统的不同的局域网连在一起,则需要采用城域网、广域网技术,借助于通信网,在更大的范围内进行网络连接。现在所说的 Internet,即国际互联网,是世界上最大的计算机网络,更确切地说,其实是网络的网络,或者说是超大型广域网。

1. 通信网

如果要将本系统的局域网接入 Internet,通信网可以说是必不可少的物质基础。

目前国内常用的通信网有电信网、广播电视网和计算机网。典型的电信网由公用电话网、分组交换网、数字数据网、综合业务数字网、帧中继网等;广播电视网有地面无线广播电视网、数字专线卫星电视广播电视网和有线电视 HFC 网;计算机网则就是我们所介绍过的局域网、城域网和广域网。

公用电话交换网(Public Switch Telephone Network;PSTN)可以说是目前覆盖范围最广、用户量最大、技术最成熟的网络。除了承担话音传送之外,PSTN 网也承担了大量的非话业务。但 PSTN 是模拟网络,数据传输质量、速率等方面存在着一些不足。

公用分组交换数据网(Packer Switched Data Network;PSDN)是一种进行数据交换的通信网络,采用分组交换技术,采用 X.25 协议标准,因而通常称作 X.25 网。我国的公用分组交换数据网是 CNPAC 和 CHINAPAC,已和世界上几十个国家的公用分组交换数据网联通,并在 1995 年与 Internet 实现互联。个人用户和局域网用户都可以通过拨号方式或专线方式连入 X.25 网,并利用网间互联设备,主要是路由器和 X.25 网实现局域网间的互连或连入 Internet。X.25 网覆盖范围大,但也只承担中低速数据业务。

我国的 DDN(Digital Data Network)数字数据交换网——CHINADDN 是由邮电部门于1994 年开通的。传输速率在 200bps 到 2.048Mbps 之间,传输信道既可以用于计算机通信,也可以传输数字化的传真、数字话音等数字信号。CHINADDN 用以向国内用户提供数字专线服务,如提供图像通信、数字广播通信、计算机局域网互联、计算机远程通信等多种服务。数字专线比模拟专线网络性能更好,更适合远距离、高速率的要求目前,中国科研教育示范网

（NCFC）、中国教育科研示范网（CERNET）都是采用数字专线与 Internet 实现互联。

2. Internet 接入

如何将本系统的局域网接入 Internet 呢？目前正在发展的各类新颖接入技术，如普通电话公用网的接入、ISDN 接入、ADSL 接入、Cable Modem 接入、DDN 专线、分组专线、光纤接入等等。这里主要讨论常用的几种方法：

• Modem 或者 ISDN 拨号接入，也称拨号 IP 方式，是利用"串行线路协议（Serial Line Internet Protocol；SLIP）"或"点对点协议（Point to Point Protocol；PPP）"（SLIP/PPP）进行接入的。可以指定一台计算机为网关服务器，安装 Modem 或 ISDN 和相应的拨号程序（如 Windows 的拨号网络）拨通网络服务商（Internet Service Provider；ISP）的远程服务器，账号和口令检验过关后，系统会启动 SLIP 驱动程序并设置相应的网络接口，用户就可以访问 Internet 了。拨号上网后，其他局域网中的机器都可以共享该机器的拨号连接，并共享一个 IP 地址。共享上网只需在所有的上网机器中安装 TCP/IP 协议和在网关服务器中安装代理服务软件即可实现。拨号上网方式适合家庭用户、较小的（20 台左右计算机）或各节点不集中上网的局域网的接入。

• 通过路由器，安装 TCP/IP 协议并与已经连接在 Internet 上的一个主机（称为进入 Internet 的连接点）相连，即可以接入 Internet。路由器和 Internet 主机的通信可以通过 X.25 网或 DDN 专线实现。这种方法的优势是可以满足比较大的多用户主机或较大的局域网用户的联网要求，局域网上的所有主机都可以有自己的 IP 地址；但是路由器价格较高。目前在我国，X.25 网按照数据通信量收费，而 DDN 网按月收取租金。

选取连接方法主要考虑的因素包括同一时候上网人数、带宽或速度、稳定性、可靠性和费用。

第五章　OA 系统的设计

至此,我们已经讨论了办公自动化的基础知识以及相关的关键技术。本章将进一步对 OA 系统进行综合分析,并以此为基础讨论 OA 系统的开发问题。

5.1　OA 系统构成

从 OA 的基本概念中我们知道,办公自动化不是一项单纯的技术应用,不仅仅是将计算机引入办公室。它是一个综合系统,是各类人员、组织机构、信息及其处理过程与技术和设备的综合体。简而言之,OA 系统是由系统的功能以及支持这些功能的硬件与软件共同构成的。

5.1.1　OA 的基本功能

综观前述各章,我们已经论述了一般 OA 系统应该具备的基本功能。在此,我们结合第一章中对办公室的分类,从事务型、管理型和决策型办公室的不同需求,对 OA 系统的基本功能做一小结。

1. 事务处理功能(Business Function)

图 5.1 列举了日常办公活动的基本业务工作,主要有办公事务处理和行政事务处理两大部分。对于这些工作,OA 系统都有相应的功能予以支持。

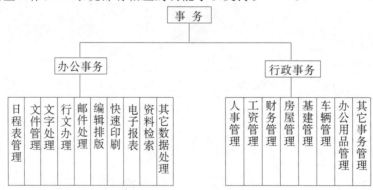

图5.1　OA事务处理功能

2. 管理功能(Managment Function)

办公室的管理活动包括日常事务处理和信息管理两部分。其中,信息管理是指对本办公室管理范畴以内及相关的各类信息(主要是社会信息和经济信息)进行控制与利用。图 5.2 列举了信息管理的基本内容。

3. 决策功能(Decision Function)

OA 系统的决策功能是建立在事务处理与信息管理的基础之上的。一个具有决策功能的 OA 系统,是以 OA 事务处理功能为基本支持,以 OA 管理功能收集、组织、控制、提炼的各类

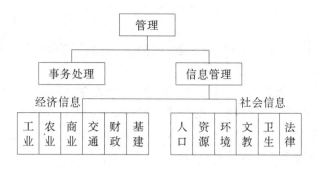

图5.2 OA的管理功能

信息为素材,以各类模型(或模型片断)及建模方法为工具的复杂系统。图5.3列举了一些决策模型与基本方法,显示了一个具有决策功能的OA系统的功能构成。

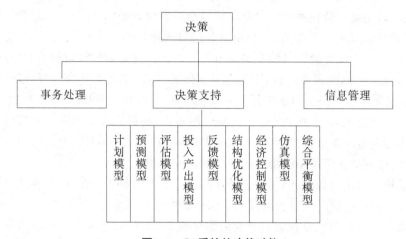

图5.3 OA系统的决策功能

将上述图5.1、图5.2和图5.3综合起来,可以展示一个完整的OA系统功能图。当然,这里有两点需要注意:

首先,就目前的情况看,开发一个具有上述全部功能的完整OA系统是不现实的,也是不必要的。一般来说,应根据不同类型的办公室、不同的具体需求以及适当的普适性确定一个具体OA系统的基本功能。

其次,采用列举式方法无法穷尽OA系统的具体功能,特别是伴随着应用水平、应用环境以及现代科技的发展,OA系统的基本功能会不断扩展。

5.1.2 系统的硬件构成

OA系统的硬件指各种现代办公设备。现代办公设备是辅助办公人员完成办公活动的各种专用装置,它们是现代科学技术高度发展、综合应用的结晶,为办公活动中的信息处理提供了高效率、高质量的技术手段。与其他信息系统相比,OA系统更重视硬件的支持,对各种现代办公设备的依赖性也更强。

现代办公设备的种类很多,分类方法也很多。此处我们以图1.1为基础,按照对办公系统

基本功能的支持,将现代办公设备分为如下 7 类:

1. 输入设备

OA 系统的输入设备包括键盘、鼠标器、扫描仪、光学字符阅读机、触摸屏、光笔、跟踪球、麦克风、电子打字机等等。

键盘是最常用的输入设备。从系统控制到文字、图形输入,几乎都可以用键盘实现。目前流行的标准键盘是在西文打字机键盘的基础上扩展而成的。汉字输入用键盘曾经出现过大键盘(仿中文打字机键盘)方案、中键盘(字根键盘)方案和小键盘方案,当前主要是采用标准小键盘,利用某种汉字编码方案输入汉字。

触摸屏是近年来出现的新型输入设备,有红外线触摸屏、电阻触摸屏、电容感应触摸屏、表面声波触摸屏等几类。如红外线触摸屏,实际上是一个装在计算机监视器屏幕前面的外框,外框四边排列红外发射管和红外接收管,在显示屏前构成横竖交叉的红外线网格。系统内部由软件生成屏幕按钮,如"翻前页"、"翻后页"、"地区"、"名称"等。当用户触摸某个按钮时,则阻断该处的红外线,系统通过装在外框中的电路板判断阻断位置坐标(即用户所选择的按钮),再通过电路板上的控制器(或外装控制盒)利用键盘接口或串行口与主机通信,从而使计算机执行该按钮所对应的程序。红外触摸屏的分辨率由外框中红外发射管和接收管的数目所决定,目前以 $32 \times 32, 40 \times 32$ 为多,分辨率较低,不适宜笔式屏幕绘画、书写类场合,但足以胜任手触式工作(14 英寸显示器安装触摸屏后的实际显示区域一般为 $25\mathrm{cm} \times 18.5\mathrm{cm}$,一个 32×32 的触摸屏可以把屏幕分割成 1024 个 $0.78\mathrm{cm} \times 0.58\mathrm{cm}$ 的触点,与铅笔杆粗细类似)。红外触摸屏的主要问题是对光照环境因素敏感,在光照变化较大时(如阳光照到屏幕上时)会发生乱码、误判甚至死机,目前已经有抗光干扰型的第二代红外触摸屏推出。

触摸屏技术中出现较晚、综合评价最好的是表面声波技术触摸屏。所谓表面声波是一种在介质(玻璃或金属等刚性材料)表面进行浅层传播的机械能量波,是超声波的一种。表面声波触摸屏是一块安装在计算机监视器屏幕前的钢化玻璃,其左上角和右下角各固定有垂直和水平方向的超声波发射换能器,右上角则装有相应超声波接收换能器。玻璃屏的四边刻有 45°角由疏到密的反射条纹。当手指触摸屏幕时,手指吸收部分声波能量,控制器监测到某一时刻的信号衰减,并计算出触摸点的位置坐标。表面声波触摸屏还能够识别触摸的压力,即具有 X, Y 轴之外的第三轴——Z 轴坐标,其值由计算信号衰减量获得。表面声波触摸屏具有耐用性好(同一位置触摸 5 千万次无故障)、分辨率高(目前通常为 4096×4096)、有压力响应(可以通过触摸压力控制系统的播放速度等)且稳定性好等优势,但要求裸指触摸,适合于在有一定破坏性且无人看守的公共场合使用。

各类触摸屏的工作过程类似,各具优势。表 5-1 列出了各类触摸屏的主要性能,可根据实际需要选择使用。触摸屏是属于 90 年代的新产品,进入中国只有五六年时间,该产品一问世即受到了普遍的关注,并在面向普通的、未受训练用户的简单查询系统,如问路、邮政编码查询、电话计费查询系统中得到广泛应用。

光学字符阅读机(Optical Character Reader;OCR)是一种转换输入设备。它扫描打印页面,然后将页面上的数据转换成数字脉冲保存,或直接转入字处理、排版系统、数据处理等相关系统中。有统计说,字处理工作中击键时间占 3/4 以上,而编辑、输出则所占时间较少。办公活动中采用 OCR 为辅助输入设备,可以完成不同系统数据的转换与利用,减少文字处理工作的时间,减少输入错误,提高工作效率与工作质量。

表 5-1　各类触摸屏主要性能一览表

性能＼类型	表面声波	红外	电容	五线电阻	四线电阻
清晰度	很好	/	字符图像模糊	较好	字符图像模糊
透光率	92%	/	85%	75%	55%
分辨率	4096×4096	40×32	1024×1024	4096×4096	1024×1024
压力轴响应	有	无	无	无	无
触摸介质	裸指	无限制	导电物质	无限制	无限制
光干扰	/	不能超范围	/	/	/
电磁干扰	/	/	怕	/	/
灰　尘	不怕	不能遮挡发光管	不怕	不怕	不怕
野蛮使用	不怕	较好,外框易碎	一般,怕硬物敲击	一般,怕锐器划擦	怕
触摸寿命	大于 5000 万次	等于发光管寿命	2000 万次	3500 万次	小于 100 万次
现场维护	不需要	要定期清洁外框	要经常校准	不需要	不需要
安　装	不易碎,但要拆卸显示器	外框易碎,安装方便	易碎,要拆卸显示器	不易碎,要拆卸显示器	易损坏,要拆卸显示器
价　格	高	低	中	中	中

2. 处理设备

OA 系统的处理设备是系统运行的核心设备,以计算机系统为主体,包括各类计算机、各类工作站、各类计算机终端、文字处理机等,也包括一些辅助设备,如汉卡、压缩/解压卡等。

OA 系统中的计算机可以为大型机、小型机、微机和便携机,依不同的系统规模和使用要求而定。

较大的 OA 系统往往需要大型或小型计算机作为中心设备,采用集中控制方式,集中管理数据与软件,这类系统可以充分利用主计算机强大的处理能力和高速的处理速度,共用多样的高档输入、输出、存储设备,实现整个系统的安全控制,也便于系统与其他系统的连接和上网。在这种系统模式中,各办公室或办公人员通过终端与主计算机对话,完成各自的业务处理,并与相关人员交换信息。

微型计算机是发展极快的一个分支,目前微机在各项性能指标上已经大大超过了早期的大型机。由于微机具有独立的处理、存储信息能力,又可以上网或连接主机作为其智能终端,高档微机还可以充当网络服务器,且轻便灵活、使用方便,具有较好的性能价格比,因而在 OA 系统中发挥着越来越重要的作用,很多 OA 系统都是针对微机而开发的,或者是以单个微机为基础,进一步满足其联网使用的要求。

便携机是移动办公的重要支持设备,也称"笔记本微机"、"膝上型 PC 机"等,主要是利用硬件的 Downsizing 技术,使微机向轻小薄方面发展。便携机的外型像一本大型词典或一个西装包,其性能指标接近台式微机。一般采用电池(如锂离子电池)为能源,9 英寸 800×600 显示器,有的还有彩显能力,1GB 以上硬盘、8MB 以上内存。现在的便携机大量采用台式机的先进技术,如 L2 Cache 和全 PCI 总线结构,因而支持全动感视频,并允许连接大量外设,如光盘、磁带机、彩电、外置扬声器等。为了加强办公人员与办公室的联系,便携机都配有标准通信接口,如串口、并口、红外口等。

OA 系统工作站实际上是一类方便办公人员进行多种信息处理的微机,依不同的用途、不同配置分类,大致包括由微机或文字处理机充当的文字处理工作站,以微机为主的事务处理工作站,由 CPU、大容量存储器和图形 I/O 设备组成的图形处理工作站,由 CPU、电话、键盘、CRT、扬声器或音箱组成的声音工作站以及高档 CPU、高分辨率大尺寸显示器等图形设备组成的辅助设计(CAD)工作站等。当然,这种分类方法并不严格,例如目前采用奔腾微机,配以声卡、音箱、图形卡、光盘驱动器等,即可以完成一般的文字处理、事务处理、语音处理、图像处理等工作,构成一个多媒体工作站,完成基本的办公业务。

3. 存储设备

OA 系统中常用的存储设备主要是磁带、磁盘、光盘、缩微胶卷(片)等。

利用缩微摄影技术可以把纸基文件或计算机产生的信息缩印在胶卷上。胶卷上图像的大小与纸基文件的大小之比称缩小比率,一般缩微品的缩小比率低于 1/50,超缩微平片的缩小比率超过 1/90,一张 15cm×10cm 的超缩微平片可以容纳 1 万个缩小的影像。计算机与缩微摄影技术的结合,产生了计算机输出缩微品系统(Computer Output Microfilmer;COM),这种系统可以将计算机产生的信息以缩微品形式输出。在 OA 系统中采用缩微品保存文件,除了具有体积小(尤其适宜存储图像),便于存放与交流,输出速度快,节省费用等优点以外,最主要的优势在于它原样再现文件,缩微件与纸基文件具有同等的法律凭证效力。而且缩微件不易修改,减少了人为恶意修改的可能性,较为安全可靠。缩微品的计算机辅助检索,缩微品与复印机、电视录像、传真等技术的结合,使得缩微存储成为一种极具发展前途的 OA 技术。

光盘(Compact Disc;CD)是一种可以综合记录文字、语音、图形、图像等各种数据的海量存储设备,一般是注塑成型的镀铝盘,用 μm 级的沟槽表示数据,由激光束检索存储的信息。CD 的最初应用是在音响领域,至 80 年代初开始用于计算机数据的存储。十几年来,光盘存储技术不断取得重大突破,并已经形成了一个独立的产业。光盘系统主要由光盘和光盘驱动器组成。光盘驱动器中主要包括旋转马达、定位机构、光头、数字信号处理部件、驱动器控制部件、系统控制部件以及接口。按照数据读写的特点,现在的光盘系统主要有如下几类:

(1) 只读式光盘(机)(CD-ROM)

这一类中包括 LV,LD,CD-ROM,CD-I 等,除了播放电视录像或数码音频唱片等外,还大量地用于工具书、产品技术资料、各类软件、数据库的存储与发行。只读式光盘数据写入后不能更改,这一特性使其有不够方便的一面,但也保证了光盘上信息的正确性。

(2) 可记录光盘(机)(WORM)

这一类中包括 WORM,CD-R 等,也有人称之为 CD-ROM 写入器。其盘片外型、信息记录的物理格式和逻辑格式与 CD-ROM 一致,信息可以由用户分多次向盘上写入,写入后不可更改,写入信息也可以在 CD-ROM 驱动器上读出。这种"一写多读"的特性,适用于存储随机写入、长期保存、不允许修改的数据,如年度统计报告、财务、法律等方面的档案资料等。

(3) 可重写光盘(机)(Rewritable Optical Disk)

这是一种可以在光盘上随机写入数据的系统。采用这类系统可以进行类似对磁存储介质所进行的操作,但其盘片容量远大于磁盘,适合于用户处理大量的数据,特别是图像、视频数据。

(4) 光盘库(Optical Disk Library)

又称光盘自动换盘机(Juke Box 或 Optical Disk Autochanger),光盘库使用一般的 CD 盘,小型光盘库可管理 6 张 CD,大型的可管理 200 张以上,很适合于大型数据管理系统,如图书馆书目检索、大型统计数据检索等。

采用光盘作为存储介质的优势在于其体积小(标准 CD 直径 12cm、厚 1.2mm)、密度高(道间距为 $1\sim2\mu m$,比硬盘高一个数量级)、容量大(目前市售标准 CD 存储量超过 650MB,相当于 500 张软盘,可存放 20 万页文本或者是经过压缩的 1 万张图像)、重量轻(不足 50 克)、保存时间长(可安全保存 $10\sim30$ 年,有的产品号称可达 200 年)、存储成本低、介质可换、便于检索,且与激光唱盘在格式上兼容。目前光盘系统最大的弱点是读出速度慢,这主要是由于光头体积大,重量重,不便于快速寻道。另外,提高光盘系统的数据传输速率也是一个重要问题。光驱的基本数据传输速率为 153.6Kbps,这是 CD 唱盘的标准速度。要播放 CD 视盘则至少需要倍速以上光驱,目前市场上 8 倍速以上光驱已成主流。光盘系统的应用与普及,对于要求大量、多样、长期、安全存储数据的 OA 系统具有很大的益处。

4. 输出复制设备

OA 系统的输出设备包括监视器、各类印字机、小胶印机、轻印刷系统、X-Y 绘图仪等图形图像输出设备,声卡、喇叭等语音输出设备,缩微胶卷输出设备以及复印机等复制设备。

监视器是系统必不可少的输出设备,也是用户接触最多的外设。因此,选择监视器的首要指标是其安全性,特别是应了解其对低频电磁场是否采取了安全措施、有否防静电处理和消磁开关等,以防对使用者的健康有不良影响。其次,要注意显示支援的垂直刷新率应高于 75Hz 或 80Hz,以免因明显的闪烁造成视力疲劳甚至头疼。监视器的其他指标主要有分辨率(通常为 1024×768,支持图形显示)、点距(点距越小清晰度越高,现主要有 0.28,0.31,0.39 几种,0.39 的显示效果较差)、显示卡(当前主要是 TVGA 卡,应能支持 $1024\times768\times256$ 色的分辨率,至少 1M 显示内存)。还有一些监视器能满足特殊的需求,如用于图形、组版、多媒体播放的大屏幕监视器、用于室外或军事系统的抗恶劣环境显示终端等。

印出设备中目前占市场份额最多的是三类:针式打印机、喷墨印字机和激光印字机。针打曾经是计算机配置的主要外设,它经济耐用、耗材便宜,特别是它具有同时拷贝多份的能力,但是速度慢、字形差、噪音大,也不再具有价格优势,因而市场正在萎缩,非击打类印字机渐成主流。

喷墨印字技术始于 50 年代,至 70 年代初推出商品化设备,但一直难以推广。进入 90 年代后,微机的普及,办公自动化、事务处理自动的发展,加之喷墨印字技术自身的完善,使得其重返市场并占据了相当的份额。喷墨印字机种类很多(参见图 5.4),目前应用最多的是随机式喷墨技术,如 Canon 和 HP 两大喷墨印字机提供者主要是采用气泡式喷墨技术。其基本原理是:利用输出字符控制电阻加热墨水,墨水汽化产生气泡,气泡膨胀挤压受热墨水,最终形成喷射墨滴由喷嘴喷出印在纸上。喷墨嘴直径为 $30\mu m$ 左右,以保证一定的输出精度。喷墨印字机仍采用点阵印字技术,因而可以印出任意字符或图像、印字质量好(输出精度可达 $300\sim600$DPI,现已有 720DPI 产品问世)、输出速度快(最低 120cps,多列喷嘴则可实现行式印字,印字速度可达每分钟数页甚至更高)、工作噪音小(印字头噪声小于 45dB,适于办公室内使用)、容易实现彩色印字(用红、黄、蓝三色墨水混合即可输出彩色图像,图像细致、色泽饱满)、输出幅面大(除标准 A_4 纸输出外,有的机器还可以有 A_3 纸输出),而且整机体积小、轻便灵活、功耗低。喷墨印字机目前的售价已与针打接近,但其墨水盒价格高,且对纸张质量要求高。

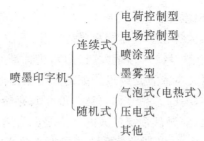

图 5.4　喷墨印字机分类

　　目前,各项性能指标均处领先地位的印字设备首推激光印字机.激光印字机采用激光技术和电子照相技术相结合的印字技术,其基本原理是:利用激光束扫描感光硒鼓,利用计算机输出的字符信号调制激光束,以控制感光鼓吸附或不吸附墨粉,感光鼓将吸附墨粉形成的字符图像转印到纸上,然后经加热压定型并输出.激光印字机的种类很多.按输出幅面分,有 A$_4$ 幅面输出,也有的能输出 B$_4$ 甚至 A$_3$ 幅面;按输出精度分,有 300dpi、600dpi、1200dpi 等多个档次,高档印字机的输出精度已经能够满足专业出版的需求;按输出速度分,有高速机,速度高达 100ppm(页/分)A$_4$ 幅面纸,月处理能力可达数百万页,适合大型办公系统的集中打印、网络共享需求,中速机约为 30～60ppm A$_4$ 纸,月处理能力十万页左右,低速机的输出速度低于 20ppm,常见的多为 4～8ppm,月处理能力 2 万页左右,适合一般事务处理、文字处理工作使用.激光印字机输出分辨率高,字形质量好、输出速度快、工作时几乎无噪声,整体性能高于其他种类的印字机.但激光印字机价格较高,且由于其内部由一套精密复杂的光学系统构成,对机械的加工装配的精度要求高,系统成本的降低受到了很大限制.另外,激光印字机标注的输出速度实际上是电机速度,输出西文或输出同样内容文件时速度与电机速度相近,但输出汉字时则受软件处理速度、并口传输速度、印字机接收速度等限制,输出速度要慢得多.

　　静电复印机目前已经是相当普及的办公设备.它操作方便、高效、复制效果好、保真度好,且可以有原大、放大、缩小复制、复制缩微片和双面复印等很多功能,在办公活动中发挥了很大作用.其工作原理与激光印字机类似.表 5-2 列举了复印机的主要类型,可以根据办公活动的规模、工作性质、工作量及资金情况进行选择.

表 5-2　复印机应用分类

档次	级别	复印速度 (A$_4$ 页/分)	月复印量	适用范围
低	小型低速	5～8	500～5000	小型办公室
中	小型中速	15～25	5000～25000	中、小型单位
中高	中型中速	25～50	25000～50000	综合信息处理部门
高	中、大型高速	100 以上	100000 以上	批量印刷机构

5. 通信设备

　　OA 系统的通信设备包括我们在第四章中涉及到的局域网、PABX、调制解调器等网络设备、服务器,也有电传机、传真机、多功能电话、无线寻呼机等,通信类设备是进入 90 年代以后发展极快的一个领域.

　　传真机已经是现在相当普及的通信设备,在办公、商务等领域发挥了很大的作用.传真机的工作遵循数据通信的基本过程,其原理为:在发送端,将文件作为图像逐行扫描分解为像素,通过光电变换,将像素的光信号变为电信号,图像的原始信号为模拟量,因此要通过编码、压缩、调制等过程,最后发送至电话线路。在接收端,对线路上传来的信号进行解调、解压和解码恢复为图像像素的光点,从而再现发送文件的图像。传真机最主要的性能指标有:

① 扫描点尺寸:即像素的大小。像素小的系统复制出的图像与原稿相似性好。

② 扫描密度:即图像分辨率。

③ 传送时间:是传真机传送一页文件所用的时间,这由原稿大小、扫描密度、线路频带宽度等因素共同决定。

④ 合作参数:决定发送图像与接收图像之间比例的参数。不同厂家、不同型号的传真机,只要合作参数相同,就可以保证发/收图像一致。

传真机的分类方法也有很多,如按输出技术类分,有感热式传真式(采用感热式打印技术,用热敏纸打印)和普通纸传真机(采用激光、喷墨等打印技术在普通纸上打印);按功能类分,有独立传真机(包括传真、电话、复印功能)、多功能传真机(主要用于传真,还可以用作打印机、文件扫描器等,而且与计算机兼容)等,现在也已经出现了基于计算机的传真产品;独立传真机中,主要按照传送速度,可以分为一类机(Group-1;G1)、二类机(G2)、三类机(G3)和四类机(G4),其中,G1,G2 均为模拟传输,传输速度分别为 6 分钟一页和 3 分钟一页,现在正在被淘汰,G3 机采用数字传输技术,可达每分钟传送一页,其传输速率原为 2400/4800/7500/9600bps,现新标准规定有 14.4Kpbs,已经覆盖了原 G4 机的性能指标,销售量最大,是办公与家用传真机的主流产品

6. 销毁

OA 系统中的销毁类设备主要是为了保证系统信息不致泄漏,对不用文件、资料进行销毁的设备,主要是各类碎纸机等。

与早期采用的废纸箱、废纸炉等设备相比,碎纸机具有安全性好,减少污染、噪声小、使用方便等优势。其工作原理简单,主要是利用机箱内刀具的旋转,在电力甚至是人力的作用下,将纸制资料切成碎屑。一般碎纸机可以一次入纸数张,碎屑约 $5mm^2$ 左右,很难被复原。

7. 其他

OA 系统中还应用到很多其他辅助设备,如办公活动中常用的计算器、照相机、摄影仪、幻灯机、装订机等。办公保护设备,如保护屏、电磁屏蔽设备等,以及空调、吸尘器,稳压电源、不间断电源、空气负离子发生器等。

目前,新型的、现代化的办公设备层出不穷,正向着小型化、综合化、多功能、相互融和的方向发展,而且与计算机技术的结合日趋紧密。

5.1.3 系统的软件体系

OA 系统的软件指在计算机上运行的,调动、管理 OA 系统硬件以实现系统功能的计算机程序。要建成一个有效的 OA 系统,良好的硬件环境与丰富的软件支持缺一不可,甚至我们可以进一步说,软件是 OA 系统的中枢神经。

OA 系统的软件不是一个或几个单独的程序,而是一个完整的软件体系,OA 的软件体系表现为一种层次性结构,可以分为三层:系统软件、公共支撑软件和专用软件。

系统软件是机器的设计者为管理计算机而提供的软件,主要是操作系统、各种语言处理程序,如 DOS,UNIX,Windows 等。

公共支撑软件指 OA 系统中通用的、工具型的软件，是进一步开发 OA 系统各专用软件的基础，常见的这类软件如 FoxPro,WPS, PC Paint 等。

专用软件是指支持具体办公活动的应用程序，一般是根据具体用户的需求而研制的。它面向不同用户，处理不同业务。按照对不同层次办公活动的支持，这类软件又可以进一步划分为三个子层：办公事务处理软件、管理信息系统软件和决策支持软件。

OA 系统的软件体系如图 5.5 所示，图 5.6 为展开的 OA 系统软件层次结构。

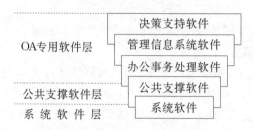

图5.5　OA系统软件体系示意图

图5.6　OA软件层次图

此处我们不讨论系统软件，只对 OA 系统的公共支撑软件和专用软件的内容做一简单介绍。

1. OA 系统的公共支撑软件

OA 系统的公共支撑软件主要是针对一些具有共性的基本管理功能而开发的。专用系统的各部分都需要有相应的公共支撑软件的支持。公共支撑软件主要有：

- 数据库管理软件
- 文字处理软件
- 表格处理软件
- 办公通信软件
- 语音处理软件

- 图形图像处理软件
- 模型方法类通用软件
- 模型方法库管理软件
- 知识库管理软件
- ······

2. OA 系统事务处理软件

OA 系统事务处理软件是为各种规律性和非规律性的办公事务而开发的，其主要目标是提高办公效率,减轻办公事务劳动工作量。该层专用软件是整个 OA 系统专用软件的基础层,担负各种办公信息的收集、加工、存储和事务性处理,为管理控制层和决策层提供基础信息。

办公事务处理层的专用软件是根据事务性办公业务的功能而设计的,由于事务性工作比较单纯,具有一定的相对独立性,专用软件相对独立和简单,易于实现和应用,特别是大部分可以在微型计算机上实现,因此近几年该层软件发展较快,大多以单项事务处理应用软件包形式出现。

根据功能性质分析,OA 系统办公事务分不确定型事务和确定型事务两种,大量的不确定型事务如文字报告、通信联系、办公印刷等,这类事务的处理可直接使用公共支撑软件层有关的工具型软件解决。目前办公事务处理层专用软件基本属于确定型办公事务处理应用,主要有:

- 公文管理软件
- 文书档案管理软件
- 情报资料检索软件
- 日程计划软件
- 会议管理软件
- 公共资源管理软件
- 字典检索服务软件
- 电话记账软件
- 信访处理软件

- 财会软件
- 统计汇总软件
- 工资处理软件
- 考勤软件
- 设备档案管理软件
- 合同管理软件
- 人事档案管理软件
- 仓库管理软件
- ……

由于我国确定型的办公事务处理流程的规范化程度较差,各部门 OA 系统对事务处理软件要求差别较大,这里很难给出统一的功能标准,为了减少低水平的重复开发,应尽量在行业或部门内制定事务处理的统一流程规范,使该层软件尽可能通用。

3. 管理信息系统软件

管理信息系统是为各部门中低级管理人员的管理和控制活动而开发的,以提高管理的经济、社会效益为目标,其主要功能是管理该部门信息活动的全过程,对信息进行综合处理,并且发出管理控制指令。管理信息系统建立在办公事务处理层之上,是全面、综合的系统应用。管理信息系统软件一般规模较大,结构复杂,需要在小型机一类的主机上运行,由于是信息的综合全面应用,因此要有强有力的数据库管理系统支持。

由于管理信息系统的开发是一项耗资多、周期长、工作量大的艰苦工程,同类同级经济管理实体的管理信息系统应尽可能规范化,以达到应用软件共享。

管理信息系统软件是按行政级别、行政和管理实体划分和研制的,即可划分为国家级、省级、各部委级、中心城市级、县级经济信息管理系统以及各行业企业级管理信息系统等。目前,完整的、对某一部门的或单位管理的管理信息系统用软件很少,一般是以子系统方式提供的管理信息系统专用软件。OA 系统中主要的管理信息系统软件是国家经济信息系统中的各级系统、特别是企业管理信息系统软件。

(1) 工业企业级管理信息系统软件
- 计划管理子系统
- 综合统计分析子系统
- 生产管理子系统

- 质量管理子系统
- 劳资、人事管理子系统
- 能源管理子系统

- 物资、仓库管理子系统
- 技术管理子系统
- 销售管理子系统
- 财务管理子系统
- 设备管理子系统
- 基本建设管理子系统
- 国内外行业情报信息管理子系统
- ……

(2) 国家级、省(市)级、县级经济信息管理系统软件

- 各类经济信息数据库
- 计划管理子系统
- 统计管理子系统
- 金融管理子系统
- 基建管理子系统
- 物资管理子系统
- 干部人事管理子系统
- 对外经济管理子系统
- 财政税收管理子系统
- 物价管理子系统
- 各行业协调管理子系统(工业、交通、农业、商业、邮电、建筑、科技、文教、卫生、体育、旅游服务等)
- 审计管理子系统
- ……

(3) 其他管理信息系统软件

- 银行管理信息系统
- 商场管理信息系统
- 饭店管理信息系统
- 医院管理信息系统
- 交通管理信息系统
- 邮电管理信息系统
- 出版发行管理信息系统
- 海关管理信息系统
- ……

4. 决策支持软件

决策支持系统是办公自动化高层软件,它使办公自动化应用达到高级阶段。决策支持系统是为中高层管理人员提供决策支持,特别是为支持非确定型决策而发展的。它以最优化的管理和社会、经济效益为目标,以智能化的方式提供专家知识经验咨询和决策模型多种方案解答。决策支持系统必须以计算机技术、人工智能、经济数学模型为基础,其支撑环境是知识库管理系统和一系列模型方法工具软件包。

目前,决策支持系统仍处于研究和初始应用阶段,系统功能仅限于某些结构简单的专家经验支持和简单的模型决策。近期内,我国 OA 决策支持系统的研究开发重点应该是决策支持系统的支撑软件(如模型方法库管理系统、知识库管理系统、常用的预测及方法工具软件包)和各种 OA 系统中有效的经济数学模型的应用软件。例如,市级以上 OA 系统中宏观经济管理和控制用的国民经济各部门投入产出综合平衡模型、地区经济发展规划模型、经济需求预测模型、地区发展仿真模型以及企业级 OA 系统中的企业计划模型、需求预测模型等等。

5.2 OA 系统的开发

OA 系统的开发是指一个具体的 OA 系统从无到有的过程,包括 OA 系统构成各个组成部分的设计与实现。前面已经提到,OA 软件是 OA 系统的中枢神经。要建立一个完善的 OA 系统,要保证 OA 系统的有效运行,OA 软件的开发方法是一个至关重要的课题。由于 OA 系统是一个融多个学科、多种技术于一体的综合系统,加之目前软件工程仍是一个不断发展、不断探索的领域,当前还没有一个用于开发 OA 软件的完整、系统、成熟的软件开发方法。本节主要对现有的、可以用于 OA 软件开发的方法做一介绍,并以此为基础讨论 OA 系统的开发过程。

5.2.1 现有软件开发方法

软件开发方法的研究起源于 60 年代中期的那场著名的软件危机。1968 年,北大西洋公约组织(NATO)的有关科学家们在西德召开国际会议讨论有关问题,正式提出并使用"软件工程"这一术语,试图解决软件开发周期长、效率低、维护困难且耗资严重的问题,高效率、低成本地开发出高质量的软件。经过几十年来软件研究人员的努力,目前已经取得了一批成果,出现了多种软件开发方法。

1. Parnas 法

1972 年,D. Parnas 针对软件在可维护性和可靠性方面存在的问题,提出了"信息隐蔽原则":在概要设计时即列出不稳定因素,在模块划分时将其划入个别模块,以便在将来需要修改这些因素时不致影响其他模块。这一原则提高了软件的可维护性,也避免了错误的蔓延,改善了软件的可靠性。另外,Parnas 还提出应该在软件设计时即对可能发生的意外采取防范措施,如在调用设备前先检查该设备是否正常,以免因类似错误造成系统崩溃。

Parnas 方法是提出最早的软件开发方法,但是这一方法不能独立使用,可以作为其他方法的补充。

2. SASD 法

SASD 法是 1978 年由 E. Yourdon 和 L. L. Constantine 首先提出,1979 年由 T. de Marco 进一步修改的软件开发方法,可以称为"结构化方法",是一种面向功能或面向数据流的软件开发方法。它首先采用结构化分析(Structured Analysis;SA)方法进行需求分析,然后采用结构化设计(Structured Design;SD)方法进行系统的概要设计,最后完成结构化程序设计(Structured Programming;SP)。

SA 是一种简捷实用的分析技术。在软件工程中,控制复杂性的基本手段是分解和抽象。SA 采用"自顶向下,逐层分解"的方式较好地实现了这两点。这种逐步求精的方法使人们不至于一下子被过多的细节所淹没,而是有控制地、逐步地了解更多的细节,这有助于人们对问题的理解。

SD 方法的基本思想是,将系统设计成由相对独立的、功能单一的模块所组成的结构,这里,模块是指用一个名字可以调用的一段程序语句,在 SD 中一般采用功能模块。

程序的基本逻辑结构有三种:顺序结构、循环结构和选择结构。SP 就是用这三种基本结构相互嵌套生成程序,其编程简便,程序结构化程度高。

总而言之,SASD 方法强调系统的思想,系统工程的方法和面向用户,以结构化、模块化为特点,严格区分工作阶段,自顶向下进行系统开发,其开发步骤清晰,有规范化的开发工具和明确的质量标准,SA,SD,SP 三者相辅相成,已经成为 80 年代以后的一种相当普及的软件开发方法。

3. 面向数据结构的开发方法

所谓面向数据结构的开发方法是指从数据结构导出程序框架,目前常用的这一类方法主要有如下两种:

(1) Warnier 法

这是由法国 J. D. Warnier 1974 年提出的一种软件开发方法,又被称为逻辑地构造程序的方法(LCP 方法)。其主要思想是:以目标系统的输入数据的数据结构为基础导出目标系统的框架,再从其他途径对系统进行补充。他提出采用一种表示信息层次结构的图形工具,用树形结构描绘信息,被称为"Warnier图",目前常被用作系统设计中的需求分析工具。这一方法逻辑严谨,可以独立地用于系统开发,也可以作为其他开发方法中详细设计阶段的开发工具。

（2）Jackson法

这是 M. A. Jackson 于 1975 年提出的。Jackson 法与 Warnier 法类似,但它不仅考虑系统的输入数据,而且还考虑输出数据的数据结构,并用 Jackson 图描绘这些数据结构。这一方法适用于那些具有明确的输入输出数据结构的系统设计,如统计与报表系统等,也可以作为其他开发方法中详细设计阶段的开发工具。

4. 问题分析法（Problem Analysis Method；PAM）

这是由日立公司提出来的一种软件开发方法,目前在日本尤其流行。它采用的图形工具称为 PAD 图（Problem Analysis Diagram）,以二维树形结构表示程序的逻辑结构。这种方法从输入、输出的数据结构导出基本处理框,然后分析这些处理框之间的前后关系,再按前后关系综合处理框,直至画出整个系统的 PAD 图。这是一种力图综合自底向上方法与面向数据结构方法优势的开发方法,PAD 图结构清晰、易读、易记且易于理解,被认为是目前详细设计阶段最好的图形工具之一。

5. 原型法（Prototyping）

原型法是 80 年代初期发展起来的一种软件设计方法。它打破了传统结构化方法严格自顶向下的开发模式,设计者在初步了解用户需求后,在适宜的开发工具的支持下,生成一个应用系统模型,称为原型或雏形。原型大致表达了设计者对用户需求的理解和最终完成系统的形式。然后设计者与用户一起对原型进行评价、修改以得到新的原型,几经反复,直至用户满意为止,如图 5.7 所示。原型法力图使用户在大规模系统开发之前就看到系统的概貌,了解大致的功能和界面,用正常的迭代避免不正常的反复,因而缩短了软件开发周期,提高了软件开发效率,减少了开发成本。

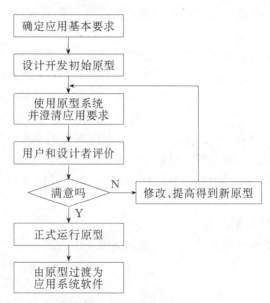

图5.7　原型法开发流程

原型法主要是针对传统结构化方法中用户与设计者交流不充分,开发设计阶段划分过于细致,信息反馈速度慢,难以适应不断变化的客观环境等问题而出现的。已经成为目前较为流行的实用开发方法。

在原型法的应用中,原型有不同的类型。按照原型目的实现后的作用,可以分为不再使用的抛弃型原型(throw away prototype),转化为产品组成部分的演进型原型(evolutionary prototype)。系统的原型可以不止一个,其中大多数是抛弃型的。按照原型所涉及的产品特征,可以分为界面原型、功能原型和性能原型。

采用原型法的关键问题是必须借助于快速建造原型的工具,如面向应用的第四代语言(4GL)、CASE 原型化工具等。另外,由于原型法缺乏开发过程中的管理控制手段,比较适合于开发小规模、管理体制和结构不稳定的应用系统。在一般情况下,将原型法与其他较为成熟的软件开发方法结合,可以达到事半功倍的效果。

6. 面向对象的开发方法(Object Modeling Technique;OMT)

传统的软件开发方法多是面向数据和过程的。在这种方法中,数据与过程相互独立,数据表示客观世界中的信息,过程用来处理数据。显然,相同格式数据的不同处理或不同格式数据的相同处理都要编制单独的程序。

而面向对象(Object-Oriented;OO)方法则是遵循人们习惯的思维方式,对问题领域进行自然的分解。我们知道,客观世界中的问题是由相互联系的事物组成的。这些事物即所谓对象(object)。OO 方法引进了对象和对象类(class)的概念,用对象或对象类构造系统,用对象的数据结构(属性)和可以对这些数据进行的有限操作(行为)来共同描述具体的对象,将数据及操作封装在一起,建立起一个类的层次结构,子类可以继承父类的属性和操作。数据与操作两者相互依赖,共同反映实际问题。

面向对象的软件开发方法(OMT)由面向对象分析(Object-Oriented Analysis;OOA)、面向对象设计(Object-Oriented Design;OOD)和面向对象编程(Object-Oriented Programming;OOP)构成,并需要面向对象的程序设计语言的支持。这种方法从真实系统中导出对象模型(包括类的属性,类与其父类、子类的继承关系以及类间关系),然后以此为基础导出动态模型和功能模型,并由这三个模型共同构成系统模型。系统模型建立后,就可以进一步按照服务(service)自顶向下分解系统,如输入输出处理、图形处理等。

面向对象的软件开发方法出现于 80 年代后期,它弥补了结构化方法的一些缺陷,提高了软件的可靠性、可扩充性、可维护性和可重用性,是目前系统设计者们关注的重点。

7. CASE

1986 年,CASE(Computer Aided Software Engineering)一词正式出现,可以译为计算机辅助软件工程,实际上是人们为提高软件开发的自动化程度而采用的,支持某种软件工程方法的自动化软件开发方法。

随着软件开发工具的不断累积,软件的自动化开发环境日益优化,CASE 经历了一个不断演进的过程。80 年代初期以前,主要是对分析、设计阶段进行辅助,各 CASE 工具彼此联系不大;80 年代中期,信息中心库(repository)概念的引入,使原来彼此孤立的 CASE 工具有了信息交换的环境,提供了开发工具集成的可能;90 年代前后,CASE 开始进入集成化阶段,出现了 ICASE(Integrated CASE),强调工具所操作的数据的集成、工具的互操作性(控制集成)、提供用户界面的表现与行为的一致性(界面集成)和工具适应于不同开发过程和开发方法的能力

（过程集成）。至此，CASE 由 CASE 工具演变为 CASE 环境，其最终目标，是以结构化方法为基础，统一使用软件开发支持环境，最终实现软件开发全过程的自动化。目前，在最为成熟的数据库领域中，已经有了能够自动化生成应用系统的 CASE 软件。使用这类软件，软件开发人员只要根据屏幕提示，在表格式界面上输入应用系统的功能定义和算法等，软件就可以据此生成所需要的应用程序及有关文档。

CASE 是支持软件设计、开发的工具，它必须建立在选择适合的软件工程方法的基础之上，并且能够支持该软件工程方法的基本要求（如支持模型的建立、给出经过一致性和完整性检验的标准化文档和数据字典等）和采用通用的图形界面。有专家指出，今后的软件工程必然是软件工程方法学和 CASE 的结合。CASE 与其他软件开发方法（如面向对象方法、原型法、软件重用技术等）的结合，CASE 与人工智能技术的结合，必将使软件开发自动化由梦想变为现实。

8. 可视化开发方法

可视化开发方法是 90 年代软件界的的热门话题之一。伴随着图形用户界面的兴起，应用系统中的界面设计比重越来越大，有统计说已达 $60\%\sim70\%$，而图形界面元素的生成很不方便。可视化开发方法就是在可视化开发工具所提供的图形用户界面上，通过操纵诸如按钮、菜单、对话框、单选钮、复选钮、列表框等图形界面元素，由可视化开发工具自动生成应用软件。可视化开发方法的出现是软件开发方法中具有革命性的变革，它将软件开发从专业程序设计人员的手中解放出来，使得最终用户得以参与软件的设计与开发。

可视化开发方法主要靠系统内部函数支持，因而只适用于那些较为成熟的应用领域。目前流行的可视化开发工具基本上是用于关系型数据库应用系统的开发，对于其他应用，主要是提供用户界面的可视化开发。

9. 软件重用与软构件

1968 年的 NATO 会议上提出了"可复用库"思想，主要是将软件的成分（如模块的详细设计、源代码片段等）保存起来以供它用。软件重用（Reuse）则源于这一思想。软件重用是技术、方法和过程的结合，包括了概念、体系结构、需求分析、文档、代码等的重用。

软构件（Componentware）是将软部件（softparts）进行组合以开发应用系统的软件或技术。利用这一技术可以用已有软部件方便地构造新的软件，如同采用预制的部件组装汽车一样，甚至可以实现即插即用编程（plug & play programming）和网络分布部件的协调重用。重用软构件技术的系统柔韧性好，修改各个部件时不必改造整个应用程序体系结构。

软构件集成了多种技术，其中最主要的是部件组合化（package）技术和部件嵌入技术。部件组合化技术用于建筑将多个对象组合起来进行重用的结构，部件嵌入技术则主要是通过链接（linking）和嵌入（embedding），使程序、数据和用户接口等软部件间的各种接口实现标准化。例如 Microsoft Windows 的热门技术之一 OLE（Object Linking and Embedding）提供了在窗口环境下，异种语言模块连接的机制，也就是提供了使用面向对象技术开发软部件或软件重用的功能。

软构件是 90 年代发展起来的新一代软件开发方法，这种方法可以极大地减少软件开发的时间与费用，有利于提高软件的可维护性和可靠性，代表了软件开发方法的发展方向。

软件开发方法种类很多，而且仍然在不断地发展。为了满足实际系统开发的需要，一般可以根据系统需求、环境条件等选择一种比较成熟的方法，结合其他方法的思想或工具，完成软件的开发。

5.2.2 系统的生命周期

从系统工程的观点来看,每个系统都是一个有机体,有其固有的发生、成长、成熟和衰亡的生存期,这个过程称为系统的生命周期(life cycle)。软件工程方法就是根据系统固有的生命周期并参照工业化生产过程,将软件生产过程进行阶段划分,每个阶段规定相对独立的确定的任务和必须提交的产品,每一阶段结束时有严格的检查,并以冻结文档作为各阶段的结束标志。软件工程就是系统的生命周期法学和各种结构化分析和结构化设计技术的结合,强调软件生命周期各阶段的完整性和开发过程的顺序性、连续性。每一个信息系统都要经过这样一系列阶段才能形成。

对于应用系统的生命周期,在开发不同的软件,不同的开发环境,特别是采用了不同的软件开发方法时,其具体划分不尽一致。1995 年,国际标准化组织(ISO)和国际电工委员会(IEC)共同制订了《信息技术——软件生命周期过程(ISO/IEC 12207-95)》的国际标准,该标准与 ISO 9000 族标准在软件方面的应用协调一致,为世界软件产品的研制与管理提供了一个基本框架。ISO 12207 将软件的生命周期过程分为三大类:基本生命周期过程、支持性生命周期过程和组织的生命周期过程。三大类中还细分了 17 种过程,并详细规定了这 17 种过程中所包括的具体活动以及每项活动的具体任务。其中,基本过程构成了软件生命周期中最主要的部分,包括获取过程(如招标准备等)、供应过程(如投标等)、开发过程(软件的开发)、操作过程(如运行等)和维护过程(如修改、退役等)。我国的国家标准《计算机软件开发规范 GB 8566-1995》(1988 年制订,1995 年修订)在内容上与 ISO 12207 基本相同,但具体过程划分及其具体活动和任务有一些差异。上述两个系列的标准可以作为我们进行软件开发的基本模型。

在讨论 OA 系统的设计时,我们将其开发的生命周期划分为 6 个阶段:问题定义与可行性研究、系统需求分析、系统设计(概要设计和详细设计)、系统实现、测试以及运行与维护。系统开发始于提出问题,经过系统分析、设计、实现和测试完成产品并提交用户使用,用户在使用中进行不断的修改与补充,直至系统不再适应需要,提出对新系统的要求,开始新的周期。其大致过程如图 5.8 所示。

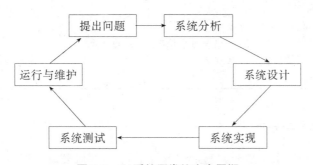

图5.8 OA系统开发的生命周期

表 5-3 给出了软件生命周期各阶段的主要工作任务、完成标志及交付文档。

采用生命周期法系统性强,一般采用结构化开发方法,工作阶段明确,文档资料齐全,便于整个开发过程的管理控制,较为适宜进行大规模的应用系统的开发,是目前应用较为普遍的方法。它的主要问题是,必须严格按照划分好的阶段进行系统开发,开发周期较长;对系统分析要求严格,必须在此阶段完成对系统的定义,确定系统功能及各种要求,一旦确定则不易改变,无论是系统设计者对用户需求理解的差异还是用户使用需求的改变,都会造成系统的重大缺陷,甚至系统失败。

表5-3 软件生命周期各阶段工作任务

序号	阶 段		基 本 任 务	完成标志	交 付 文 档
1	问题定义与可行性研究		提出要解决的问题 调查用户需求及环境,研究技术,经济,社会可行性,编写可行性报告,审批、立项 制定初步软件开发计划	可行性研究报告及开发计划通过审批	1. 可行性研究报告 2. 初步软件开发计划
2	需求分析		详细调查分析用户需求、环境,确定软件系统目标、功能、流程、全部人机接口 确定软件性能、测试标准,修改开发计划、转轨计划,编写有关文档	需求说明书通过评审	1. 软件需求说明书 2. 新系统目标 3. 软件实施总体方案 4. 系统的逻辑模型
3	软件设计	概要设计	将需求说明书转变为软件系统结构说明书;模块结构,接口关系说明,全部数据结构(包括内部文件说明、设计规定说明)	设计完全覆盖了系统需求说明,且通过审查	概要设计文件
		详细设计	对功能模块进行过程设计,确定程序模块及其接口 编写程序设计说明书	详细设计审查通过	1. 详细设计文件 2. 测试说明书 3. 数据要求说明书 4. 初步用户手册 5. 初步操作手册
4	编 码		完成源程序编码、完成程序测试	源程序测试通过	1. 源程序清单 2. 程序测试报告
5	测 试		完成功能模块测试和联合测试,改正测试出来的在设计或源程序中的错误 系统转换,用户试用,测试确认	测试确认	1. 测试后的源程序清单 2. 测试分析报告 3. 用户试用报告 4. 软件开发总结 5. 修改后的用户手册和操作手册
6	运行与维护		运行应用软件系统 对运行中出现的错误进行修改 实现功能的扩充和完善	修改、维护后的软件测试通过	1. 运行记录 2. 软件文件报告 3. 软件修改清单 4. 软件修改报告

5.2.3 OA 系统的调研与分析

开发一个实际的 OA 系统是一项复杂的系统工程。从系统开发角度讲,它涉及到大量的资金投入、技术投入和人员投入。此外,它不仅仅是一种单纯的软件开发,还包含着大量的社会学内容,如国家的政治体制、经济体制、法律法规、方针政策,以及本机关企业的基本目标、运行机制、组织模式、管理规程等。因此,在开发 OA 系统之初,必须对原有组织机构进行充分而细致地调查研究,明确需要解决的问题以及解决这一问题的必要性与可能性。这是 OA 系统的调研与分析阶段的主要任务,也是整个 OA 系统开发的基础性工作。

1. 调查

OA 系统的对象是办公活动以及办公活动所涉及的组织、人员、设备和环境等。因此，开发 OA 系统的调查工作大致应包括：

① 办公组织的基本情况，如目标、规模、地位、发展规划、地理分布、环境等；

② 办公组织的组织机构及其关系；

③ 基本业务及其功能要求；

④ 管理方式与管理条例；

⑤ 人员构成及人与系统的关系；

⑥ 信息流与数据结构；

⑦ 工作流程与工作方式；

⑧ 决策模式与决策过程；

⑨ 现有资源及其状况，如资金来源、技术力量、设备等；

⑩ 现有系统的运行状况、有关人员对现有系统的满意程度、存在的问题等。

应该注意的是，现有系统的使用者未必能对现有系统做出正确的描述，指出其问题所在，也未必能够对新系统提出明确的要求。因此，在调查阶段，不能仅仅满足于听取用户的描述。

可以采用的调查方法有：

(1) 资料阅读

即通过查阅档案，了解基本情况和历史情况。这里所说的档案是指如机构图、管理条例、统计资料等。如果现有系统也是计算机系统，则还应该包括系统开发文档。这种方法简便易行，资料具有一定的权威性。

(2) 问卷普查

将希望了解的内容编制成简单明了、易于操作的表格，交由有关人员填写。采用问卷法时必须精心设计问卷，每个项目都应该有明确而具体的目的，而且易于进行统计处理。对于填写者来说，项目的答案应该是简单、明确、无二义的。问卷法对于了解办公人员的工作过程或工作内容等较为有利，适合于对较大的人群进行调查。

(3) 个别访问

通过对于管理者、有经验的办事人员或有一定见解的专家进行个别访问，可以解决普查中出现的问题或普查所不能解决的问题。个别访问前应该有具体的访问提纲，有明确的待解决问题。

(4) 实地观察

这是由有经验的系统分析人员深入办公现场，通过实际记录现场实况而获得第一手资料。这种方法适合于了解办公信息流、办公活动细节及工作量统计等。

还有一些其他的方法，如调查会、讨论甚至亲自操作。系统设计人员可以综合利用各种调查方法，最终取得对现有系统的清晰认识和对新系统的定义。

2. 可行性分析

可行性分析是指的以调查研究的结果为基础，进一步确定在目前的情况下，希望解决的问题是否有条件解决，即是否有可行解。在现实世界中，有很多问题属于在一定的条件或规模下没有可行解，那么，在此次系统设计中应该将这类问题剔除。可行性分析的目的是确定"问题是否能够解决"。

（1）可行性分析的内容

可行性分析可以从如下三方面进行：

① 经济可行性

作为一个应用系统，其经济上是否可行是非常重要的问题。这一分析包括：支持其开发的可能的资金量、系统的成本/效益估算、系统运行维护代价等。估算时应考虑的因素，如信息采集的方式及数量和质量、硬件的构成（如主计算机、通信方式、网络、其他办公设备、机房等）、软件费用（如开发费用、维护费用等）、运行费用（如耗材、设备折旧等）、管理费用（如人工、水电等）。需要注意的是，OA系统主要是应用于管理控制领域，其成本/效益分析中不仅要考虑有形的成本/效益（可以用货币计量的），还要考虑无形的成本/效益（难以用货币计量的，如社会的或中长期的成本/效益）。

② 技术可行性

在明确了用户需求后，进一步应该确定目前的软硬件技术是否能够满足用户需求。应该看到，一方面，目前计算机以及相关技术的发展，完全能够满足一般事务处理系统的性能与功能要求；另一方面，OA系统中涉及很多管理、决策类活动，这类需求的实现对管理决策的方法与模型、决策支持系统、人工智能技术等的依赖性很强，而且，很多需求的实现与系统投资水平相关，如是否可能购置高性能计算机、大容量存储器及其他有关外设等。

在进行技术可行性研究时，要求系统分析人员对建立系统的客观条件有充分的了解，掌握国内外有关科学技术的现状与发展、现有各种硬件的性能指标、相关的软件工具以及开发者的技术水平。除此之外，还应该在现有技术条件和经济条件、开发时间限制等非技术因素之间进行平衡。

③ 社会可行性

信息系统都是人-机系统，特别是OA系统，更加强调人机交互，强调社会组织的体制与管理，特别是有关人员的构成及其素质。社会可行性研究的目的，一方面是掌握OA系统开发中会涉及到的各种复杂因素，在具体的开发过程中加以重视，进行某些必要的调整；另一方面，是将系统开发与运行中可能出现的这类问题告之用户，提前进行有关的研究、教育与培训，以免因思想观念等方面的问题贻误自动化的进程。

应该注意的是，可行性研究一般是针对当前情况所进行的。但是，近年技术设备更新换代速度加快，社会发展与人的思想、观念、需求也在发生着变化。特别是我国，随着进一步的改革开放，与国际接轨甚至是与国际同步已经成为现实，这必将带来各方面的迅速变化与发展。可行性研究应该充分注意这一点，留有一定的余地，防止发生系统研制成功之时即已过时的现象出现。

（2）可行性分析的工具

在进行可行性分析时，应该在把握现有系统的基础上，以概括的形式表达对现有系统的认识，导出新系统的高层逻辑模型。建立这一模型的工具主要有组织结构图、系统流程图、工作流程图、数据流图和数据字典。

① 组织结构图

组织结构图是对用户的组织结构以及组织内部各部分之间的关系的描述，这主要解决系统分析人员对用户总体情况的把握。

组织结构图所描述的组织机构及其机构之间的从属关系与实际系统的层次关系、从属关系是一致的,但以往的系统描述往往更重视组织内的领导关系,现在应该加强对其信息流、物质流、资金流等的描述。组织结构图如图 5.9 所示。

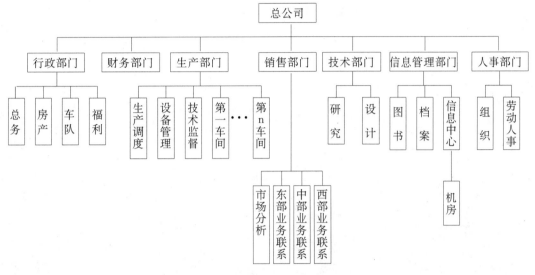

图5.9　某公司组织结构示意图

② 数据流图

数据流图(Data Flow Diagram;DFD)描述的是信息在系统中的流动以及对其进行的处理,以便于了解系统的输入、输出和在各种处理中对数据的利用。DFD 图只涉及系统必须完成的逻辑功能,不涉及功能的具体实现方法。

图 5.10 给出了 DFD 图的四种基本符号:

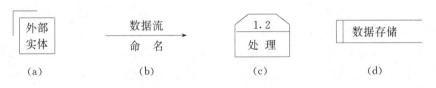

图5.10　数据流图基本符号

图 5.10 中:

a:外部实体,指数据的源点或终点;

b:数据流,箭头表示数据的流动方向;

c:处理,表示对数据所进行的加工,上部可以给出标识序号;

d:数据存储,即处于静态的数据。

在绘制 DFD 图时,设计者可以根据自己的要求、习惯等在图中加注一些说明,如在处理框的下部写上该处理的管理部门或执行该处理的程序名。

绘制一个复杂系统的 DFD 图时,采用分层的方法可以逐步深入,使问题从抽象到具体。一般是先将整个系统作为一个"处理",画出其环境图,然后对这一处理进行不断地分解,画出零级图、一级图等,直至再进一步分解涉及具体实现问题时为止。DFD 图的细化是下述需求分析阶段的主要任务。

图 5.11 为一个简化的个人活动预约系统 DFD 图的环境图和零级图。

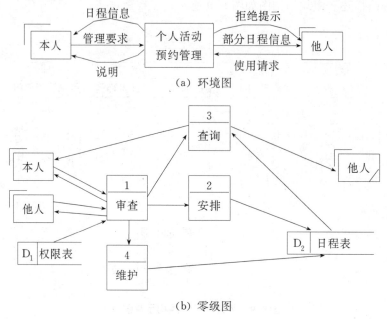

(a) 环境图

(b) 零级图

图 5.11 个人活动预约DFD图示意

办公活动可以理解为对信息的管理,因此,掌握系统中数据的流动可以帮助设计者最终把握系统。

③ 数据字典

DFD 图可以清晰直观地描述系统,但很难清楚地说明系统中的各个成分的含义。因此,需要一个配合 DFD 图使用,定义图中每个成分的工具,这就是数据字典(Data Dictionary)。换言之,数据流图中所有名字的定义构成数据字典。

数据字典中,包括数据流图中出现的每个数据流名、数据存储名和处理名。另外,在定义数据流时需要引用到它们的组成部分(数据流分量、数据元素),这些组成部分也可以构成数据字典中的一个条目。对数据元素等的一系列严密一致的定义,有助于改善分析人员与用户之间的沟通,也有助于开发组成员之间的一致。开发人员都依据数据字典描述数据、设计模块,则可以将设计中因为命名或划分的不一致而引发的问题降至最低。

数据字典中通常包含一般信息(名字、说明等),定义(类型、长度、取值范围、结构等)和使用说明(数据来源与去向、调用数据的程序、使用频率、存取要求等)。

使用符号可以简化数据字典中条目的描述,常用符号如表 5-4 所示。

表 5-4 数据字典中的常用符号

符 号	含 义	说 明
=	等价	前者被后者定义为
+	与	前后分量的连接
[ ]	或	从括号内的分量中选择一个
m{ }n	重复	花括号中的内容可以重复出现 m 到 n 次
( )	可选	圆括号中的分量可有可无

数据字典的实现方式有三种:手工操作编制卡片或表格、利用数据字典处理器自动生成以及手工与程序混合方式。

下面图 5.12 给出图 5.11 中数据存储和数据流的描述样例。

```
名字:日程信息                           名字:使用请求
别名:日程表条目                         别名:
描述:每条日程表信息的全部内容            描述:日程表的"他人"使用者请求系统确认使
定义:日程信息=活动日期+活动起始时间           用身份的信息
          +活动终止时间+活动类型        定义:使用请求=[个人密码│身份密码]
          +参与人员+活动地点
          +内容说明+本信息安排人
```

      (a) 数据存储   (b) 数据流

图 5.12　数据字典样例

数据流图和数据字典都是描述系统逻辑模型的有力工具,没有数据字典对各元素的精确定义,数据流图显得不够严谨;而数据字典不够直观形象,不易理解,没有数据流图,数据字典也难以发挥作用。

3. 需求分析

可行性分析是通过对用户需求的大致了解提出对系统是否可行的意见与建议,属于抽象层次上的经过大大压缩和简化的分析。需求分析则是要完整、准确、清晰、具体地提出系统的要求,主要是有关系统功能、性能及运行环境等方面的要求。

需求分析是在可行性分析的基础上进行的。其基本过程是:分析可行性研究中所得到的数据流图,从输出数据出发,回溯输出数据的来源,明了数据是从环境输入系统的,还是通过计算处理产生的,由此确定处理的算法。如果某个数据的来源或某个处理的算法不够清楚,则需要与用户进一步交互,从而对数据流图、数据字典进行补充、完善和细化,直至数据流图中的每个处理只完成一个动作或只有一个输入输出为止。

需求分析中可以采用的图形工具有几种,除了前述 DFF,DD 以外,下面再介绍一下美国IBM 公司的 IPO 图。

IPO(Input-Process-Output)图即输入/处理/输出图。其使用符号简单,易于理解,指明了某个具体模块的输入输出数据及主要算法,还有一些附加信息。当然,在需求分析阶段,有些项目还不具备,可以在系统设计阶段进一步补充。图 5.13 为一种可供参考的 IPO 图的形式。

4. 系统分析说明书

在系统调查与分析阶段应该生成的文档中,最主要的是系统分析说明书。说明书的内容包括:

(1) 系统需求说明

此部分应详细列举原系统的目标、组织机构、主要功能、业务流程以及存在的问题和用户提出的要求。

(2) 新系统目标

即对新系统的综合要求,包括系统的性能要求(如响应时间、存储容量、安全性等)、运行要求(运行的软硬件要求、外存、通信接口等)以及系统完成并运行后预期的效益等。另外,还应该明确列出系统进一步发展时可能要求扩展的功能,以便在设计新系统时为这类可能的扩展预留接口。

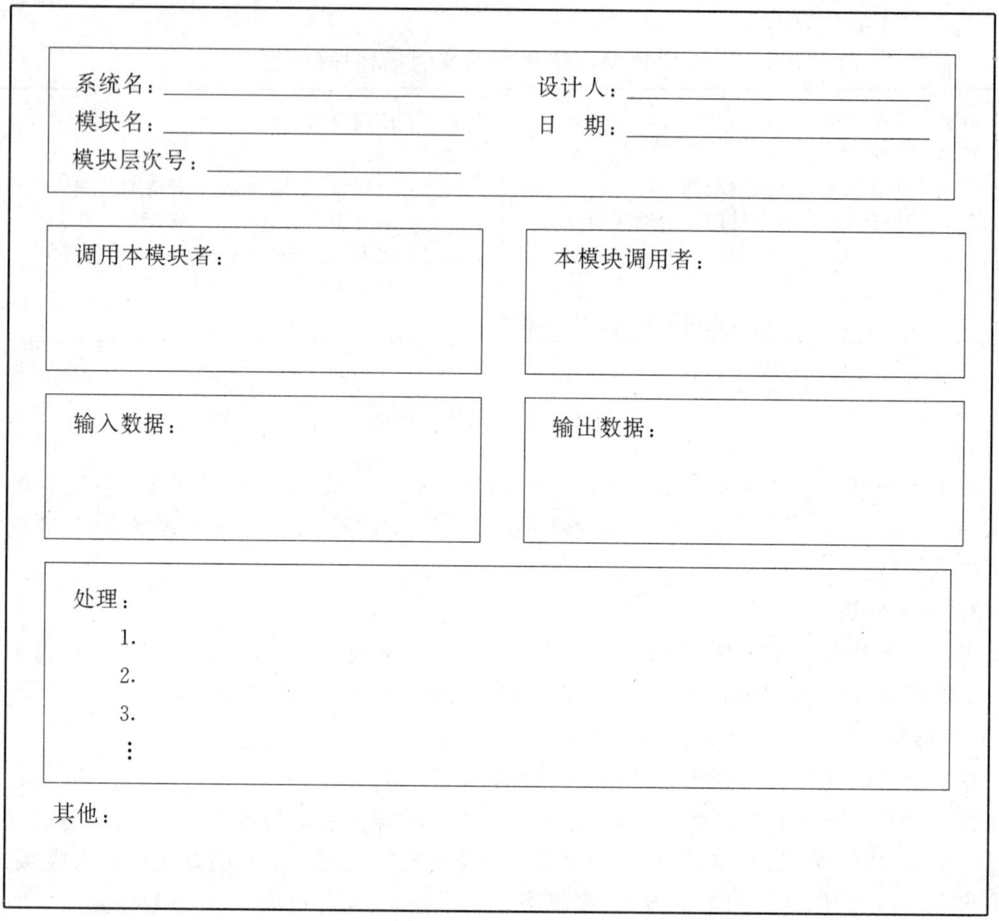

系统名：＿＿＿＿＿＿＿＿＿＿＿　　设计人：＿＿＿＿＿＿＿＿＿＿＿
模块名：＿＿＿＿＿＿＿＿＿＿＿　　日　期：＿＿＿＿＿＿＿＿＿＿＿
模块层次号：＿＿＿＿＿＿＿＿＿＿＿

调用本模块者：

本模块调用者：

输入数据：

输出数据：

处理：
1.
2.
3.
⋮

其他：

图 5.13　IPO 图样例

（3）新系统逻辑模型

这是说明书中的核心部分。主要内容包括：

① 新系统的业务流程：即通过理顺工作关系，对原系统中不合理或不完整的环节进行调整，划出暂时不适宜纳入新系统的环节，最后给出系统的业务流程。

② 基本功能：划分出系统必须完成的所有功能，包括一套分层的数据流图和与之配套的数据字典及算法描述。

③ 逻辑结构：即按照某种角度（如功能、管理等）划分的系统的子系统结构。

④ 系统 I/O 要求与数据存储要求：包括对系统数据库的概念结构、逻辑结构、查询要求以及容量估算等。

（4）软件实施总体方案

主要是系统设计中各项工作完成的先后顺序、时间进度、开发费用预算等。

应该说明的是，在系统分析阶段可以采用的方法和工具很多，而且，设计人员还可以根据具体系统，创造自己认为合适的表示方法，所有这些都应该整理保存，作为下一步开发的参考和依据。

5.2.4 OA 系统的设计与实施

OA 系统的设计与实施就是要在上述系统分析的基础上,将系统分析说明书中的各项内容具体化,根据实际条件和系统的逻辑模型确定系统的实施方案,并组织人力、物力具体操作,完成系统从逻辑模型到物理模型,再到实际软件的转换。

1. 概要设计

概要设计就是要确定系统如何完成预定的任务。当然,此时的定义仍然是比较抽象和概括的。概要设计的最主要工作是确定系统的物理配置,进行代码设计,对系统进行功能分解,确定软件的结构,完成数据存储的设计和输入输出设计。

(1) 系统配置

完成一个新的应用系统的设计,不仅要包括系统的功能与处理过程,还应该包括相应的物理环境。物理环境的设计是设计实际 OA 系统的重要组成部分。

① 配置的依据

一般说来,配置软硬件的基本依据是系统的需要与可能。具体地说,可以考虑如下因素:
- 系统规模与总体目标:如是大型、综合性宏观管理及决策支持系统还是小型或功能简单的事务处理系统、数据采集系统。
- 处理方式:如是采用集中式处理方式还是分布式处理。
- 资金数量与结构:如一次性可得到资金数、是否有追加资金及其追加周期和数量。
- 安全:如系统的安全等级、数据的保密要求。
- 业务内容:如工作性质(是否有图形输入输出要求等)、工作量、速度要求。
- 外部环境:如连通需要、气候条件。
- 计算机技术设备的发展。

② 硬件的选配

OA 系统的硬件有计算机类设备、网络类设备和各种现代办公设备。在选配时应该考虑:
- 计算机系统的级别:如是大型机、中小型机、还是微机、便携式机。
- 主机性能:如是采用一般结构,还是采用了 RISC 体系结构;字长、主频等。
- 处理速度:如主机的处理速度、网络传输速率、各种外设的处理速度(如存储读写速度、输出设备速度)。
- 主机存储容量:如内存、高速缓存、硬盘、磁带机、光盘库等的容量。
- 网络拓扑结构及其有关硬件的基本性能。
- 网络设备的分布与构成:如是采用无盘工作站,还是多功能工作站。
- 兼容性与配套:如能否与原有设备兼容、新系统内各类设备是否兼容、与相关系统是否兼容、升级是否方便、代价高低、有否配套部件或软件供应。
- 通用性:如是否属于标准系列、是否为主流产品。
- 安装是否方便及运行维护的代价:如电源要求、是否支持 Plug & Play。
- 是否属于"绿色电脑":包括节能、低电磁辐射、造型符合人体工程学、无环境污染等。
- 价格。
- 服务:严格地说,服务不是硬件本身的指标,但是供应商的服务质量、技术水平、态度和及时程度等是我们在选择设备时必须要考虑的因素。

③ 软件的选配

选择 OA 软件同样要受系统的需要与可能的约束。另外,还要考虑软件的可靠性(技术上是否成熟)、对硬件的要求(主机系列、内存容量等)、兼容性、界面以及对问题的支持程度等因素。具体而论:

• 操作系统:操作系统的选择与配备的主机相关。例如,你不可能在诸如 CDC 公司的 CD400 系列机上运行 DOS 系统。目前的主流产品是 UNIX 系统,其可靠性、安全性高,采用开放技术,可以应用于多种硬件平台,为用户提供分布式计算环境。另外,MS Windows NT 是一种可靠、高效、开放的操作系统,能够在多种 RISC 平台(Intel 80X86,MIPS R4X00,DEC Alpha AXP 等)上运行,采用 Windows 图形界面,能够满足商务计算和高性能个人计算的要求。

• 数据库管理系统:OA 系统设计离不开数据的组织,离不开数据库管理系统。选择适宜的数据库管理系统,需要考虑系统结构、查询语言、运行效率、运行环境等因素。

• 开发工具:包括程序生成程序、CASE 软件、系统分析工具、调试工具等。

• 程序设计语言:主要是高级语言,必要时,部分程序可以采用汇编语言。应该注意的是,软件开发应尽可能采用开发工具和高级语言,以提高软件的可维护性和开发效率。

• 应用软件:OA 中的很多具体功能可以利用现有的应用软件装配实现,如图形处理软件、语音处理软件、电子邮政软件、轻印刷系统、通信软件等。

• 汉字系统:我国 OA 系统设计中还有一个重要特点,即必须支持汉字信息处理。这包括采用的字符集标准、字库字形、处理速度、可挂接的汉字输入方法等。

(2) 代码设计

代码设计是一个看似简单却非常重要的问题,在复杂的应用系统中,特别是汉字系统中,使用代码不仅可以解决惟一化、规范化的问题,而且还具有类分对象、简化输入输出、方便自动化处理的优势。

目前常用的形式主要有:

• 顺序码:即以数字或字母顺序编码。其特点是简单、易处理、易追加、易校验,但可识别性差。

• 层次码:即在对象分类的基础上,按其树形结构的层次,逐层按某种规律编码。其特点是能够表示对象之间的关系、助记性好、易识别,但必须借助于严密的分类系统,扩展有一定的难度。

• 助记码:即利用对象的某种性质或表现形式,如对象名(类)的汉语拼音、英文缩写等进行编码。其特点是具有助记性、易理解,但系统性、规律性和扩展性差、不易校验。

代码设计的主要工作是建立对象分类体系,选择编码形式和代码校验方法。

(3) I/O 设计

应用系统是供广大用户为完成自己的本职工作或完成一项具体事务所使用的工具,因此必须重视系统的界面设计,以便使用户易于理解、便于使用,提高系统的可用性,也可以把因错误操作引起的破坏降到最低。

① 输入

输入设计所要考虑的因素主要有:

• 输入方式:即是键盘输入、外界(网络、外存等)转入还是采用其他设备,如扫描仪、语音识别装置等。

178

• 处理方式:即系统采用批处理还是实时处理。

　　• 安全要求:包括输入员对已经输入内容的修改权、误操作保护、输入操作记录、副本保存等。

　　• 输入界面:即尽可能采用用户所习惯或方便输入的界面,目前最常用的是图形界面和表格界面。另外,输入界面的设计还应该考虑界面元素布局、色彩等因素。

　　• 简化用户操作:可以采用代码输入、交互式操作等方法,以减少用户的击键次数,特别是减少汉字输入量。

　　② 输出

　　输出设计所要考虑的因素主要有:

　　• 输出形式:如报表、图形等。

　　• 输出介质:如是屏幕显示、打印输出、绘图仪输出还是网络传送,也包括向规定的存储介质(磁盘、磁带、光盘等)上输出文件。

　　(4) 结构设计

　　结构设计是概要设计阶段最重要的任务,主要是要确定组成程序的模块以及模块间的关系,最后将模块组织成良好的层次体系。模块化是结构化设计的核心内容。确定系统模块结构主要应该注意:

　　① 模块的内聚

　　内聚描述的是一个模块内部各元素间结合的紧密程度。

　　模块的种类有很多,如偶然性模块、逻辑性模块、瞬时性模块、通信性模块、顺序性模块和功能性模块等,结构化设计要求尽可能地由功能模块构造系统。功能性模块最大的特点是模块独立性强,采用功能模块设计的软件,每个模块完成一个相对独立的子功能,而且模块之间联系度低。另外,功能模块还具有易于组配新程序、易于测试与维护等特点。

　　应用系统的功能一般比较复杂。进行模块划分时,分析人员应该研究数据流图中的每个处理,对于较复杂的处理,应将其功能进一步分解,使之成为一系列简单功能(甚至是单一功能)。

　　② 模块的耦合

　　耦合描述的是系统中不同模块之间相互联系的程度。耦合度的高低决定了程序间相互影响程度的强弱,因而也就影响了程序的可修改性、可读性和通用性。一般应该尽可能采用数据耦合,即按功能和数据流程联系程序,少用或不用控制耦合等其他方式,以降低接口的复杂性。

　　③ 模块间调用关系

　　衡量模块间调用关系的指标是扇出与扇入。扇出是一个模块直接调用的下级模块数。经验表明,一个好系统的平均扇出约为3～7,扇出过大时可以适当增加中间层次,过小时可以对模块进行适当的分解或合并。扇入指直接调用一个模块的上级模块数。扇入越大则表明模块的通用性越好。

　　在保证模块独立性的基础上,对模块的划分应该适度,以使系统的软件层次数适中,每层调用的模块数适中。应用系统的结构最好是顶层扇出较高,中层扇出较少,底层力争由公共模块构成,即底层模块高扇入。

　　(5) 概要设计的图形工具

　　概要设计中可以使用的图形工具包括系统层次图、细化的IPO图和结构图等多种。下面,我们重点介绍结构图。

结构图(Structured Chart;SC)也是描述软件的层次特性的工具,即描述某个模块负责管理控制哪些模块以及上下级模块或同级模块之间的数据传递关系。主要成分有:

- 模块:用方框表示,方框内写有表明功能的模块名。
- 调用:用从调用模块指向被调用模块的箭头表示。
- 数据:用调用箭头旁边的小箭头表示调用时模块之间所传递的数据及其传递方向。

另外还有一些辅助性符号:

- 条件:用一个小菱形表示模块调用下级模块是有条件的。
- 循环:用一个环绕箭头表示循环调用一个或几个下级模块。

图 5.14 为模块结构图的画法示意。

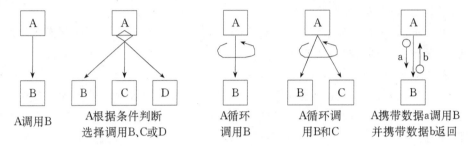

图5.14 模块结构图示意

以系统层次图为基础,利用 IPO 图或数据字典中的描述,可以得到模块调用时传递的数据(或其他信息),据此即可导出结构图。在一般情况下,习惯用系统层次图作为描述软件结构的文档,而用结构图作为检验设计的工具。

概要设计可以在系统开发的较早阶段,进行总体上的结构优化,以保证系统开发的质量。

2. 详细设计

前面我们一直在对系统进行总体的、抽象的、逻辑上的把握与描述,详细设计则开始进入程序、过程的具体实现,是对系统的细致描述。结构化程序设计方法是详细设计阶段的逻辑基础。

结构化程序设计是一种设计程序的技术,也可以说是一种程序设计的思想和风格。具体来说,结构化程序设计是采用自顶向下逐步求精的设计方法和单入口单出口的控制结构的程序设计技术。其基本规则是:

- 尽量只采用基本的控制结构:顺序结构、循环结构和选择结构(其结构如图 5.15 所示)。
- 自顶向下逐步求精,将模块的功能进一步分解,细化为一系列具体的处理步骤。
- 程序只有一个入口和一个出口,可以使程序易于阅读和理解,也方便测试和纠错。

详细设计阶段采用的工具主要有:程序流程图、盒图、问题分析图、判定表、判定树、过程设计语言等。其中,程序流程图历史最为悠久,人们也最为熟悉,但由于其自身的局限性,不宜在开发大型系统中使用,初学者可以用其练习编程。下面仅对其他几种工具做一简略说明。

(1) 盒图(The Nassi-Shneiderman Chart)

盒图是由 Nassi 和 Shneiderman 提出的一种详细设计阶段的图形工具,因此也被称为 N-S 图。N-S 图的基本符号如图 5.16 所示。

N-S 图将所有的程序结构都限制在盒内,完全没有箭头,因此不能随意转移。工具本身限

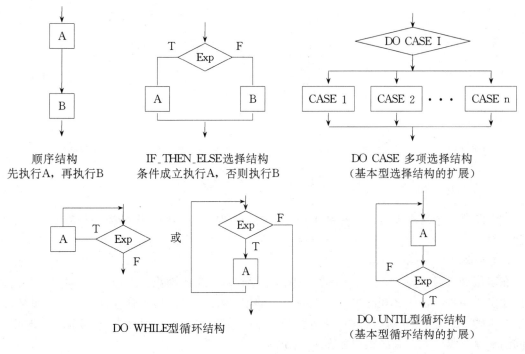

顺序结构
先执行A,再执行B

IF_THEN_ELSE选择结构
条件成立执行A,否则执行B

DO CASE 多项选择结构
(基本型选择结构的扩展)

DO WHILE型循环结构

DO_UNTIL型循环结构
(基本型循环结构的扩展)

图5.15 程序控制结构图

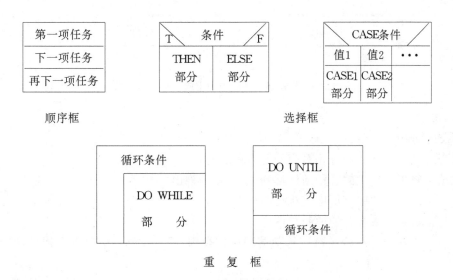

顺序框

选择框

重 复 框

图5.16 N-S图基本符号

制了设计人员必须遵循结构化设计的精神,有助于帮助设计人员培养起结构化地考虑问题、解决问题的作风。

(2) 问题分析图(Problem Analysis Diagram;PAD)

与 N-S 图类似,PAD 图也只允许描述结构化程序设计中的几种基本结构,其基本符号如图 5.17 所示。

应该注意的是,PAD 图是面向高级语言的,常用的高级语言一般都有一套相应的图形符

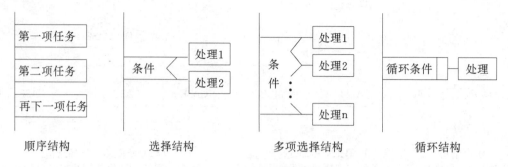

顺序结构　　　　选择结构　　　　多项选择结构　　　　循环结构

图 5.17　PAD图基本符号

号。由于图形符号与高级语言的控制语句之间的一一对应,由 PAD 图转换为相应的高级语言较为容易。

（3）判断表（Decision Table）

在多层嵌套时,采用 N-S 图、PAD 图等描述存在着一定的困难,而判断表则可以较为清晰地描述多重条件与动作之间的关系。在办公活动中,判断表可以用于管理日常的例行事务,以保证决策的一致性;在系统设计中,判断表可以作为系统分析人员、设计人员、编程人员与用户之间的交流工具。判断表的组成如图 5.18 所示。

图 5.18　判断表的组成

图 5.18 中:

条件表述:列出所有条件。

行动表述:列出与上述条件相对应的所有可能的行动。

条件组合:将可能发生的各种条件排列组合,逐项列出。

对应行动:本列条件组合所应该执行的行动。

注　　　:对判断表内容的说明与评论。

规则　　　:上述条件组合与对应行动共同构成规则,即对在哪种情况下采用哪种行动的描述。

图 5.19 给出一个个人活动预约的例子。具体表述为:在对日程表的查寻显示时,因查寻者的不同,显示内容也将不同。日程表的主人(称"本人")可以看任何内容;本人的领导者可以看本人工作时间的时间安排和活动内容;而其他人,如果是因公联系业务可以看本人的工作时间安排,如果是私人关系,则可以看非工作时间的时间安排。

判断表可以简洁清晰地描述处理规则,适合于对复杂的条件组合及与之对应的行动进行表述。但对于初次接触的人来说理解起来比较困难。

（4）判断树（Decision Tree）

判断树是判断表的变形。判断树具有形式简单、直观、易于理解的优点,是一种很常用的工具,但它画起来较为麻烦,一个判断条件可能要重复多次,而且分枝顺序不是惟一的,若在大型系统中使用需要慎重确定分枝顺序。

图 5.20 是图 5.19 的判断树形式。

	规 则			
	1	2	3	4
本　　　人	T	F	F	F
领　　　导	F	T	F	F
其　他　人	F	F	T	T
公　　　事		T	T	F
工作时间	×	×	×	
工作活动	×	×		
私人时间	×			×
私人活动	×			

图 5. 19　判断表实例

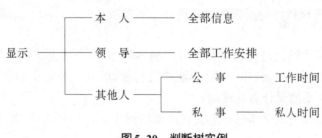

图 5. 20　判断树实例

（5）过程设计语言（Program Design Language；PDL）

PDL 也称伪码,是一类介于（英语）自然语言和程序设计语言之间的结构化语言,目前存在着多种 PDL 语言。

PDL 体现了结构化程序设计的思想,由顺序、循环和选择三种基本结构构成,用有限的几个有固定语法的关键词（如 IF，THEN，ELSE，ENDIF，SO，AND，OR 等）描述对模块的处理过程,用自然语言描述处理的特点,还具有数据结构的说明。

PDL 结构化强,与高级语言的对应性好,而且目前已经有了由 PDL 生成程序代码的自动处理工具,但 PDL 不如图形工具直观。

3. 系统实现

完成了所有的设计任务后,下一步工作就是将设计结果转化为计算机可以执行的程序,测试其性能指标、正确性和可靠性,完成由旧系统向新系统切换的准备并最终完成系统切换。

（1）程序开发方法

目前存在着两类程序开发方法,自顶向下程序开发方法和自底向上程序开发方法。

自顶向下开发方法是首先实现软件结构的最顶层模块,其需要调用的子模块只由其模块名、所传递的数据所构成,必要时可以加一些简单的语句（如屏幕提示）。顶层模块完成（功能正确、接口正确、语句正确）后,再开发其调用的下层模块,以此类推,自顶向下逐层开发,直至最底层模块完成为止。这种开发方法与结构化设计的思想一致,可靠性高,程序的可读性好。

自底向上开发方法与此相反,首先实现最底层模块,逐层向上,最后实现最顶层模块。这种方法可以及时发现模块中算法的可行性与正确性,以免出现大规模的返工。但这种方法得到的程序往往整体性差,测试特别是系统联调困难。

在开发大型系统中,推荐采用自顶向下开发方法。

另外,在程序开发中,应该尽可能选用自动化的程序开发工具,以降低程序开发成本,提高程序质量。

（2）编码

编码就是用选定的程序语言编程以及完成程序的测试,包括编制各种应有的文档。

（3）系统切换准备

完成编码后,在正式进行系统切换之前应该做好一系列的准备工作:

① 测试

即使是具有丰富经验的系统设计人员,严格按照软件工程的方法设计的应用系统,虽然在软件设计阶段已经进行了详细的定义、设计和估算,但终究是理论上、概念上的,是否真正达到了规定的要求,要通过系统的测试来最后验证。测试是保证软件的正确性和可靠性的重要手段。测试的目的是发现软件的错误并对其进行诊断和改正。这里,我们把系统的测试分为三类进行讨论:

• 模块调试:模块调试是由程序员用用户提供的、具有典型意义的实际数据,对程序的正确性、可行性、运行时间、存储空间、I/O 界面等进行测试。在系统的生命周期划分中,模块调试属于编码阶段,是由系统设计者完成的。

• 联合调试:联合调试是指将一组关联度大的程序进行共同调试,联合调试的主要内容是对接口的调试。

• 系统测试:系统测试是将系统放在系统的应用环境（硬件设备、软件平台等）中进行测试,其工作与联合调试类似,但范围更大,主要目的是进一步验证软件在应用系统实际环境中的正确性、可靠性和适应性。系统测试属于系统的生命周期的测试阶段,应该由系统设计者和用户之外的第三方主持组织测试小组,制定具体的测试方案,进行严密的测试并详细记录测试过程和结果。

系统测试实际上可以看作各种调试工作的综合,是一个从最基础的模块、子系统（多模块联合）到整个系统的不断地检测与组装的过程。

测试方案的设计是测试中的一个关键性问题。测试方案中一般包括应该测试哪些功能、测试数据的选择及预期的结果。其中,测试数据的选择是关键中的关键。选择的测试数据既要包含一般情况下的常规数据,更要考虑边界数据,甚至是错误数据。

测试是系统开发中的一项重要任务,其重要性不言自明。有统计说,测试的工作量在整个软件开发中所占的比例达 40%以上。

② 数据变换

在新旧系统切换中,必须注意将旧系统中的数据形式、格式进行转换,以使新系统可以接受。特别是在由手工系统向自动化系统切换时,大量的数据组织与输入是一项重要而费时的工作,必须做好此项工作的组织与管理。

③ 用户教育

无论新系统设计得如何完美,如果没有用户的正确理解和操作,就不可能保证其正常有效地运行,这是应用系统设计与应用中必须重视的问题。当用户需要改变他所熟悉的工作环境、操作方法时,特别是需要从手工操作转向计算机系统时,可能会引发一些问题。这些问题既有技术上的,又有思想上的,应该在系统正式运行之前,对将使用新系统的各类人员进行引导、教育和操作方法的培训。

用户教育工作可以与系统开发同步进行。早期进行计算机文化的普及教育和基本操作培训,后期则可以结合新系统进行系统使用的培训。在 OA 系统的开发中,特别应该注意采用某种适宜的方法,使决策者理解、接受系统,这是保证系统开发与进一步发展的基础之一。

④ 安装

安装工作包括机房的准备,硬件的安装与调试,以及将新系统引入到其最终工作环境——用户设备上去。应该注意的是,无论前期的测试工作如何完善,只要不是在用户设备上进行的,在安装时就必须进行总调试,以保证系统的正常进行。

(4) 系统切换

系统切换的方式大致有三种:

① 直接切换

直接切换是指在新系统开始运行时停止旧系统的运行,两者的运行时间没有交叉。这种切换方法简单、成本低,可是一旦新系统存在某些问题,则可能造成损失。直接切换比较适合于简单系统或小型系统,而且一定要经过全面的测试。

② 平行切换

平行切换是指在新系统运行的同时不停止旧系统的运行,两者在时间上有一段交叉。平行切换方法安全性好,但成本较高。平行切换比较适合于那些对工作(包括数据)的安全性要求高的系统,也能够解决一些用户的心理障碍问题。

③ 阶段式切换

阶段式切换是指用新系统分阶段、分部分地取代旧系统。具体来说,是先将新系统划分为若干部分,逐部分地与旧系统的相应部分进行直接切换,而从整个系统来说,新旧系统在运行时间上有一段交叉。在大型复杂系统的切换中,阶段式切换可以减少新系统应用之初的风险、降低成本,但系统的划分与接口问题应慎重处理。

应该指出的是,系统实现集技术、教育、组织与管理于一身,需要做很多耐心细致的工作,尤其是人的工作,切忌草率行事。

5.2.5 OA 系统的运行与维护

完成了系统实现部分的任务后,即可进行系统设计者和用户之间的交接,系统投入运行。在系统运行的同时,应该进行系统的评价和维护。

系统评价是系统运行期的任务之一。评价的目的是对系统运行中的可靠性、效率、数据与设备的利用情况等进行检查,了解系统的当前性能,并为系统进一步的发展提供依据。系统评价应该定期进行,如每年进行一次。

系统维护的目的是对运行着的系统进行不断的改良,以争取系统能够在比较长的时间里正常运行,满足用户的需求。

系统维护的内容包括硬件维护、软件维护和数据维护。硬件维护一般由专职人员担任,在社会化程度高、服务质量好的情况下,最好交由专门机构或厂商承担。

软件及其所处理的数据的维护是一个比较复杂的问题,甚至可以看作是一个简化了的软件开发周期,因而也应该采用结构化方法,对维护问题进行定义和分析、设计,以保证系统结构不至破坏,方便以后的维护和修改。软件维护有四种类型:

(1)改错性维护

测试只能找到程序中的错误并加以改正,不能保证程序中不再有错。改错性维护就是改正系统在运行中发现的程序错误。这类错误多数是由测试数据不充分或不全面、输入的有效性、安全性控制缺陷等因素造成的。

(2)适应性维护

由于计算机软硬件技术发展很快,而我们希望现有的应用系统尽可能运行的时间长一些,因而需要对系统进行适应性维护,以使软件能够适应并配合不断变化的环境。

(3)完善性维护

随着用户对新系统的了解与熟悉,他们可能希望对系统增加新的功能,或对现有功能提出修改意见,据此进行的软件维护即完善性维护。

(4)预防性维护

为了提高软件的可维护性而进行的修改维护称为预防性维护。预防性维护可以为以后的维护工作打下一个更好的基础。

目前所进行的软件维护工作主要是前三类。

在进行软件维护时,必须对维护过程和内容做详细的记录,维护文档应该加入系统设计文档共同保存。

作为一个应用系统,系统运行中会有大量的系统维护工作要做。图 5.21 显示了软件生命周期内各阶段工作量的大致比例。

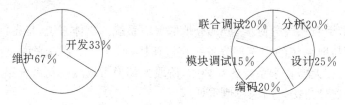

图 5.21　软件开发工作量示意图

随着软件修改的次数增多,随着问题累积到一定程度,系统性能逐渐变坏,此时就要考虑是否应该开始新的周期,进行新一轮系统开发。

OA 系统是一种复杂系统。开发 OA 系统必须要综合考虑各类因素,无法完全照抄现有的其他系统,加之目前各具体单位的办公制度与办公过程远未规范化、标准化,定义系统、确定功能甚至是界面描述都存在着一定的困难。因此,在 OA 系统的开发过程中,需要加强各阶段中与用户的交流,不断修改完善系统设计方案,以适应 OA 系统环境的需要,也需要尽可能地研制、采用自动化的软件开发工具,以缩短开发周期。同时,应该加快办公例程、信息格式等的标准化进程,为 OA 系统开发提供良好的基础。

5.3　OA 设计中应考虑的问题

设计一个实际的 OA 系统,需要综合考虑多种因素,有资料列举了 11 个方面的问题,可以供设计时参考。

1. 技术方面

设备应满足哪些指标？

技术条件、社会环境和人员素质,哪一方面最重要？

工作量如何？

何时工作量最大？

什么设备可以满足实际工作的需要？

准备考虑哪些设备？

设备的可靠性如何？

服务系统的布局如何？

是否需要零部件供应？

现有技术条件能够支持新系统吗？

系统可否升级以满足将来的工作需要？

怎样与本部门其他系统配合？

价格中包含哪些项目？

收益与花费比如何？

是否要等到该设备批量生产,价格降低之后再买？

设备是购买、租赁还是借用？

系统是否能适应将来的变化？

设备寿命多长？

2. 组织方面

新技术将怎样改变本部门的业务性质？

怎样使用得到的信息？

组织结构将对信息流产生怎样的影响？

影响任务数目的主要因素是什么？

组织结构将受到怎样的影响？

办公室的布局需要如何变化？

本部门的领导层次是否需要改变？

基层部门的结构是否需要变动？

是否能争得全部主要经理们的同意？

是否能得到全体工作人员的支持？

本部门对变革是否有所准备？

本部门内部的风气能接受改革吗？

由谁组织试验变革？

本部门能否提供必需的条件并适应变革的结果？

3. 通信方面

现有的通信方式和会议手段是什么？

这些信道的效率如何？

能够以足够的提前量发现问题吗？

人们有机会表明自己的观点吗？

人们知道上级希望自己做些什么吗？

人们是否知道自己干得怎么样？

人们有机会与同事交谈吗？

下属与经理交谈吗？经理肯听吗？

召开例行的通信会议吗？

人们是否知道现在正在进行什么工作？

4. 任务方面

哪些任务将受到影响,怎样影响？

哪些任务可以取消？

需要什么新的任务？

哪些功能应该合并？

若不打算放走技术熟练的人员,该怎么做？

新的任务或原有的任务可否压缩或扩充？

是否存在枯燥无味的工作？

这些工作能否形成一种压力？

有哪些阻力？怎样克服这些阻力？

5. 任务设计方面

是否可以设计一些能把多个任务结合在一起的新任务,以满足全部工作的需要?这样设计的任务会不会过于繁重或过多重复？

任务执行阶段是否提供反馈信息？

任务中是否有足够的可变因素？

任务中有哪些棘手的地方？

执行任务时还能响应自己的任务吗？

是否有利于发挥任务执行者的技艺？

决策过程中,任务是否为执行者提供适当的自主权？

是否认真确定了任务的目标？

执行者是否有权中断任务的执行？

任务能否以可见的形式提供操作结果？

各个任务之间有无明显的关系,执行者能否看到这种关系？

任务提供与同事交流的机会吗？

6. 专业小组方面

对专业小组的工作范围有明确规定吗？

要求专业小组具有帮助建立工作目标的能力吗？

性能评价是否也要涉及专业小组的工作？

专业小组处理其他问题的能力如何？

在例行或非例行的决策中,专业小组的影响如何？

7. 人员的组织与培训

变革将对人员的招收、选拔和退休方式有何影响？

未来需要什么样的人材？

哪些人需要重新安排？

需要哪些特殊技艺？

为满足技艺方面的要求,需要进行哪些训练？

怎样才能最好地使用本部门中现有的人力,是重新训练还是重新布置？

哪些人需要训练？可以进行哪些训练,由谁进行？

怎样增强人们的责任心？

对于新的管理方式需要进行训练吗？

年限重要吗？

要求区别男女吗？

是否需要特殊训练？

经过训练或重新布置,是否还有一些人因体力或性格等原因,不能适应新系统？对他们应
做些什么？

是否有明确的职务结构和晋升途径？

对专业进步或职务晋升有影响的因素是否已经确定？

8. 协作方面

现在本部门提倡的协作方式是什么？

这些方式需要改进吗？

影响协作方式的问题中是否也包括一部分人的问题？

要不要向他们请教引入新技术的问题？

他们能明确表明自己的观点吗？

这些问题是否由来已久,有无规律？

他们常议论哪些问题？

可以根据建议改进系统吗？

9. 人类工程学与安全方面

新设备安全吗？

能达到一定的舒适程度吗？

操作省力吗？

照明充足吗？

还需要什么照明设备？

是否存在屏幕反光和强光刺眼问题？

是否有足够的空间使操作和维修都舒适、安全？

座位安排令人满意吗？

通风和取暖条件还好吗？

噪音能忍受吗？

是否有火险？

是否需要电保安装置,如隔离开关？

存在静电问题吗,怎样解决？

屏幕是否易读,是否存在闪烁,亮度是否合适？

键盘是否与主机分开,声音是否符合人类工程学要求?

系统响应时间是否在允许范围之内?

设备是否可调?

是否有保密措施?

基本工作条件是否已经具备,还有哪些有待改进?

10. 使用与报酬方面

人们都认为工资体制还算可以吗?

工作人员的基本状况是否令人满意?

变革是否合时宜?

提出的变革将对工资、定级和晋级有何影响?

11. 性能评价方面

系统是否达到了预定指标?

是否行之有效?

经济效益如何?

能否满足本部门将来的需要?

是否需要升级或改进?

系统是否已改善了人们的工作?

日常工作的质量是否已经提高了?

关于人的因素方面还有哪些需要进一步改进?

从变革中汲取了什么教训?

怎样使这些教训有利于将来更有效地工作?

第六章　OA系统发展中的有关问题

6.1　OA系统的安全问题

OA系统的应用对象是政府行政部门及政治、军事、经济、商贸等管理部门,OA系统及其数据往往涉及许多重大机密,因此,在OA系统的设计与应用中,安全保密问题是必须引起重视的重大问题。

6.1.1　计算机系统安全简述

1. 问题的提出

今天的社会正在走向信息社会。在信息社会中,社会最重要的战略资源已经从资本转为信息。信息是社会知识、资源、财富中最重要的因素。大多数人员所从事的工作实际上是在创造、处理和分配信息而不再是生产产品。现代社会是建立在信息的基础之上的,与农业社会、工业社会不同的是,信息社会第一次将经济发展建立在一种可再生、可自生的资源的基础之上。为了谋求在现代社会中生存与发展,人们渴求信息,渴求知识;而另一方面,在信息被大量而快速地生产和传播的今天,人们面对的是已经泛滥成灾的信息的包围,如果没有控制、组织与处理信息的有效手段,无处不在的信息将不再是资源而是污染。

伴随着计算机技术的发展,人们的信息生产、信息存储、信息处理、信息查询与信息交流等各项活动的速度和效果都有了质的变化。计算机的高速处理、海量存储能力以及借助于磁盘与网络的迅速传播能力,为信息的产生提供了多样化的途径,为信息的保存提供了场所,为信息的加工、组织与控制提供了工具,为信息的查询与交流提供了方便。总而言之,计算机的应用给我们所活动、所涉及的各个领域,给我们的工作方式、生活方式乃至思维方式,都带来了广泛深刻的影响。

信息社会以计算机作为其主要技术手段,人们对计算机的依赖性越来越强,说当今社会是一个计算机社会是毫不夸张的。特别是,人们往往把所有的资料都放在计算机上:档案、病历、统计数据、工作计划、实验结果、工艺配方等等。可以说,计算机系统的存储器中蕴藏着一个巨大的信息资源宝库,合法用户可以从中获得有力的支持,特别是随着计算机网络系统的应用与普及,信息传播、信息查询更加方便、快捷,真正做到了"秀才不出门,全知天下事"。正因为如此,这个巨大的资源宝库也引起了心怀叵测之徒的窥视。对计算机系统资源的攻击、破坏和窃取等操作,可以使那些非法用户获得极大的利益,也会使合法用户遭受极大的损失。这里所说的利益与损失,不仅仅是指经济利益,更包括有政治利益和心理满足等。例如,1992年,哥伦比亚参议院组织了一个调查委员会,对毒枭埃斯科瓦尔脱逃事件进行了两个月的调查,得出的结论是:有若干高级军官、部长和前部长对此事件负有责任。但是,就在7月13日,在即将对该调查报告进行审查的前几个小时,该报告被一种计算机病毒销毁,其损失不难想象。

计算机系统及网络系统的高速处理、迅速传播能力,也已经成为影响计算机安全问题的一大因素,是计算机罪犯用以犯罪和逃脱惩治的工具,是计算机病毒生存与传染的基础。在手工操作阶段,犯罪分子必须身临现场,而网络时代的计算机罪犯则可以跨越时空障碍,对遥远的大洋彼岸的计算机系统实施犯罪。在单机应用阶段,计算机病毒的传播借助于软盘复制,如巴基斯坦智囊病毒,传遍美国用了两个月的时间;美国于1988年底计算机病毒开始大规模流传,我国则于1989年中才报告了第一例病毒的发生。随着计算机网络系统的普及,借助于网络,计算机病毒的传播速度也同步增长,小莫尔斯的蠕虫病毒于11月2日晚5点在康奈尔大学发现,当晚9点就接到了斯坦福大学和兰德公司的计算机被该病毒攻击的报告。同时,计算机病毒也随网络加快了传入我国的速度,1994年美国生产的一种名为"自由恋爱"的幽灵病毒,仅3个月后就在我国出现了。

利用技术手段对计算机信息系统进行影响、攻击和破坏,正是在信息社会和计算机普遍应用与发展的背景之下所出现的一种社会怪胎。随着计算机应用的日益普及,计算机信息系统的安全性问题必须引起人们的普遍重视。

2. OA 系统的不安全因素

计算机信息系统安全的含义是指计算机系统的硬件、软件和数据受到保护,不因自然的和人为的原因而遭到破坏、更改和显露,计算机系统能连续正常运行。即包括硬件安全、软件安全、数据安全和运行安全。

影响 OA 系统安全性的因素是多方面的,归纳起来,可以有如下三大类:

(1) 自然因素

自然因素是指各种由自然界、环境等的影响造成的对 OA 系统的不利因素,如水灾、火灾、雷电、地震以及环境空间中存在着的电磁波等。这一类因素的危害主要是针对系统设备、存储介质、通信线路等的。例如1994年10月,日本北海道发生地震,造成光缆损坏,致使部分银行、邮局等计算机无法使用,通信暂时中断。

(2) 技术因素

技术因素主要涉及三个方面:

① 物理方面

主要是指计算机系统及各种附加设备的质量、性能和对它们的管理与维护。包括主计算机系统的可靠与稳定、存储介质的保管、网络结构的合理与适用、电源电压意外变化或中断故障处理以及是否有电磁泄露抑制措施等。

② 软件方面

主要是指软件(包括系统软件、支撑软件和应用软件)是否有重大缺陷,软件在发生故障或者遭受破坏后是否具有自恢复能力等。

③ 数据方面

主要是指系统的数据保护能力,如能否限制、制止数据的恶意或无意的修改、窃取和非法使用,有否数据的安全性、正确性、有效性、相容性检查与控制等。

(3) 人为因素

人为因素是指系统运行中由人的行为造成的不利因素,主要有两类。一类是系统的合法使用者非故意造成的损失,如操作失误、管理不善、录入错误、无知或应急措施不足等。另一类是故意制造的损失,即各种类型的计算机犯罪、计算机病毒制造和信息窃取、篡改等。应该指出的是,在 OA 系统的安全控制中,故意或者说是恶意的人为破坏可能会极大地危害办公系统,甚至是危害国家利益,必须予以注意。但是,非故意因素对 OA 系统的危害是每时每刻都可能发生的,其造成的损失同样是不可估量的。

上述各种因素,都有可能给 OA 系统带来难以弥补的损失,因此需要在 OA 系统的设计、使用中下大力气进行控制。

据 1996 年美国 Earnst & Young 公司公布的一项对千余名人员的调查表明,半数以上者因信息系统安全问题而遭受损失。其具体情况见表 6-1。

表 6-1　各种不安全因素的影响

不安全因素	占被调查人员比例	说　　　　明
粗心大意	65%	如系统备份故障、误删除
计算机病毒	63%	如从 Internet 上下载了有病毒的程序、使用外来磁盘
系统失效	51%	如网络意外关闭
内部人员故意破坏	32%	
外部人员故意破坏	18%	
自然灾害	25%	
工业间谍	6%	
不明	15%	即用户不知道受损失的原因

6.1.2　计算机犯罪

1. 什么是计算机犯罪

关于什么是计算机犯罪(Computer Crime),世界各国并没有统一的认定。这里,将目前国外流行的说法列举如下:

- 利用计算机或者计算机知识来达到犯罪的目的。
- 利用计算机或者针对计算机的、故意毁坏或非法占有他人、集体或国家的合法财产的所有权,并且造成严重后果的行为。
- 在自动化数据处理过程中,非法的、违反职业道德的或者是未经批准的行为。
- 利用计算机技术危害社会的,依危害程度定罪。
- 滥用计算机,有获得利益的意图或者已经获得了利益。
- 任何与计算机技术相关的事件,在该事件中受害者遭受或可能已遭受了损失,而犯罪者都有意获得或可能已获得利益。

我国有关部门对计算机犯罪所下的定义是:以计算机为工具或以计算机资产为对象所实行的犯罪行为。

目前,世界各国计算机犯罪活动的日趋增加和严重。作为计算机和 Internet 的主要发源地,美国一直面临着目前,世界各国计算机犯罪活动的日趋增加和严重。作为计算机和 Internet 的主要发源地,美国一直面临着每年以万次为单位的系统攻击。近年来,世界各国,包括中国大陆,计算机犯罪案件都迅速增长,已经构成了一个严重的社会问题。计算机犯罪将是信息社会中的一种主要的或者说是重要的犯罪形式。

2. 计算机犯罪的类型

计算机犯罪行为所攻击的主要对象是金融系统、商贸系统和国家安全系统。其主要类型有:

(1) 伪造、窃取资金

从某种意义上来说,利用计算机"生成"或者窃取资金可能是更加容易的事情。

美国 1973 年所揭露的股票投资公司诈骗案，即使是以今天的眼光来看，也当属于最大的商业诈骗案之一。

该股票投资公司的总部设在洛杉矶，主要经营互助基金和保险单，其股票是上市的。这一诈骗案件的基本计划是，用计算机生产一些根本不存在的人的保险单，然后将这些保险单卖给其他保险公司（即再保险）。这样，一方面，该公司的赢利看起来很高，股票升值。公司的高级管理人员当然持有大量的股票，他们就借股票上涨抛出以获得利益；另一方面，投资公司的高级管理人员向再保险公司支付保险费，然后经常地产生一些文件，如伪造的医疗报告，以证明某个虚构的投保人死亡。这时，某个高级管理人员就出面宣布自己是保险金的受益人，以获取高额保险金。值得注意的是，该诈骗案由公司的高级管理人员进行策划并且亲自执行——输入数据、制作单据、产生文件，管理信息系统的管理员毫不知情。该计划安全地实行了好几年，共生成了 9 万 7 千张保险单（其中 2/3 是虚构的），借此，公司的高级管理人员们为自己"制造"了 20 亿美元。直至 1973 年 3 月，公司的一名前雇员使之暴光，世人为之大惊。该事件的结局是，联邦政府对罪犯进行了起诉，有 22 人被认定有罪，判刑最重者为 8 年监禁。

我国破获的第一起计算机犯罪案件是 1994 年发生在深圳市某证券营业部的。

1994 年 4 月 29 日，A 证券营业部发现，某空户的保证金账户上突然冒出了 110 万元保证金，并用其做了一笔亏本生意，致使该账户当日损失了 11 万多元。与此类似的情况于 5 月 24 日再次发生。这两次委托造成了股票价格的剧烈波动。5 月 25 日午，A 部资料库被非法访问，因事先已经进行了防范，非法修改没有实现。深圳市公安局接到报案后，查阅了大量的计算机记录，进行了充分的调查取证，终于于 6 月 17 日发现了该案件的重大嫌疑人，深圳 B 证券部的计算机部某副经理。据该犯罪嫌疑人供认，他最初是出于好奇而登录到 A 部的网络服务器上，进而复制其程序和密码库并进行了解密。经过一番准备后，他开始实施犯罪计划，同时操纵自己的账户吞吐股票。这两次实施犯罪共虚增资金 220 万元，调用人民币 94 万元，给 A 部造成直接经济损失 14.6 万元，为自己的账户赢利 1.5 万元。特别是，这两次非法操作制造了虚假的个股行情，扰乱了股市秩序。

（2）窃取数据和计算机服务

机密信息窃取是敌手作战时的惯用手段。在手工操作的时代，一个机构的重要文件和数据被锁在抽屉里或保险柜里。被窃的危险是存在的，但这种危险至少是可以看到的。而在用计算机进行数据的处理、存储和传递时，往往数据被窃也难以发现。例如，对手可能仅仅在计算机通信线路上搭上一个窃听设备，就可以截获自己感兴趣的信息，如某医药公司发往各子公司的秘密药物配方、某机构的机密顾客名单等。

纽约 A 公司一位副总经理利用自己的终端闯进了竞争对手 B 公司在洛杉矶的计算机系统，检索并且操纵了该系统上的数据，获得了 B 公司的客户名单，并且从中删除了 158 个存取代码，使得计算机系统拒绝为这 158 个代码所代表的客户服务。而 B 公司的客户中，包括美国的很多政府机构：国务院、财政部、总服务管理局、田纳西流域委员会等。A 公司的这位高级职员在 7 个月中进行了多达 196 次的非法访问。事件揭露后，这位先生被判 5 年监禁和 19600 美元的罚款（每 10 次窃听罚款 1000 美元）。

（3）非法操作以谋利或进行破坏

除了赢利的之外，还有一些非法操作是出于金钱以外的目的，这主要是出于政治、军事、科技等方面的考虑，或者是出于报复，或者是心理阴暗，甚至仅仅是"惟恐天下不乱"，缺乏社会责任感。

3. 计算机犯罪的特点

目前,世界各国计算机犯罪活动日趋增加。某国当局对金融方面的犯罪行为所造成的损失进行了统计,每起银行抢劫案平均损失 6000 元,内部贪污案平均损失 60000 元,而利用计算机实施的诈骗案平均损失 100 万元。另有一项研究表明,每起计算机犯罪案件的平均损失额超过 60 万美元。据有关方面统计,美国每年由于计算机犯罪而遭受的损失超过百亿美元。近年来,在日本、香港等地,包括中国大陆,计算机犯罪案件都迅速增长,已经构成了一个严重的社会问题。计算机犯罪将是信息社会中的一种主要的或者说是重要的犯罪形式。

计算机犯罪活动日益猖獗,其原因是多方面的。这里,我们仅从计算机犯罪活动的特点出发寻找一下具体原因。

(1) 作案人员的特殊性

实施计算机犯罪的案犯与其他犯罪分子的一个最大不同是,他们都属于计算机方面的专业人才。计算机犯罪是一种高技术犯罪,不具备相当的计算机方面的专业知识和操作能力是根本不可能实施犯罪的,不仅文盲、计算机盲不行,仅仅达到计算机应用水平同样不行。另外,实施计算机犯罪者多数是机构内部成员,他们了解机构业务的方式与特点,了解系统数据的特殊含义,甚至对系统极为了解。这两点是罪犯实施犯罪的基础。相应地,这一类罪犯年龄段偏低,学历偏高,主要是 30 岁左右的年轻人,一般具有学士甚至是硕士以上学位。

(2) 作案方式的隐蔽性

由于作案人员往往是内部专业人员,加上计算机系统的特殊性,在其实施犯罪时,周围人员很难判断他是在操作计算机执行正常工作呢,还是在实施犯罪。而且,对于软件或数据的修改也可以通过各种技术手段使其不易被察觉。特别是当系统资源庞大时,只要不是干扰系统运行类的犯罪行为,一般很难被发现。

(3) 作案手段的复杂性

计算机犯罪所采用的技术手段是多样而复杂的。如伪造证卡、篡改或输入虚假数据、逻辑炸弹、特洛伊木马、信息综合推理、流量分析等。这些复杂的、高技术的作案手段往往使罪犯易于隐蔽自己,同时也为侦破工作带来了相当的难度。

(4) 作案现场的远程性

这是计算机犯罪中最主要的特点之一。其他罪犯都要到达现场,而计算机犯罪则可以远在千里以外,借助于计算机网络实施犯罪,甚至可以到大洋彼岸的"昨天"去犯罪。计算机犯罪的嫌疑人,一般都可以拿出"不在现场"的证明。这种作案现场与受害现场的不一致性,大大增加了犯罪事实认定的难度。

(5) 侦察取证的困难性

侦察取证的困难性主要体现在作案现场与犯罪事实的认定上。计算机犯罪不像一般案件那样,可以借助于指纹、鞋印、现场遗留物哪怕是某种气味等等进行侦破。计算机犯罪者在受害现场不会留下指纹类可助破案的任何证据,对计算机的操作往往也不会留下任何"物证",有些罪犯甚至会销毁实施犯罪时所使用的工具,如对磁盘进行格式化,因而取证极为困难。

由于计算机犯罪属于高技术犯罪,侦察取证工作也必须采用高技术手段。其侦破人员同样必须是计算机及有关业务方面的专家,了解这一类犯罪行为的特点,研究相关的计算机软件和数据,这是破获此类案件的关键所在。

由于上述原因的存在,还引发了计算机犯罪的其他一些特点,如,作案速度快,即使是破坏对方 G 量级的数据,也可以在瞬时间完成;案均损失大,案犯修改、伪造数据比直接盗取现金更加容易,更加不易被察觉,破坏系统及其数据更加方便,特别是当涉及国家的、机构的重要机密信息被破坏或影响,其损失难以计量。

由于计算机犯罪不容易被发现、被侦破,而计算机犯罪的获益极大,这就对一班利欲熏心者、心怀叵测者、见利忘义者产生了极大的诱惑力,必须在管理、防范、惩治、教育以及技术研究上下大力气,决不能掉以轻心。

6.1.3 计算机病毒

1983 年 11 月,F. 科恩(Fred Cohen)博士研制出并公布了一种在运行过程中可复制自身的破坏性程序,L. 艾德勒曼(Len Adilman)将它命名为计算机病毒(Computer Virus)。这种由专家在实验室中"培植"出来的破坏性程序并未引起人们,包括计算机安全专家们的重视。1987年,世界上发现了第一例非实验性计算机病毒,在此后仅仅一二年的时间里,计算机病毒的品种、数量及侵扰范围迅速扩大,在全世界范围内造成了很大的损失,在无数计算机用户中造成了不小的恐慌。对于像 OA 系统这类身系企业、公司乃至政府部门安全、生存的信息系统,计算机病毒对计算机系统的攻击已成为一种严重的威胁。在我国,计算机病毒比计算机犯罪更为家喻户晓。

在此,我们对计算机病毒的有关问题做一讨论。

1. 什么是计算机病毒

Cohen 认为:计算机病毒是一段程序,它通过修改其他程序,并把自身的拷贝嵌入而实现对其他程序的传染。

计算机病毒既然是一种程序,它的基本结构也就同其他程序类似,由有关的功能模块构成。一般来说,计算机病毒由图 6.1 所示的三个功能模块构成:

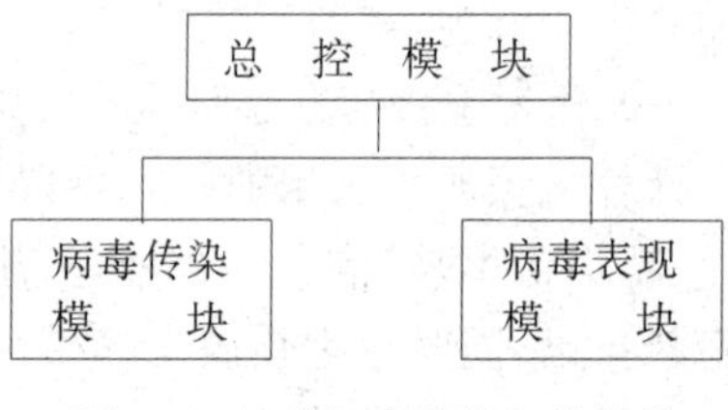

• 总控模块是病毒的引导部分,它负责使病毒进入内存并驻留其中,同时,根据外部条件判断具体执行的下级模块;

图6.1 计算机病毒的一般结构

• 传染模块负责在传染条件成立时修改目标程序,将病毒程序自身嵌入其中。传染模块是计算机病毒程序的必备模块。现在的很多病毒在传染之前检查要传染的文件,判断其是否已经感染本病毒,若未感染则实施传染,若已经感染则进一步检查病毒版本,可以对本病毒的早期版本进行升级;

• 表现模块是病毒的显示或破坏部分。每种病毒有着各自不同的触发条件,当触发条件成立时则发作,轻者输出一些无关信息,重者对数据、文件甚至整个磁盘进行破坏。

不同的计算机病毒有不同的特点。但总的来说,病毒程序有如下四个共同点:

(1) 传染性

传染性指病毒程序在一定条件下自我繁殖(复制),使"健康"程序带上病毒并成为新的传染源,参加新一轮循环。传染性是计算机病毒与其他计算机犯罪的最显著的区分点。没有传染性,病毒程序就不可能在全世界广为流传,也就不会形成今天这种灾害性的局面。

病毒传染的媒介是软盘和网络,其传播广泛而迅速。如著名的巴基斯坦智囊病毒,其起因

196

是两兄弟对相互复制的传播速度感兴趣,他们编制了一个游戏程序并嵌入了一段病毒;将复制本游戏的磁盘卷标修改为"@BRAIN"。他们将这一游戏盘送给朋友玩,结果,两个月的时间该卷标遍布全美国。

（2）潜伏性

我们已经知道,病毒的发作有其触发条件。在触发条件未成立时,病毒潜伏在计算机系统中,仅完成传染而不表现。从理论上讲,病毒的潜伏期可以无限长,越是不轻易发作的病毒往往越是具有极大的危险性。因为,我们一般是通过计算机病毒的发作知道它的存在,了解它的特点,从而控制它并进而消灭它。而在病毒的潜伏期里,人们很难发现病毒的存在,使得病毒有了充分的传播时间,一旦病毒发作,就将造成大面积的影响和危害。

（3）隐蔽性

病毒程序设计往往采用一些隐蔽措施,以使用户不易察觉病毒所实施的传染,具有较强的隐蔽性。最常见的设计是在用户读/写磁盘时传染健康磁盘,以及冒充引导记录或嵌在可执行文件中进入内存后进行传染等。用户很难判断,当某个时刻磁盘指示灯亮时,是系统在执行正常读/写盘的操作呢,还是病毒在实施传染,而病毒在内存中实施的传染则更不易被发现。隐蔽性是病毒程序生存和实施传染的基础。

在我国发现较早,涉及范围也较广的小球病毒,就被设计为当用户读/写磁盘时对用户文件实施传染,该病毒传染性极强。以色列病毒（黑色星期五）的最初版本经常进行自我复制,使得 .COM 文件每运行一次增加 1813 字节, .EXE 文件每运行一次增加 1808 字节,直至磁盘容纳不下。那么,在多次运行可执行文件后,磁盘空间明显减少,很容易引起人们的注意,其隐蔽性差使其传染性、潜伏性打了折扣。后来这一"缺陷"为某些好事者加以修正,只对未被该病毒感染的可执行程序进行传染,这样,其新版本具有了更强的隐蔽性。

（4）破坏性

病毒的破坏性是其危害所在。病毒程序的破坏性如何,主要由其设计者的目的决定。一些心怀恶意者编制的病毒程序,往往破坏数据、程序以至整个计算机系统。前述巴基斯坦智囊病毒,原始版本仅仅是修改磁盘卷标,而 1999 年,Melissa 病毒使全球无数邮件服务器瘫痪。1999年 4 月 26 日,中国大陆的很多计算机用户遭到 CIH 病毒的攻击,硬盘损坏、主板烧毁,损失惨重。仅 26 日这一天,上报公安局的被 CIH 毁坏主板和硬盘的计算机就达上百台。

病毒的破坏性也由设计者的知识和能力所决定,有些程序错误也会造成灾难性后果。在计算机病毒发展史上具有划时代意义的 Internet 网络事件,就是因为美国康奈尔（Cornell）大学三年级学生 Robert T. Morris, Jr 在编制蠕虫程序（Worm）时犯了错误。该蠕虫一被送入网络,就疯狂地进行自我复制,极快地在 Internet 网上蔓延,最终造成网络超载,造成了约 1 亿美元的经济损失。

根据上述描述,我们可以进一步将计算机病毒定义为:计算机病毒是一种计算机程序,它寄生在存储介质（内存或磁盘）中的程序里,当某种条件成立时进行自我复制及自我表现,使计算机系统资源遭受不良影响甚或彻底破坏。

2. 计算机病毒的分类

按照计算机病毒的破坏程度,一般可以分为良性病毒和恶性病毒两类。

良性病毒是指不破坏计算机系统和用户数据,仅占用系统时间和存储空间的计算机病毒。恶性病毒是指破坏计算机系统和用户数据,甚至造成系统瘫痪的计算机病毒。应该指出的是,即使是良性病毒,也对正常系统有不利的影响,因而同样是有害的。另外,一些良性病毒往往会转化成恶性病毒,如早期的 BRAIN 是"良性的",而现在有了大量的"恶性的"变种,在一定条件下破坏磁盘文件。

按照病毒的生成过程,可以分为基本病毒及其派生病毒(变种)。病毒的变种是一些人将病毒进行剖析、修改而形成的,主要是修改病毒程序的特征值、传染或发作条件以及所执行的破坏活动。例如病毒程序 December 24th(又称圣诞节病毒),其基本病毒的发作条件是每年的 12 月 24 日,当用户在这一天启动计算机时,屏幕上显示"圣诞快乐"字样,然后挂住,拒绝执行任何程序。其变种星期天病毒则是每个星期天发作,其时屏幕显示"星期天为什么还工作?",然后随意删除一些文件。

按照病毒程序运行的环境,可以分为 PC DOS 病毒、Windows 病毒、Macintosh 病毒、UNIX病毒等等。目前所发现的病毒中,最大量的是 DOS 病毒,其他运行环境的病毒也有一些,但数量很少。值得注意的是,近来新的 Windows 病毒时有发现,如 Word 的宏病毒,已经给用户造成了一些损失。

按照计算机病毒入侵感染体的途径,可以分为 4 类:

(1) 源码病毒

源码病毒是在源程序被编译之前插入到高级语言编写的源程序中的。目前源码病毒较少见,因为用源码编写病毒程序难度大,并且感染的程度有限制。源码病毒一般隐藏在大型程序中,破坏性很大。

(2) 入侵型病毒

入侵型病毒侵入现有程序(即宿主程序),即病毒程序将自身插入正常程序之中。当病毒程序侵入现有程序后,不破坏主文件则难以清除病毒程序。

(3) 引导型病毒

即操作系统型病毒。这类计算机病毒本身加入或替代部分操作系统进行工作。操作系统病毒最常见,危害性也最大。这是因为整个计算机系统是在操作系统控制下工作的。有些流行的计算机病毒,当系统引导时就把病毒从软磁盘装入主存储器,在系统运行过程中不断捕捉 CPU 的控制权,进行病毒的扩散。

(4) 外壳型病毒

这种病毒附在宿主程序的首部或尾部,一般情况下不对宿主程序的内部指令进行修改。大约有半数以上的病毒属于外壳病毒,它易于检测和清除。外壳病毒一般感染 DOS 下的可执行程序,所以又称"可执行文件型病毒。"

在不到 20 年的时间里,计算机病毒不仅广泛传播,造成了大面积的危害,而且自身也发生了很大的变化。在编制技术方面,病毒采用了自身加密技术、反跟踪技术等,可以较为有效地避开防病毒软件,甚至是专门感染防病毒软件;在传染形式方面,现在已经出现了变体病毒,这类病毒又称"无特征病毒"或"变形发动机",如在 1995 年引起业界普遍关注的幽灵病毒、Casper(一译"卡死脖",有人计算其有上亿种变化)等。它采用加密技术,以至每传染一次就改变一次特征。从某种意义上说,这类病毒已经不是单一的病毒,而类似于一架不断生产新病毒的机器,因而较为难以检测,具有更大的危险性。

3. 计算机病毒泛滥的原因

1949 年,天才的冯·诺依曼在《复杂机器的理论与结构》(Theory and Organization of

Complicated Automata)一文中首次提到了程序能够在内存中繁殖,即他的"复杂机器的自动复制理论",这被普遍认为是计算机病毒程序自我复制传染的最初的理论基础。但是直至80年代中期,计算机病毒一直仅仅是小说家笔下幻想出来的事物。即使是当病毒被计算机专家在实验室中制造出来之后,也并没有引起人们,包括绝大多数计算机专家们的重视。事实上,这类只有不多几行代码的寄生程序也确实没有给人们的生活带来什么影响。然而,80年代末,计算机病毒这个蛰伏了几十年的毒虫,仿佛是在一夜之间化蛹为蛾,借一名大学生之手,铺天盖地席卷而来,给美国带来了极大的冲击,使全世界为之震惊和恐慌。10年来,计算机病毒这一名词已经家喻户晓,很多计算机用户深受其害,已经成为对计算机应用影响最大的因素之一。分析计算机病毒三十余年的潜伏和10年来的爆发性流行,不难看出其中深刻的历史必然性。下面我们仅从计算机病毒发生发展的背景、条件及其有关人员的心理因素等三方面进行简单的讨论。

(1) 条件

在计算机作为高档、大型设备被集中控制使用的情况下,计算机病毒是很难生存、发展的。80年代以来,以IBM PC机为先导,微型计算机得到了迅速的普及和广泛的应用,并在计算机技术的发展、计算机应用范围的扩展、信息处理等方面起到了不可估量的作用。但在另一方面,微机的体系结构是公开的,其主要操作系统DOS简单明了,磁盘系统可任意读写,众多的计算机爱好者和最终用户都可以操作、使用。这一特点既方便了微机的使用,也为病毒的泛滥创造了条件。

微机工作的过程是固定的(如图6.2所示)。

图6.2　微机工作过程

这种固定的工作过程,清晰的软硬件分界,极易为病毒制造者所利用。病毒对这类系统的主要攻击点有:

① Boot区,即引导区,是指包含着计算机用来开始工作的指令的那部分磁盘。引导区总是处在磁盘的同一地方(软盘的0面0磁道1扇区、硬盘的0磁头读写的0面0柱面1扇区),而且任何标准的实用程序都不能访问。引导区被破坏则磁盘不能引导。病毒对引导区的攻击主要方式为:用病毒程序替换Boot区文件,将Boot区文件移至另一扇区。系统工作时则先读病毒,再转向另一区读Boot文件。因病毒程序掌握了软件控制权,则可以对其他程序进行传染。

② 文件分配表(FAT)和文件目录(DIR)。在DOS管理下,FAT表位于0面0磁道第2扇区至第5扇区,文件目录则自第6扇区始,位置也都是固定的。病毒一旦攻击了文件分配表或文件目录,则会使用户在磁盘上的信息(文件、数据等)丢失。

③ 中断服务程序。中断服务程序提供主机自动中止正在执行的程序(工作),去处理其他事件,处理完毕后再返回原工作的能力。如DOS的中断服务程序中,中断13H程序完成对盘的读写操作。病毒往往修改中断13H的地址,使用户程序先执行病毒程序,再执行中断13H,

由此完成传染乃至破坏。其他一些易受病毒攻击的中断向量如定时器中断(中断 8H)、显示 I/O 中断(中断 10H)、时钟 I/O 中断(中断 1A)、系统服务中断(中断 21H)等。

由上述分析可以得知,计算机系统软、硬件的发展及其先天的脆弱性,是当前计算机病毒产生并泛滥的条件。

(2) 制作动机

那么,是什么人,为了什么目的在生产和制造计算机病毒呢?或者说,计算机病毒制造者的动机是什么呢? 具体来说,其动机是多方面的,如:

① 自身利益保护

一些程序编制者为了防止、控制对其程序的非法复制,可能会在程序中植入病毒。这种情况在游戏程序中较为普遍。

② 恶作剧

一些计算机业余爱好者或闲极无聊者,仅仅是为了"好玩"或者是为了自我显示而设计、编制病毒程序。这一类病毒往往是一些良性病毒,但也会对合法用户的程序运行产生不良影响,甚至也会嬗变为恶性病毒。

③ 不良情绪发泄

有一些人因为对社会不满,或受种种社会压力、工作压力的影响,或者是个人生活不顺心,通过制作计算机病毒对特定对象进行报复,或者是向社会进行报复。这类病毒有很多是恶性的。

④ 对他人计算机信息系统的恶意攻击

出于政治的、军事的、经济的或者其他的目的,通过编制计算机病毒程序,破坏或摧毁对手的计算机系统。如黑色星期五病毒,首次发作于 1988 年 5 月 13 日(星期五),这是巴勒斯坦作为一个独立国家而存在的最后一天的 40 周年纪念日。病毒发作时删除系统访问的所有文件。因为它所攻击的首要目标是以色列的计算机系统,有人也称其为"以色列病毒"。有报道称,在 1992 年的海湾战争中,美、伊双方都对对方的军用计算机系统采用了"病毒战术",伊拉克使美国的近千台计算机感染病毒,影响了作战指挥;为了报复,美国通过第三方将一批带有病毒的打印机卖给伊拉克,然后通过无线电遥控激活病毒,使伊拉克的军事计算机系统瘫痪。前述哥伦比亚毒枭调查事件也是这一类的典型。

⑤ 程序设计失误

在程序设计时,因设计考虑不周等错误,使得程序进行自我繁殖。问题出现后,或者作者疏忽大意,根本不了解这一情况;或者作者无法解决致使其蔓延,因而程序失控,对计算机系统造成不良影响。前述小莫尔斯的蠕虫病毒即是一例。这一类病毒往往不是故意编制的。

综上所述,计算机病毒程序的制造者部分的是出于政治军事的目的,而多数是一些具有不良心理情绪、缺乏职业道德者。

4. 计算机病毒的检测

当怀疑计算机系统感染了病毒时,一般需要对系统进行检测。检测的方法可以分为手工检测和自动检测两类。无论是手工检测还是自动检测,可采用的方法主要有:

(1) 对比

若采用对比方法检测病毒,应该事先对所有需要保护的文件做出备份。必要时,可以用备份的干净文件与可疑文件进行逐字节的比较,这样可以确定文件是否已被病毒感染。手工检测时主要采用的是这种方法。

（2）特征搜索

一般来说,每种病毒都有其各自的一些特征,如关键字、文件长度的规律性变化等。采用特征搜索方法检测程序就是要通过查找这类特征,判断文件是否已被病毒感染。手工检测和病毒检测软件主要是采用这种方法。

（3）系统监控

大部分病毒都要驻留内存并试图进行某种操作,如:修改某中断指针,使其指向病毒程序入口;修改程序;转移文件等。针对这一情况,可通过监控中断矢量等了解情况。硬件防治病毒以及近年来出现的"实时监控"类杀毒软件主要采用这种方法。系统启动时,防病毒卡先或实时监控系统首先进入内存夺取优先权,保护中断 13H 等,不允许其他软件对其进行修改,保护固定位置(如 Boot 区)不允许重新写入,否则报警。

病毒泛滥的条件是计算机系统的固有缺陷,也由于人们对它的普遍忽视,一旦人们警惕了,病毒也就不再是横行无阻的了。

6.1.4 OA 系统的安全防护

为了确保 OA 系统的安全,借鉴发达国家的经验,我们可以在系统安全问题控制方面采取以下几类措施:

1. 技术研究

即加强 OA 系统安全技术方面的研究工作,选择其中的关键性技术,有计划、分层次地研究防护措施。包括:

- 进行有关风险分析,确定影响 OA 系统安全的各个要素。
- 研究系统安全理论与有关政策,以建立完整有效的计算机安全体系。
- OA 系统安全的具体技术,如:信息加密算法与数字签名技术、计算机病毒及其防治、计算机犯罪的侦破、计算机网络的防火墙技术、环境控制和灾害控制、身份识别技术、自动报警及防雷击、防静电、抑制电磁辐射技术等。
- 计算机安全产品的设计与应用,即将有关理论和技术的研究转化为具体的产品。其中,特别是要大力发展本国计算机工业体系,要害部门所使用的计算机,应尽可能为本国制造,并采取相应的安全措施。日本政府即明文规定要害部门一律使用本国研制的计算机,海湾战争中伊拉克的教训也该使我们有所警惕。

2. 严格管理

加强管理是 OA 系统安全最主要的一道防线,可以从制度上对 OA 系统的安全起到保护作用。具体措施如:

- 建立计算机管理和监察机构,这是保证 OA 系统安全性的组织保障;
- 制定系统安全目标和具体的管理制度。不同的系统对系统及其信息的安全性要求不同,因此,对 OA 系统及其信息应划分密级,执行有关的访问限制,机密信息不得在计算机系统里进行加工、存储和传递;
- 计算机系统启用前进行安全性检查,重要部门的计算机在启用前要报请有关部门进行安全保密检查,如有否计算机病毒或逻辑炸弹等非法程序侵入等;
- 对计算机系统的关键场所,如主机房、网络控制室、数据介质库房和终端室,应视不同情

况进行安全保护,重要部位应安装电视监视设备,有的区域应设置报警系统;

- 执行主要任务的机构应该做到专机、专盘、专用;
- 重要的数据和文件应定时、及时备份;
- 采用口令管理,严禁套用、冒用他人口令和在机器中遗留口令,并按规定定期调整口令;
- 采用用户识别、分级授权、存取控制等成熟的安全技术;
- 进行安全审计,掌握非法用户访问或合法用户的非法操作,以便发现潜在的问题,及时制止非法活动或者对刚出现的问题采取补救措施;
- 禁止使用来历不明的磁盘,严禁玩游戏;
- 慎重使用共享软件和公共软件,尽量不从网上下载软件。

近年来,我国信息安全工作取得了一定的进展。1980 年,经国务院批准,公安部全面承担全国各部门计算机安全检查工作。公安部在 1983 年成立了"公安部计算机管理和监察局",专门负责计算机安全方面的工作。其后,该部门于 1994 年更名为"公安部计算机管理监察司",又于 1998 年更名为"公安部公共信息网络安全监察局",成为公安机关的一个独立警种:网络警察。1999 年 6 月,"国家计算机网络与信息安全管理中心"成立,负责从制定政策法规、技术组织方面对国家信息安全进行全面的统筹,对国家信息安全工作起到了一定的保证作用。

3. 加速立法

建立完善的计算机信息系统安全法律体系是系统安全的法律基石,主要包括:

- 由国家最高领导部门组织制定计算机安全方针、政策、颁布法令;
- 建立计算机安全法律体系,加快信息系统法制化的进程。

从 1985 年底开始,我国开始了编制计算机安全技术标准的工作,进而制定、发布了一系列的条例、规定和法规:

1994 年 2 月 18 日,国务院颁布了《中华人民共和国计算机信息系统安全保护条例》,这标志着我国信息安全工作进入了有法可依的阶段。《条例》规定,由公安部主管全国计算机信息系统安全保护工作,其重点是维护国家事务、经济建设、国防建设、尖端科学技术等重要领域的计算机信息系统的安全。

1997 年 3 月 14 日新修订的《中华人民共和国刑法》获得通过,并与同年 10 月 1 日正式实行。新刑法中增加了 3 项关于计算机犯罪的罪名:

(1) 非法侵入计算机信息系统罪

(2) 破坏计算机信息系统罪

破坏计算机信息系统功能罪。

破坏计算机信息系统数据和应用程序罪。

制作、传播计算机病毒罪。

(3) 利用计算机进行传统犯罪

1997 年 12 月 11 日,由国务院批准、公安部发布的《计算机信息网络国际联网安全保护管理办法》等一系列法规、条例,以加强对互联网的管理。

4. 宣传教育

开展计算机信息系统安全的宣传和教育工作,使社会全体人员了解计算机信息系统安全的重要性,提高个人修养,加强职业道德,是保障信息系统安全,杜绝隐患的重要工作内容。西方有一句名言:Ignorance is the computer felon's first line of defence.(无知是计算机犯罪的第一道防线），当我们对计算机安全问题有了明确的了解、警惕以后，一切针对系统的影响、干扰与破坏就会得到有力的控制。

技术研究、严格管理、加速立法和宣传教育是 OA 系统安全防护的具备措施，它们相互结合、相辅相成，共同在 OA 系统的应用中发挥作用，这是我们在 OA 系统的设计与应用中必须引起重视的。

6.2 OA 软件的用户界面

OA 系统是一个人-机系统。在这一类系统中，研究人与计算机系统的关系，人对计算机系统的操作方式以及现代技术对人的心理、生理、行为等各方面的影响是系统成功的关键因素之一，应该引起 OA 系统研究者的高度重视，也是目前 OA 系统研制的一个重要课题。本节讨论的重点是 OA 系统中人-机软件界面的有关问题。

6.2.1 用户界面概说

界面(Interface)也称接口。在计算机系统中，界面是实现不同设备或不同系统之间的控制或数据传输的部件。构成界面的部件可以是硬件，也可以是软件。硬件界面主要完成计算机主机和 I/O 设备之间以及机器内部的连接功能，软件界面则承担软件各子系统之间、各相关模块之间以及软件和用户之间的连接，其中，负责软件与用户之间交互工作的系统部件即系统的人-机软件界面，简称用户界面(User Interface；UI)。

计算机系统的用户界面研究经历了一个从无到有的过程，目前已经成为应用系统研究的一个重要组成部分。

最早的计算机应用主要为数值运算，其时，计算机硬件性能价格比低，运算速度慢、对外部环境要求高。计算机一般安装在专门的机房内，由有经验的专家负责管理操作。为了充分发挥计算机的作用，人们尽可能去适应计算机的要求，通过计算机面板上的扳键或穿孔纸带等向机器送入数据和命令，通过计算机面板上的指示灯观察、了解运行情况。在这个阶段，还谈不上用户界面的研究与开发。

60 年代中期，麻省理工学院开发的第一个分时系统 CTSS 投入运行并引起了广泛的关注。该系统以键盘和显示屏构成人-机交互工具，使用者记住并键入规定的命令，以此操作机器完成工作。由此开始，命令行式用户界面广为流行，成为整个 70 年代乃至 80 年代的主流形式。命令行式用户界面采用类英语式语句进行人机对话，使人比较容易记忆、识别和理解，较之 50 年代的二进制数显示与输入是一个很大的进步。

80 年代初期，美国的 Xerox 公司在 Alto 计算机上首创视窗用户界面，并在稍后的 Lisa、Macintosh 等计算机系统的共同推动下，将用户界面的研究与开发带入了图形感知、事件驱动的新天地。1983 年，Apple 公司将第一个商品化的图形用户界面(Graphical User Interface；GUI)产品——Macintosh 系统推向市场，立刻引起了强烈的反响。这种以窗口(Windows)、图符 (Icons)、菜单(Menus)和鼠标等指示装置 (Pointing devices)为基础的用户界面被称为 WIMP 界面，使用者只需识别并点取操作对象即可实现对系统的控制和操作，不必再去背记大量的操作命令和系统信息。WIMP 界面出现是用户界面发展进程中的一个革命，它不仅仅是一个漂亮的外形，更是一个全新的概念和一种全新的操作方式。

6.2.2 OA 系统与用户界面研究

OA 系统中的用户界面研究应该以对 OA 系统用户的研究为出发点,并以用户的要求为界面设计的指导思想和最终结果。

1. OA 系统的用户分析

不同的 OA 系统用户对系统界面有不同的要求,因此,对用户的深入细致的了解与分析是用户界面研制的基础。

OA 系统的用户类型是多种多样的。根据他们对 OA 系统的熟悉程度可以分为:

(1) 专家

指对计算机系统有较深的理解,具有相当丰富的计算机软硬件设计、维护或操作经验,并且对所使用的 OA 系统非常熟悉的人员,他们多属于系统维护人员,也有一部分为系统使用人员。

(2) 熟练用户

指经常使用计算机系统或某个应用系统的用户。由于经常操作系统,用户对系统相当熟悉,因而他们不需要过多的一般性提示信息,希望有快速、便捷地进入并完成固定任务的途径。这类用户主要是系统使用人员,也包括部分信息使用人员。

(3) 一般用户

指接触计算机系统或某个应用系统较少的用户。由于对系统接触较少,可能不习惯系统的操作方式甚至输出方式,操作中容易出错或者感到不得要领、不知所措。这类用户需要系统给予路径指引、操作提示、出错说明以及纠错方法的说明等。新加入系统的办公人员以及部分信息使用人员属于这一类用户。

要得到对 OA 系统用户的更深入的了解与区分,仅根据其对计算机系统或 OA 系统的熟悉程度是不完全的,还应该综合考虑其他多种因素,如对系统的使用频度(经常使用系统的用户会很快成为熟练用户,不经常使用者可能长期作为一般用户参与 OA 系统)、用户的智能水平(指用户所具备的一般知识与智力状况,智能水平较高者,即使对系统接触较少,也会较快地理解系统,接受较复杂的用户界面)、用户的操作技能(有些用户可能对系统很熟悉,甚至对系统结构也有一定的了解,但操作技能,如键盘输入能力差,这类用户一般希望以某些选择代替录入)以及用户自身所承担的具体办公任务(如是事务处理人员、一般管理人员或决策人员;事务处理人员又可分为秘书、通信员、统计员等等)。

2. 研究 OA 系统界面的意义

从对计算机系统用户界面研究的发展过程可以看出,用户界面的研究与计算机的发展和普及密切相关。计算机技术的发展与用户群的变化是计算机系统发展及其界面研究工作发展的必要条件。

一方面,从计算机技术的发展看,早期的计算机速度不够快,存储空间小,可靠性差,各种技术也还不够成熟。对于这种系统来说,运行大量的界面程序会使系统开销过大,极大地影响系统运行速度和效率,会导致系统负担过重甚至系统超载。而现在的主机系统包括微型计算机,其整体性能大幅度提高,已经具备了支持丰富界面的资源与能力,界面的运行不会使系统的效率明显下降,当然也就不会成为用户和系统不堪忍受的负担。

另一方面,从计算机的普及情况看,目前的计算机早已经不再是少数专家手里的高档"武器"，它揭去了原来罩在头上的那层神密的面纱，正在走进管理、办公等非数值处理领域，走进社会各阶层人员的工作与生活之中，成为人们工作与生活的有力助手。广大最终用户（非计算机专家）直接操作使用计算机这一现实，使得系统的设计者们必须重视应用系统与最终用户之间的交互-用户界面。

研究 OA 系统人-机界面的根本意义在于建立良好的人-机关系，支持办公人员更好地利用 OA 系统。具体来说，办公人员使用计算机系统具有如下特点：

① 办公人员大部分不是计算机专业人员，他们中的大多数并不熟悉计算机系统的原理、结构与工作过程，不习惯使用操作机器的复杂命令包括有关的名词术语，因而简单方便的操作很受欢迎。

② 办公人员使用计算机的目的不是操作机器，而是要利用计算机完成自己所担负的具体办公任务，因而非常需要一个工具，使用户能够将放在操作机器上的注意力减至最少，而集中精力来完成自己的事务工作或管理决策工作。

③ 从办公人员的角度看，OA 系统等应用系统的性能已经不仅仅是厂家出售的机器、设备本身的性能，也不仅仅是软件设计的性能。应用系统的整体性能应该是计算机性能、软件设计性能以及用户的理解与接受的综合。如果用户不理解或操作起来有困难，再高档的设备、再先进的软件也难以发挥作用，也不能获得广泛的应用。

④ OA 系统用户是多类型的，OA 系统应该能够面向不同素质、不同任务的高、中、低层办公人员。

简而言之，用户界面是办公人员使用自动化系统的工具，是硬件、软件与办公人员（人件）之间的桥梁。用户界面设计得如何，会极大地影响办公人员对系统的使用，影响 OA 系统的应用与普及，当然也就影响着系统所处理的具体工作甚至是影响人们的生活。

3. OA 用户对界面的要求

不同类型用户对界面的要求不尽相同。综合各种因素，我们可以对 OA 系统用户界面提出如下要求：

（1）屏幕显示形式直观

屏幕显示是最直接、最常用的界面。用户一般希望显示直观、清晰、易于理解、符合日常工作习惯，输入界面简洁明了。

（2）一致性与标准化

系统输出、操作方法等应具有统一的表现形式，如屏幕的分割与布局、窗口的位置与形式、查询的处理与结果显示，乃至功能键、组合键的使用，都应该采用业界统一的标准，起码在 OA 系统的各子系统、各模块间达到一致，以减轻用户的记忆负担。

（3）简化用户操作

OA 系统的设计应考虑将尽可能多的处理交给机器去做，以减少使用者的操作复杂度，应符合"最少录入"原则，特别是在我国，尽量减少用户的汉字输入量，使得人-机交互更为轻松。

（4）完善的帮助系统

除了阅读、参考书本式用户手册或系统说明以外，经常使用系统的用户要求在操作过程中随时得到系统的帮助，如文本式、介绍式的联机帮助、各种提示与指引（操作提示、运行提示、位置提示、出错提示、告警等），以辅助用户一步步完成操作，并在用户发生困难时给予下一步操作的提示或参考意见。另外，在操作的任何一步均应有明显的退出（返回）标志。

（5）检错容错能力

检错是指系统在接受人的指令、输入等操作时,能够进行数据的安全性、正确性、有效性和相容性检验和错误预防,如果发现错误,能给出明确而具体的错误说明以及纠错的建议(如不仅仅是显示"Bad Command",还进一步说明是用词错误、语法错误还是环境错误,如果是用词错误,可能的正确用词是哪个或哪些)。

容错是指界面设计得使用户不容易犯错误,万一发生错误,系统本身具有自恢复能力或比较容易被用户恢复。

检错与容错能力可以减少用户使用系统的心理负担

（6）多任务切换方便灵活

办公活动的特点之一是多任务并行。传统的线性结构界面使用户在执行多任务时必须自己记住被挂起的工作以及挂起点,而 OA 系统的用户界面应该能使用户可以方便地从一个任务切换到另一个任务,并且能够随时返回被挂起的工作和挂起点。在系统运行中特别是退出系统时,界面有检查并列出挂起工作的功能。

（7）多类型用户区分

不同类型用户对系统界面的要求不同。例如,专家要求界面的控制能力强,便于对系统的管理,效率高;熟练用户要求界面直截了当;一般用户则要求在操作中得到较多的帮助等。因此 OA 系统界面应该能够自动区分用户类型,并有能力根据区分结果提供不同的界面。

6.2.3 OA 用户界面的设计

1. 用户界面的类型

用户界面是人-机交互工具,因而我们主要从交互方式角度类分用户界面。从目前的研究看,大致有以下几类:

（1）命令行式界面(Command Line Interfaces)

主要是命令交互。用户以简单的、具有固定用词和语法的系统命令指挥系统运行,系统用同样简单的语句输出某些提示或反馈。这类界面系统开销小,但用户需要经过培训、学习,以理解、记住这些命令,系统给予的反馈也嫌过于简单。微机上运行的 DOS 等系统的基本界面都属于这一类。

（2）填表式界面(Form Filling Interfaces)

是一种以表格形式出现的人-机交互。系统采用输入表接收用户的要求或控制,采用输出表显示运行结果(如查询结果)或其他反馈信息。填表方式操作简单,容量大,但是一般需要用户有丰富的应用对象方面的专业知识。另外,表格的设计(表格结构、项目及其说明等)对应用效果影响很大。填表式界面多见于专家系统等应用系统中。

（3）菜单式界面(Menu Interfaces)

是一种适合一般用户使用的简单选择型交互工具。系统将所有允许的操作、输入等选项分类,并组织成一个树形结构。用户选中了一个选项后,系统打开该选项的下一级菜单,或者执行该选项的规定动作。使用这种界面的用户可以通过阅读屏幕说明了解每个选项的含义及操作方法,无需背记任何命令,且用户的误操作对系统的影响较小,但熟练用户往往嫌其不够灵活,比较繁琐。菜单式界面是目前很流行的系统界面。

（4）直接操作式界面（Direct Manipulation Interfaces）

是一种基于视窗的用户界面，它为用户提供高级图形功能，使用户可以直接操作有关的对象，方便地进行选择、切换、完成各种操作乃至编程。这是近年来发展很快的一个领域，是当前以及今后若干年用户界面的主流。

（5）高级三维图形界面（Sophisticated 3D Graphical Interfaces）

我们所生活的真实环境是三维空间，传统的二维屏幕界面往往不能满足人们的一切需要，因而，三维人机交互技术应运而生。三维交互技术需要硬件与软件的相互结合，如使用浮动鼠标（可离开桌面的 6 自由度探测器）、数据手套（通过捕捉手指、手腕的相对运动采集手势信号的三维输入设备）等特殊设备，其软件的设计也相当复杂。三维界面目前主要用于 CAD 领域，其他如模拟训练、诊断系统中也已有实际系统运行。

上述各类用户界面实际上也演示了用户界面从背记到选择再到直接操作、从字符交互到二维图形再到三维图形的发展过程，其进一步的发展应该是自然语言交互与虚拟现实（Virtual Reality）。

2. 图形用户界面及其特点

图形用户界面（Graphical User Interface；GUI）是上述直接操作式界面、高级三维图形界面以及虚拟现实等界面的总称，目前主要被用来说明直接操作式界面。

WIMP 界面是当前 GUI 的主要形式。其基本部件包括：

（1）窗口（Windows）

这是构成 GUI 的主要部件，是用户或系统显示于屏幕上的一个工作区域。窗口的组织形式为树形。一个主窗口可以有多个属窗口，主窗口关闭则导致该主窗口下所有属窗口关闭。窗口可以在屏幕上（或主窗口中）生成、移动、改变尺寸、关闭或取消。

（2）图符（Icons）

是一组不同事物或命令的形象化标志，易于被人们理解和用于模拟，甚至可以成为一种超越语言障碍的国际化交互工具。

（3）菜单（Menus）

是一组基于树形结构的选项单集合，每个选项代表一个功能或一个信息，可供用户选取、调用。有下拉式菜单（Pull Down Menu）、弹出式菜单（Pop Up Menu）、级联菜单（Cascading Menu）和选择菜单（Option Menu）等多种形式。

（4）指示器（Pointing devices）

指鼠标等可以对屏幕对象进行直接操作的定位、指示装置，它可以通过点取、拖拽和释放等方式，对屏幕对象进行选择、复制、移动、删除等多种操作。这类设备还包括有触摸屏、追踪球、操纵杆、光笔等。

这种 GUI 界面最主要的特点是直接操作，即目标系统将所有的操作对象以图形方式呈现在屏幕上，用户利用鼠标、键盘或其他输入设备直接对图形对象进行操作，以完成自己的任务。具体说来表现为如下 5 点：

（1）以视窗为基础

视窗是 GUI 界面最基本的感知对象和操作对象。视窗通过控制板面、对象图标、菜单等，将一切系统资源以树形或网形结构进行包装，以可视化形式提供给用户识别与操作。

（2）采用用户模型

由于用户熟悉日常的办公环境，GUI 采用了模拟办公桌面的处理方式，如采用记事簿、文件夹、钥匙、日历、时钟等，使用户易于理解系统的图符，有利于多用户共享直观的界面。

（3）图形交互

将系统中所有的命令、应用程序、数据等操作对象以图符及简明的说明性文字表示，用户以物理动作或屏幕按钮选择代替命令及参数的输入。用户对图形对象的一切操作具有 WYSI-WYG（所见即所得）的效果。

（4）事件驱动

事件指用户通过击键、鼠标点击与拖拽、触摸屏等进行的输入或者是来自其他视窗的消息。系统根据事件属性决定执行的线索和步骤，其结果是对系统资源的调用。

（5）多线切换

视窗中多对象同时可见，用户可以在任意时刻操作任意对象，可以任意激活、深入、挂起、转移或退出，其进程是多线式的，各进程之间不必有内在的逻辑关系。用户的任意切换将得到系统的及时响应，系统还将记录切换点并提供逐任务（或任意任务）返回服务。

这种 GUI 界面也面临着一些问题，如系统的每个对象都必须有各自的模型和图形描述，可以想象，这将对系统的图形界面成分库提出相当高的要求。另外，这种大规模的系统资源包装与有限的屏幕显示空间的矛盾，使得系统必须采用层次或网络的组织形式，因而用户也只得在无数个视窗组成的路径中穿行、选择。如果用户对系统资源不熟悉，则很可能在"叉路口"迷路，有一种身入迷宫的感觉。还有，大量的、单纯的图符也会趋于抽象或产生歧义，图文互补应该是其重要的补充方式。

3. OA 用户界面的实现

OA 界面，特别是其软件界面的设计，是 OA 系统研制中必须予以充分重视的问题。在界面设计中，有技术实现问题，更有设计思想问题，因而应该强调以下三个原则：

（1）树立用户友好和用户中心思想

用户友好（user friendly）是指软件或者系统的一种易于被用户理解与使用的特点，这是 OA 系统应该具备的重要属性之一。也就是说，在系统的设计过程中应该充分研究用户的特点与需要，以用户为 OA 系统设计的出发点与最终归宿。

随着 OA 系统的普及和用户的成熟，用户将不再满足系统对工作的辅助和系统与自己"友好"，而要求进一步有驾驭、控制系统的感觉，要求以最少的记忆与动作指挥系统，按照自己的特性与习惯操作系统，即实现"用户中心"。

无论是用户友好还是用户中心，其最根本的一点是面向最终用户，给用户以最大的自由度，这是 OA 系统界面设计最重要的原则。

（2）表现形式与内在特性并重

用户界面设计有不同的级别。最初，人们强调的是对系统的外形包装，即为用户提供美观、方便的对话界面，提供一个较为舒适的操作视觉环境，即界面的表示级设计。但是，表示级设计仅仅是对系统实施"化妆术"，而真正良好的用户界面还应该具有辅助用户操作、保护系统正常运行的能力，如检错容错能力等，这就需要进入过程级设计，即在软件设计前预见用户各种可能的操作，在设计中给予相应的防范性处理，以保证用户少犯操作错误，即使有误操作也不致破坏系统。

对于 OA 用户界面设计来说,界面的表现形式与内在特性同等重要,不可偏废。没有良好的表现形式,难以调用系统的内在特性;反之,没有良好的内在特性,表现形式则流于华而不实,不能满足用户需要。

(3) 坚持通用化和标准化

用户界面是一种工业产品,从某种意义上说也是一种艺术品。个性化、艺术化设计可以给予系统一个富有吸引力的、全新的面貌。但是,过于强调个性化、艺术化特性,也可能会要求用户改变使用习惯,增加学习、记忆的成分。因此,OA 用户界面的设计应尽可能采用通行的业界标准,注意界面的通用性,尽量不使用户感到是在学习、使用一个陌生的系统。

采用适当的软件开发工具,如用户界面管理系统(UIMS),不失为一种既可以保证用户界面通用化、标准化,又可以简化开发过程,减少代码编制工作量的选择。

上述三个原则应该贯彻于 OA 系统分析、设计和实施的全过程。以这三个原则为指导,实现 OA 用户界面设计中可以采用的具体措施有:

(1) 交互式处理

正确的交互处理可以增加界面的可用性,应该根据用户在程度、任务等方面的使用特点选择适当的交互方式。一般说来,熟练用户愿意采用命令交互,一般用户则更愿意采用图标或菜单选择方式,而数据输入员可能希望使用表格式界面。目前最常用的人-机交互是采用 GUI 界面。如果设计中采用了图标或菜单选择方式,可以利用有关软件的屏幕生成器、菜单生成器等,输入有关的参数,由计算机自动生成有关程序。

(2) 屏幕提示

清晰、明确的屏幕提示是一个友好的用户界面的必备要素。屏幕提示可以有不同的类型,包括:

① 操作提示:在屏幕上显示有关菜单项或图标、按钮的含义或操作方法说明,如光标移动方法、应输入的数据类型和数据格式、特殊键的定义与使用等。

② 运行提示:系统在执行用户指定的操作过程中和结束时,应该将运行情况及时反馈给用户,以便用户了解和控制。如"正在打印,按〈Esc〉键或单击鼠标键终止打印"、"未查到有关××××会议的资料"等等。

③ 状态提示:指明用户(或某个程序、文件、记录、字词等)的位置、系统的特性(如插入/改写状态)以及当前的日期与时间等等。

④ 出错提示:通知用户在输入时或系统运行时出现的错误,以使用户及时了解出现的错误、错误性质以及纠错方法。如"数据类型错误,请输入数值型数据"、"打印机未联机,请联机"等等。

⑤ 告警:对某些会影响系统资源的操作提出告警,以提醒用户检查、确认或取消。如"此操作将对某些记录做物理抹除,请慎重!"、"真要删除××文件吗?"等等。

在我国推行的 OA 系统,应该全部采用汉字屏幕提示,并尽可能采用简洁、统一的提示用语。

(3) 数据检查

即在数据输入的界面层对输入的数据进行正确性、完整性、有效性检查,其目的是尽可能将错误的,甚至可能危害系统的信息摒于系统之外,以防止无效数据或用户的错误输入给系统造成的隐患和损失。数据检查也应该包括用户字、口令等的检查。

由于 OA 系统中会包含有大量重要信息的输入(如统计信息等),数据检查还可以采用双人输入、即时校验等方法。

（4）显示与操作的一致性

指所设计的系统在提供的视窗、控制、提示信息与方式、项目安排等方面的一致性。如表示执行用户指令的按钮说明是采用"确认"还是"执行",用户结束输入时是否提示检查,返回上一级菜单(或窗口)以及退出的菜单项(或按钮)的编号与位置设计等等。应该能使已经习惯于系统的某个子系统的用户可以经过很少的学习并采用类似的方法操作其他子系统,可以在某几个较为固定的位置找到自己最熟悉、最常用的屏幕元素,如帮助键、返回键、告警信息等等。

（5）简化输入与保护输入

为了保证数据的正确和完整,应设计使用户输入量减至最少。如采用代码输入与内部替换等。凡可以通过公式计算,或者可以从其他数据项生成的数据项(如工资管理系统中的实发工资数、不同性别职工的洗理费、不同职称人员的书报费等),都不应该采用用户输入方式,而应由系统通过程序生成,只在屏幕上显示出来即可。对于用户的输入内容,特别是大量汉字的输入,如果是错的,应该提供编辑、修改的可能,以避免用户重复输入。例如,当在用户指定的驱动器和子目录中没有找到指定文件时,有可能是用户记错了路径,也有可能仅仅是敲错了文件名中的一个字母;当用户输入的检索式有错时,也有可能是漏敲了一个标点所致,此时调出原来的输入结果进行修改则可以最大限度地方便用户。

（6）屏幕布局

屏幕布局指屏幕或窗口区域的划分及屏幕元素的布置与它们之间的关系。屏幕上应该包括且只包括必要的信息,屏幕元素布置符合人的使用习惯和一般标准,如将菜单条放在屏幕的上部、状态条放在屏幕底部等。合理组织屏幕元素,如将逻辑相关的元素集中安排;或按照使用频率组织信息的显示,将最常用的项目放在左边;或按照操作对系统的影响组织项目,将可能影响系统资源或参数的项目放在右部等等。另外,设计的屏幕形式应尽可能做到疏空得当,协调平衡。

（7）色彩的运用

目前的计算机系统已经普遍采用彩色显示 CRT。有研究表明,人对于色彩的辨别速度比对形状的辨别速度快 2.25 倍,因而在界面上采用不同的颜色,有助于用户对屏幕元素或输出结果的感知与识别。但是,在同一帧画面上,人一般只能有效地感知 4～7 种颜色,过多的色彩会适得其反,给人一种眼花缭乱的感觉,影响用户的分辨能力。色彩的运用应该尽量符合人的生理条件和使用习惯,如用灰、蓝或黑色作为大面积区域的背景,用白色或绿色显示输入数据、用黄色、棕色等表示强调等。总而言之,应该全面地考虑色彩的选择与搭配,使之令人感到赏心悦目,适当强调但避免过多的渲染,以免造成使用者的视力疲劳。

（8）系统帮助

系统帮助的形式是多种多样的。按照存储形式,可以分为书本式指南和联机帮助文档。联机帮助可以使用户在操作的过程中随时得到系统的提示,或者通过一个简单的按键动作即可得到系统的相关解释,也可以作为用户学习、掌握系统操作的工具。根据其作用不同,帮助信息的设计也应不同。如果是提示性帮助应简洁明了;指错性帮助应准确,并适当提供改错意见;操作性帮助应指明什么是正确的操作方法,调用某任务应该执行什么操作,甚至可以引导操作。

（9）热键定义

热键（hot key）是指事先定义好一个功能或一系列操作的组合键或功能键,在使用系统时,随时按下热键,就可以立即执行该热键上定义的动作。热键的定义与执行对于多任务切换、快速操作、简化输入等极为方便。例如,在设计办公事务处理软件时,可以进行如下定义:〈Alt〉＋W为调用文字处理子系统、〈Alt〉＋F为调用文档管理子系统、〈Alt〉＋T为处理电话信息等,随时按下某组热键就可以方便地切换任务。再如,在设计办公物资管理软件时,可以定义〈Ctrl〉＋1为第一会议室、〈Ctrl〉＋2为第二会议室、以此类推,定义〈Ctrl〉＋A＋1代表汽车1、〈Ctrl〉＋A＋2代表汽车2等等,使用户输入更加便捷。在热键定义中应该注意标准或约定俗成的热键定义,如〈F1〉表示"帮助"、〈Esc〉表示返回或退出、〈Ctrl〉＋W表示输入内容的存盘（确认）等等,而且特别应该注意整个系统的用键一致性。

6.2.4 OA 用户界面的评价

对于一个实际应用系统的评价,无外乎功能要求和使用要求两大方面。功能实现是基本要求,没有这一基础,包装再华丽也不会赢得用户。华而不实的系统不会有真正的生命力。但无论内部设计多么完善,如果不能满足一定的使用要求,在大量最终用户直接上机操作的今天,系统也不会取得商业上的成功。一个真正成功的应用系统离不开一个成功的用户界面。

对于一个OA系统来说,什么样的界面可以称为成功的界面呢?这里的核心内容是用户友好性和用户中心性。一个好的OA用户界面,应该能使系统面向最终用户,帮助用户更好、更快、更方便地完成自己的工作任务。具体说来,OA用户界面有如下评价标准:

（1）有效性

主要是指可以帮助用户顺利地完成规定的任务,用户只需提出"要什么",不必管计算机怎样执行,甚至可以根本不懂计算机怎样执行。界面可以使用户将最大的注意力放在自己的工作上,减少对所使用的工具的关注。有效性是综合评价系统功能要求和使用要求的指标,是对OA用户界面的基本要求。

（2）易用性

指人-机交互采用简单、自然、灵活的语言,提供适当的反馈信息和直观的操作方法,操作中语法规则最少,计算机专业要求最少,以尽可能减轻用户的记忆负担和操作计算机系统的心理负担。易用性是一般用户选择应用系统时考虑的主要因素之一。

（3）健壮性

指应用系统的自我保护和恢复的能力。界面应该具有防御用户错误及使用者恶意破坏的能力,对于一般性输入错误给予及时的检查、明确的说明并指示如何纠错,对于不明使用者或重大操作错误给予警告。一个良好的用户界面,还可以具有自动侦测能力,对于恶意或非法使用者进行记录。健壮性好的系统可以使一般用户不必在使用系统时担心误操作的影响。

（4）可学性

指用户理解与掌握系统的难易程度。包括减少用户的先期受训量;可以通过帮助系统边操作边学习;利用系统显示与操作的一致性,用户在学会了某个屏幕、模块或子系统之后,可以举一反三地自行学习、使用系统的其他类似部分。一个可学性差的系统,可能会使用户望而却步,知难而退。

（5）艺术性

指界面外在的表现形式是否和谐、逼真、美观大方，令人赏心悦目。界面中色彩的运用、屏幕元素的形状与结构、多媒体与虚拟现实技术的应用等，应该符合美学、心理学等的一般规律和要求，符合用户的欣赏习惯。界面的表现形式决定着用户对系统的第一印象，这种感观可能会最终影响用户对系统的选择与使用。

随着 OA 系统的进一步发展与普及，其界面将变得更加简单、流畅、方便、灵活、易用和可靠。新一代人-机界面将以可视化、多媒体化、人工智能、超文本技术和自然语言交互为主要支柱，结合人-机交互工具（硬件）的研究与发展，全方位地满足用户的需要，向着"符合人-机工效学原则"的方向发展。

6.3　OA 系统中的管理问题

OA 系统的管理是一个很大的课题，它所涉及的范围是非常广泛的。本节择要讨论在推行 OA 系统时应该特别注意的几个问题：人的因素、信息的利用以及标准化。

6.3.1　人的因素

当一项技术处于最初的发展时期，还只为少数人所理解和利用时，人们往往较多地关注其技术的进步。随着新技术的逐渐普及，技术与越来越多的人发生了关系，人们的关注点则会扩展到技术以外的种种因素，如人对技术的态度、人与技术的关系等等，特别是新技术中人的因素。办公活动是一种社会管理活动，OA 系统属于管理自动化系统。在这类系统中，"人"更是系统的重要组成部分。人员的素质、态度、人际关系、人与系统之间的关系等非技术因素，对系统能否正常运行、能否实现系统设计的能力等影响很大。

在办公自动化的早期，OA 专家们考虑的重点是用文字处理系统改善秘书或职员的工作方式，提高工作效率。随着自动化的全面推进，计算机与人之间的矛盾则越来越引起了广泛的注意。这主要包括：

* 工作环境的非人格化，使很多人抱怨自己成了机器的奴隶，是机器在操纵着人而不是相反；
* 一切条件的改善是为了机器而不是为了人（如空调的安装），人成了机器的附属品；
* 技术基础的改变带来了原有人员的不适应、心理压力甚至是结构性失业；
* 工作效率的提高也导致了劳动力规模的压缩，加剧了竞争和失业的威胁；
* 工作组织日益呈松散状，原有的组织机构和组织方法受到冲击；
  ……

在这种情况下，加强对 OA 系统中人的研究与管理是一个重要而迫切的问题。OA 系统中有不同级别、不同工作性质和工作内容的"人"，应该予以区别。

1. 领导人员

一个系统（办公室、机关、公司等）中的领导人员是这个系统的中心。他们的价值观、处世哲学、方法论以及他们对待他人的态度，将对系统内其他成员的工作态度、工作效率以至工作氛围带来直接的影响。领导人员是 OA 系统的决策人、管理者和服务对象。领导人员对 OA 系统的认识和态度是系统成功的关键性因素。

OA 系统的推动者和设计者们应该认识到,只有得到高层和中层管理者支持的改革才有可能成功。因此推动 OA 系统的第一步非常重要,这就是使领导层真正理解采用 OA 系统的必要性,了解 OA 系统可能给整个机构和他们本人所带来的直接利益和深远影响,使他们接受 OA 系统,进而成为 OA 系统的组织者和推进者。

仅仅是理智的说明,可以使领导者同意实行改革,但不一定能使领导者热心地投入这项工作。要获得领导者的真正支持,除了进行充分的需求分析、可行性分析以外,还应该:

• 着重强调领导者的关注重点;

• 用充分的事实表明原系统的不适应性,强调这种不适应性对领导者自身的影响;

• 结合现系统的最大弱点(如信息查询、成本分析、辅助决策等),显示新系统的优势与效果;

• 拿出有价值的新系统,新系统应该是易于使用的,包含领导者所关心的基本信息,直接解决领导者最为关心问题,且可以根据使用者的要求进行调整和扩展;

• 使领导者看到,新系统不仅可以使以往的工作完成得更快更好,而且可以完成原有系统所难以完成的、对领导决策有价值的辅助工作。

获得领导者的支持是实施 OA 系统的前提。

2. 工作人员

办公系统中存在的最大量的人员是一般工作人员。他们虽然是系统中的被领导者,但由于他们是系统的主要操作者,系统效率的发挥,主要依赖于他们对系统的直接使用。

在决定了实施 OA 系统之后,OA 系统的领导者和设计者们应该重视对一般工作人员的动员、引导,应该使他们认识到,信息化与自动化是一种不可逆转的历史潮流,能够了解并迅速接受这一趋势并及时做出反应与调整的人员才能够有前途、有成就,信息化与自动化将为他们提供无限的机会。

在实施 OA 系统中,为了使工作人员与自动化系统相适应,应该做到:

• 强调推行 OA 系统的现实意义与历史意义,表明推行 OA 系统的明确立场和态度;

• 尊重工作人员,让他们直接加入系统的研究工作,使之感到新系统是"我的系统";

• 使工作人员切实感到计算机是把他们从繁琐的事务堆里解放出来的工具而不是他们生存的威胁;

• 设计用户友好性系统,使工作人员乐于使用系统;

• 进行必要的技术培训,为他们提供适应和提高的途径;

• 结合自动化系统的实施,制定完整的管理要求和标准化的提升途径;

• 建立自动化的反馈机制,及时掌握工作人员的工作进展、完成情况和各种变化。

赢得工作人员的配合是实施 OA 系统的基础。

3. 系统服务人员

在 OA 系统的整个生命周期里,还有一类重要的人员:系统的设计者、管理者和维护者。这些人多数是计算机系统方面的专业技术人员。系统服务人员一般对计算机硬件、软件有较深入的认识,具有较为丰富的计算机系统设计与使用经验。但是也应该注意到,他们不是办公活动的专家,对办公系统、系统工作流程、办公规章制度、业务要求以及办公人员的工作习惯等可能会缺乏了解与理解。因此,单纯依赖计算机专业人员设计 OA 系统可能会产生某些不适应。在 OA 系统的设计与管理、维护中,应该使系统服务人员做到:

- 明确自己的"系统服务"性质,摆正位置;

- 学习业务知识,掌握管理与办公活动的基本原理、过程、要求与特点;

- 树立"用户友好"、"用户中心"思想并将其贯彻于系统生命周期的全过程;

- 在系统设计的初始阶段进行充分的调研,提供严格完整的系统分析报告;

- 与用户进行及时的、经常的交流,以确保真正了解用户需求,使系统的设计符合用户的需求,并可以根据需要调整和扩展;

- 为系统的运行制定严格的管理制度与规范,并保证其落实。

6.3.2 系统信息

系统信息是 OA 系统中的一个重要因素。OA 系统在对系统信息的应用与管理中,应该重视如下问题:

1. 信息的汇集

为了保证 OA 系统的有效运行,信息汇集是一个关键性的问题。如果没有充分的信息,一方面,OA 系统将陷入"无米之炊"的窘境,无法为信息使用者提供他们所需要的信息;另一方面,若干次不能满足信息需求后,必将极大地影响 OA 系统的信誉,影响系统的普及与应用。

OA 系统的信息来源有几个途径:

（1）日常累积

在计算机或文字处理系统普及后,办公信息多数会通过计算机进行处理,如利用文字处理系统、电子表格系统、文档管理系统、数据库系统、电子邮政系统等等。所有进入计算机系统的数据与信息(当然要进行某种程度的筛选)应该尽可能予以保留,作为系统信息库内容的一部分,提供信息的再利用。

（2）定题追加

日常累积只能解决系统运行以后信息的输入问题。而为了支持决策,必须建立一个完整的信息库,必须包括有充分的历史信息。历史信息的回溯是一项艰巨的工程。其艰巨性主要表现为信息量大,需要组织大量的人员、时间和资金,这往往是机构内部一时难以满足的。

解决这一难题的途径是定题追加。即根据当前中心工作、形势、热点话题等,组织适当的人力物力,进行相关信息的追加。这种做法既缩小了输入信息的范围,减少了信息处理量,又能满足一项具体任务的需要,做到了长、短线相结合,历史信息追加与完成突击性任务相结合,可以以较小的代价,在完成日常任务的前提下,逐步完成全部历史信息的追加。

（3）联合协作

OA 系统是一种分层的、纵横交错的复杂系统,其信息来源有本部门的、基层单位的,也有大量的来自横向关系的信息。为了在相关部门之间实现信息的有效交流,部门之间应该进行合理分工,协调输入并建立持久的、受行政的甚至是法律的手段支持的信息协作关系,这是减少重复操作,实现信息资源共享的一条捷径。

（4）购买

对于那些已经进入市场,质量较好的商品数据库及其他信息产品,可以考虑采用购买的方法。采用购买方式需要有一定的资金作为基础,但省时省力,也有质量保证。

应该特别注意的是,在系统信息的汇集工作中,可以也应该对信息进行某种程度的筛选和加工,但必须尽可能地保留信息的原始形式。OA 系统输出的信息多数不采用信息的原始形式,但原始信息永远是构造信息大厦的基础,也是系统根据以后的需要对信息进行加工、利用的基础。另外,应该注意对信息库进行不断地补充和修订,以使库的内容经常保持正确性和及时性,这样的信息才具有实用价值。

2. 信息的加工

信息加工包括三方面的内容:加工预处理、组织和深层加工。

加工预处理主要是原始信息的鉴别。系统所收集到的信息来自多种途径。其中,可能会有相当数量的错误信息和虚假信息,系统应该有能力对其进行鉴别与纠正,以防这些信息进入系统,成为"死信息"或垃圾信息。垃圾信息不仅使得系统运行效率降低,更为严重的是,有可能给领导者带来错误的印象甚至是导致错误的决策。

信息组织是指根据系统的信息组织方式(数据结构、数据库设计、文件关系等)将原始信息经过组织保存或者显示。信息组织一般是以信息的外部特征为组织依据,如机构的信息按照其组织关系、人员的信息按照其工作性质、公文的信息按照其发文机构或文件主题、生产的统计信息按照国民经济行业或部门的划分等等,也可以按照信息的来源进行信息组织。经过组织后的信息按照系统的固有安排进行存储,使用系统时,利用菜单等方式就可以方便地了解这些信息或对其进行形式变换。

深层加工是指对系统信息进行内容上的发掘,从原始信息中发掘出更多的意义。根据系统的固有安排组织信息可以解决对于系统信息的程式化的工作需求,如每月、每季的统计情况显示、对下属机构或人员的一般情况了解等。当决策者需要综合各类信息完成某项重大决策时,他往往需要调动方方面面的信息,将这些信息按照自己的需要装入某个模型并进行信息和模型的反复调整。一般信息组织方式的固定化、程式化的特点在满足这类需求时往往显得捉襟见肘,力不从心。信息的深层加工正是要根据用户(主要是领导者、决策者、高级管理人员)的具体需要,对原始信息进行重新的编辑、归类、调度和组织。其信息来源,主要是本系统的信息库,但是当原有信息不能满足需要时,系统可以通过网络等在更大的范围里获取信息。如果仍然不能满足需要,系统则提出运行模型所需要的、而系统中所不具备的信息的类型,要求外部的输入。在进行深层加工时,信息往往是按照信息的内在特性或用户需求进行重新组织的。

3. 信息的利用

目前,尽管对 OA 系统还存在着很多模糊的、不尽全面的认识,尽管我国的自动化水平还不高,但作为一种大趋势,OA 系统的应用已经引起了各级管理人员、管理机构的广泛注意和重视。很多单位已经将计算机拥有量、网络状态、OA 系统应用、工作人员的计算机操作水平等作为办公机关工作和办公人员等级评定的重要标准。1995 年底,我国劳动部职业技能鉴定中心制定,国家职业技能鉴定专家委员会计算机专业委员会审定了《计算机办公应用技能标准》和《计算机办公应用技能鉴定规范》,这也从一个侧面说明,我国目前已经充分认识到了未来的办公室必将是电子化的办公室,未来的办公活动必将是计算机化的处理活动,未来的办公人员必须具备操作计算机完成办公业务活动的能力。

那么,推行 OA 系统就是要强调计算机的操作和应用吗?办公自动化对未来的领导者,未来的高层管理人员提出了什么要求呢?换言之,未来的领导者,未来的高层管理人员将如何利用 OA 系统呢?

在 OA 系统中,我们将领导者、高层管理人员定位于"信息使用人员"。他们是利用系统提供的信息完成科学决策、了解决策执行情况并控制其执行过程的人员。正是因为这种定位,我们需要强调一个观点：领导者和高层管理人员的主要任务不是关注具体的技术细节，而是如何利用好系统提供的信息资源，如何与系统进行交互以索取管理、决策所需要的信息，以及如何对这些信息进行深入的挖掘和进一步的组织，使之适合具体的需要。

最典型的高层管理人员如 CIO（Chief Information Officer，高级信息主管）为一类复合型人员。他应该掌握最新的技术知识，掌握本机构的工作业务，有良好的人际关系和组织管理能力。他负有业务分析、工作顾问、战略规划、战术管理等责任。具体来说，他在机构内的主要工作是有效地管理信息技术部门，为管理决策提供必需的信息，并将这些信息作为本机构的业务支持和业务引导工具。在 OA 系统中，这类人员关注新信息技术的目的是为了以最新信息技术为手段，以提高机构的办公效率，提高竞争能力。他们对于信息的应用体现在充分调动、分析信息，为管理决策服务。

系统中的领导者是机构中的最高决策者。他身负管理决策之要责，而决策的基础是充分的、真实的信息。从 OA 系统获得必要的信息，将信息组织成适当的结构，以需要的形式输出信息，并从系统中获得决策辅助，这是领导者对 OA 系统的希望，也是 OA 系统的最终目的。

我们必须真正认识到，强调设备配备、操作技能等是为了保证系统的正常运行，而 OA 系统运行的目标是为办公系统服务，OA 系统普及与应用的根本意义，不在于系统的操作而在于系统信息的利用。

6.3.3　信息工作标准化

1.　信息工作标准化的意义

OA 系统应用是国家信息化的一个重要内容，而信息化，信息资源共享的前提是标准化。

标准化是指在经济、技术、科学和管理等社会实践中，对重复性事物和概念通过制定、发布和实施标准，达到统一，以获得最佳秩序和社会效益。值得注意的是，一提到标准化，人们往往想到的就是为制造产品而制定标准，而实际上，标准化的内容除了产品标准以外，还包括有技术标准和管理标准。管理的现代化同样离不开标准化。标准可以为管理活动提供目标和依据，是实现管理的规范化、程序化和科学化的基础。工业社会标准化的重要性已经是众所周知的了，而信息社会中的标准化问题应该现在就引起我们充分的注意。

美国在信息工作标准化的进程中曾经走过一段弯路。美国最早的信息化建设可以追溯到1914 年，其时，美国海军部首先建立了仓库补给与储存目录。自此以后，经过几十年的时间，美国各军兵种、各后勤部门和各局都相继建立了自己的物资管理系统，并分别采用了自行编制的物资标识和分类体系。在第二次世界大战期间，亚洲、太平洋战区、欧洲战区及美国本土的军需物资需求量剧增，但是由于各种订单或调运命令中采用了非统一的名称或编码，往往造成重复订货、重复生产和重复调运，因而也造成了极大的浪费，其损失有时竟达到上百万美元。更为严重的是，如果因名称的不统一而造成错误的调运，就有可能带来更为严重的损失，甚至是灾难。鉴于这种因物资分类与名称的不统一而给国民经济生产和国家安全所带来的影响，美国下决心实施统一的目录管理，并终于在 1952 年通过了《国防编目与标准化法》。这一项公共法案为信息工作标准化提供了法律保障，促进了国防系统和政府各部门补给管理工作的高效率和低成本。到 50 年代末，物资标识、分类系统、系统的实时维护和原各部门编目系统的改造工作基本完成。在此基础上，美国政府完成了所属供应系统和后勤工作的计算机化管理，并于 60 年代将这项计划推广至民用。在 1973 年修订的《美国规则条例》的第 6 部分"数据元及其表示法的标准化"中明确表示,制定该法案的目的是"使联邦政府的数据资源得到最大限度的利用,在数据收集、处理和传播的过程中避免不必要的重复和互不兼容。"而在没有贯彻统一的标识、定义和数据的表示法标准的情况下,信息化不可能实现其潜在的效益。该法案还规定,美国的各级政府部门之间和公众间的信息交换,都必须执行"数据元及其表示法的标准化"中所规定的各项信息标准。至此,全美信息标准化的行政管理体系、各部门的基本职责、有关的法律和标准基本成型。事实表明,这种集中化、职责化和法制化的管理方式与市场经济优胜劣汰机制的结合,使美国的国家信息化得以顺利发展,为日后计算机系统、网络通信、条形码技术以及这些技术在国防系统乃至全国的应用打下了基础。正是在这一基础上,发展起了今天已经人人皆知的Internet。

"他山之石,可以攻玉"。当今信息强国所走过的弯路及其发展经验,对于正在大力推行信息化的中国,对于我们研究、发展 OA 系统有着重要的意义。

信息技术标准化对于 OA 系统的主要意义在于,标准化是信息化的基础性工作,是系统资源共享的前提,也是提高信息质量的重要保障。如果说,信息化社会的主要工具是计算机,那么,"数字化"就可以作为信息化社会的代表性特征。计算机数据处理要求数字具有精确性、惟一性、代表性和系列性。为了保证数据含义的准确与一致性,就必须事先确定代码、数据元和数据项的定义、标识及其相互关系、相对位置等,这就是信息标准化的基本工作。例如,在全国的办公系统中,由于需要进行跨部门、跨系统的信息收集、交互与统计,就要求采用一致的数据分类体系、一致的数据名称、数据类型等,以避免出现因同一事物采用了不同的名称,或同一名称代表了不同的事物而造成的混乱。

2. OA 系统标准的内容

OA 系统标准所涉及的内容主要有:

(1) 办公活动标准

① 办公制度与办公例程;

② 办公管理体系结构:包括人员与机构的设置、隶属关系、业务联系等;

③ 办公人员的名称含义与分类;

④ 办公人员管理:包括工作内容、提升条件和途径等。

(2) 信息处理标准

① 确定指标体系:主要是统一系统所采用的各项指标的含义、计量方法与计量单位等;

② 信息分类与编码:包括国民经济各行业、各部门的划分、分类与编码,以及区域、资源、职业、产品、资料的分类与编码等;

③ 原始信息的采集方式、控制与输入:包括信息来源和形式、信息采集的工作流程与要求等;

④ 办公文件的标准:包括文件类型的确定、分类与撰写格式;

⑤ 中文处理标准:包括汉字与少数民族文字的字符集、词库、字形库的确定,信息交换码、内部码以及输入输出方式等。

(3) 信息存储与传输标准

① 磁、光记录格式与文件格式;

② 网络通信协议。

（4）设备标准

① 计算机系统的标准或规范：包括硬件的芯片、接口，系统软件、支撑软件、应用软件、用户界面等开发设计所采用的标准或规程；

② 网络通信系统：包括数据通信标准、网络结构与网络协议等；

③ 办公设备(如复印机、打字机、电话机)的电气指标、连接要求等标准或规范；

④ 人-机功效学方面的标准：如设备外型的舒适性、电磁辐射防护、光源光线使用等。

（5）安全标准

① 数据传输的加密算法与管理；

② 磁盘存储(软件或数据)的加密与存取控制；

③ 身份鉴别：例如口令、数字签名、密钥管理等；

④ 硬件保护与应急：包括机房环境与条件，计算机、网络与记录介质的利用与保护，灾难性事件的预防与发生后的处理等。

⑤ 门卫制度

OA系统的管理是一项需要引起特别注意的工作。可以说，一个真正有效的OA系统不是"购买"得来的，不是"设计"出来的，而是"管理"出来的。在OA系统的推行中，必须使全体人员——领导者、工作人员和系统服务人员摆脱单纯技术观点，明确认识到，单纯的技术改进并不一定是提高系统效率的最有效的手段，先进的技术必须与管理风格、管理哲学和管理技术相结合，才能促进系统的有效实施。

办公自动化是一个不断生长着的系统，其概念在不断地演变，功能在不断地扩展，技术手段在不断地更新。OA系统的应用，不仅仅是自动化系统的应用，它在社会管理与组织中正在发挥着越来越重要的作用，对于今后的社会组织结构、社会职业、人际关系、学校与社会教育、社会法律等都将产生越来越大的影响。同时，外部环境、科学技术以及人们的思想观念的发展变化，也必将促进OA系统的发展与生长。

第七章　OA 系统选介

7.1　综合电子办公系统——CEO

1983 年,美国 DG 公司(Data General Co.)推出了一个大型通用综合办公自动化软件——综合电子办公系统(Comprehensive Electronic Office;CEO)。CEO 促使 80 年代的办公室发生了革命性的变革,它提供了支持办公事务处理的一系列工具。进入 90 年代以后,功能强大而廉价的 PC 机、局域网、各种应用软件和图形用户接口(GUI)的发展和相互结合,为现代办公系统提供了更良好的环境,也对办公软件提出了更高的要求。CEO 为将各种优秀的系统硬件和软件集成在一个办公环境中协调工作提供了支持。它集多种功能于一体,包括文字处理、表格处理、文档管理、日程安排、会议安排、备忘录、电子出版、电子邮政、决策分析、数据分析报告和 4GL 数据库等多种事务处理和信息管理的常用软件工具,在网络的支持下,能够与其他多种系统交换信息,也能与电话、电传、激光印字机、字符阅读仪等设备连接,构成一个功能强大的通用电子办公系统,被公认为是办公自动化的优秀产品之一,在全球的用户已经超过了50 万。近年来,国内已和 DG 公司共同完成了该系统的汉化工作,汉化后的 CEO(CCEO)在我国的很多政府机关、大型管理部门、教育部门(如国务院办公厅、外交部、邮电部、哈尔滨铁路局、清华大学等)中获得了广泛的应用。

7.1.1　CEO 系统简介

1. 运行环境

DG 公司为 CEO 的运行提供了良好的运行环境,具体包括:

(1) 主计算机

CEO 系统所运行的主计算机主要是 DG 公司的 32 位 MV 系列超小型机,也可以在 32 位办公室专用超小型机 MV/DC 系列机和 16 位多用户微机 DESKTOP 系列机上运行。

(2) 操作系统

CEO 采用的操作系统是 DG 公司的 AOS/VS(Advanced Operating System/Virtual Storage,先进操作系统/虚拟存储)。这是一个多用户虚拟存储操作系统,能够进行分时的交互式用户应用、多批作业流及联机应用,并为数据管理软件、应用程序开发语言、通信及网络等提供支持。AOS/VS 具有文件存取控制、审计追踪能力和口令加密等保护系统安全措施,特别是它的"故障保险"文件系统,有查错和防止故障、实现自动化复原的功能。

(3) 网络

DG 公司的产品遵守各种工业标准,为一种 OpenLAN 产品,其开放式网络管理为 CEO 提供了分布式处理数据的能力,而且能够以多种方式实现异种机之间的连接。MV 系列机可以运行多种传输协议软件,包括 Token Ring NetBIOS,NetWare Transport,TCP/IP 等。采用的通信网络可以是局域网,也可以通过 X.25 与公用数据网或电话网实现远程连接。

（4）工作站

由于一种型号的工作站往往不能满足各个部门、各种人员的需要,设计 CEO 时考虑了适应多种工作站的运行要求,如普通字符终端、UNIX 工作站、Macintosh 机、AViiON 工作站、PC 和 GUI PC 等。为用户灵活选择适用的的终端、PC 机、台式机或便携机提供了方便。

2. 软件组成

CEO 有 1000 多个程序或实用程序,其设计采用结构化程序设计方法,内部分了若干层次,主要是基本程序组和可选择功能软件组。

其基本程序组包括:

① 服务程序:日程管理程序(CEO-CSA. PR)、电子邮政程序(CEO-POA. PR)、队列管理程序(CEO-QMA. PR)和文件管理程序(CEO-FSA. PR);

② 记录程序(CEO-LOG. PR);

③ 用户控制程序(CEO-C. PR);

④ 文字处理程序(CEO-WP. PR)。

可选择功能软件组包括的程序主要有 CEO 拼写检查(CEO Spelling)程序、CEO 决策库(Decision Base)软件、信息展现(Information Present)软件等。

CEO 软件的大致结构如图 7.1 所示。

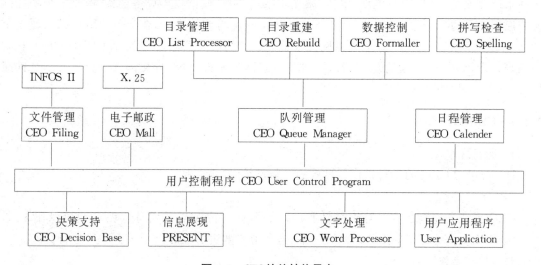

图 7.1　CEO 软件结构示意

用户通过菜单选择、功能键或组合功能键可以方便地进行操作。

3. 系统特点

（1）功能的综合性

CEO 功能的综合性体现在多方面,包括将办公自动化系统的各种功能综合于一体,能够满足行政、商业、教育、科研、技术、工业等多行业、多部门的管理要求,具备从办公事务处理、信息管理到决策支持的多层次处理能力,有 20 多种语言的版本,用户可以采用对方文字与其他办公室进行通信。

（2）再建造能力

CEO 是一个完整的、功能强大的 OA 软件,用户可以不必进行任何编程工作,只按照系统菜单和提示输入文字、数据,就可以编制各种文本、表格和图形,处理公文,收发信函、电报和电传,安排工作日程和会议。但是 CEO 不是针对某一个具体单位开发的专用软件,而是一个通用软件。用户还可以将其作为一个开发平台,根据自己的需要做进一步的开发,也可以将其他应用软件纳入 CEO 系统之中。不仅如此,CEO 软件的功能是可裁剪的,用户可以根据自己的需要或爱好重新设计菜单。CEO 的这种再建造能力适应了 OA 软件商品化、标准化的要求,满足了更广大的用户群的需求。

(3) 有力的软硬件支持

CEO 所运行的 MV 系列机高、中、低档机型完备且相互兼容,高档机如 MV/60000HA,运算速度可达 108MIPS,主存可扩充到 1GB,磁盘容量达 2.3TB,可以容纳 1000 余工作站,并连接 4 个局域网;而 MV/3200DC 作为 MV 系列中的一种经济有效的数据处理设备,运算速度为 1MIPS,主存 24MB,磁盘容量 7.5GB,采用 802.3LAN 接口,可以连接 48 个工作站,与该系列的高档机完全兼容,能有效地运行 DG 公司全部的 32 位软件。MV 系列机扩充灵活、升级经济方便,其互操作能力不仅体现在 MV 系列内部,还可以利用 CEO Connection 实现与 PC 的连接、利用 Open MAC 与 Macintosh 机连接、利用 AV Office 与 UNIX 系统环境连接,实现多环境相互操作,共享文件与数据,包括利用 PS/2,UNIX 和 AOS/VS 的应用程序和服务。另外,CEO 还可以利用 MV 机的联网通信能力完成诸如电子邮政、电子会议、电子日程管理、家庭办公、移动办公等功能。这种有力的软硬件支持,可以保护用户的现有资源,使用户应用得到最大的自由度,满足不同用户的各种要求。

(4) 多任务处理与多任务切换

多任务并行是办公活动的基本特点,CEO 利用中断处理功能来保证办公活动有条不紊地进行。无论在什么时候,击中断键即可逐项显示以前进行的工作,通过进行任务切换,继续进行被打断的工作。另外,在使用系统的过程中,屏幕的提示栏中始终提醒用户注意新的报文或紧急报文的到达。

(5) 全面的安全性控制

CEO 具有良好的安全保密控制,它提供了系统级、子系统级、功能级和文件级四级安全保密措施,注册时验证用户名/口令及文件存取特权,用户还可以要求口令加密和记录系统活动,这些控制能够满足大型信息系统对数据安全性的要求。

(6) 流行软件包接口

CEO 为流行软件提供接口,以使用户可以在 CEO 环境中使用自己习惯使用的应用软件。CEO 包含的接口有 Lotus 1-2-3,WordPerfect,AMI Professional,Borland Paradox 和 Microsoft Excel 等。

7.1.2 CEO 系统的主要功能

CEO 的功能菜单如图 7.2 所示,下面我们择要进行介绍。

1. 文字处理

文字处理是办公活动中工作量最大,最繁琐的任务之一。CEO 为用户提供了字处理功能,使其可以方便地建立和编辑各种文本文件,如字处理文件(WRD)、表处理(List processing)文件(LST)和信息展现的查询文件(QRY)。CEO 的字处理功能可以帮助用户通过键盘输入、磁盘文件输入或扫描输入等起草建立文件,可以对已经建立的文件进行与其他字处理系统类似

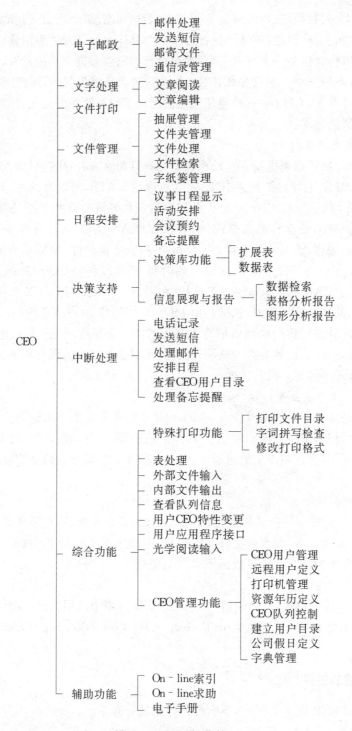

图7.2 CEO功能菜单

的编辑操作。最后,可以利用 CEO 的电子邮政功能将编辑好的文件发给有关用户,或者以用户指定的格式进行打印。如果用户需要,DG 公司还可以提供其他文字处理系统,如 CEOWrite,WordPerfect 或 OFFICE/Publisher 等。

CEOWrite 是紧密集成在 CEO 环境中的文字处理软件包。其功能包括对 PC 文档和主机文档进行透明传输；建立多字体文档、复合文档和词汇表；多栏和齿状栏编辑；拼写检查；联机百科全书等。CEOWrite 的用户接口是可剪裁的。

WordPerfect 系列软件中的 CEO Integrated WordPerfect 版本被紧密集成在 CEO 环境中，可以实现 WordPerfect 的全部功能。

OFFICE/Publisher 为一个和 CEO 文字处理系统相连的台式轻印刷系统，可以方便地完成图文并茂的文档的印出，如输出手册、财务报表、合同书、投标书、商情报告。

CEO 系统为用户提供以《美国标准传统字典》为基础的内部词典，包含有超过 7.5 万个单词，可以用于自动纠错，也可以用来查找单词的正确拼法。系统还支持用户另外建立用户词典，以增加具有个人使用特点的专业术语、缩略语、人名等，配合内部词典共同使用。

2. 电子邮政

CEO 的电子邮政是在 CCITT 的 X.25 协议的支持下，实现同一网络中不同节点机上用户间消息或资料的发送、接收、存储与打印。CEO 的邮递对象包括短信息（Short Message）、各种 CEO 文件（Document）或非 CEO 文件（Non CEO file）。所发送的邮件可以注明类别，如急件、密件、挂号件、只读件或定时件等。其具体功能包括如下几项：

（1）邮件处理

CEO 为每个办公人员分配一个邮箱，用以接收其他人员发来的消息。寄给某一个 CEO 用户的邮件，无论该用户当时是否在 CEO 上工作，系统都自动将其投入他的邮箱。当通过菜单进入邮箱时，邮箱目录是按邮件的发送时间倒排进行显示，目录项目包括邮件编号、发送时间、发送人、邮件标题等。

（2）发送短信息

所谓短信息是指少于 9 行（每行 70 个 ASCII 码）的信息，如发送的电报、通知等。CEO 为用户提供了一屏格式化的"邮笺"，只要在邮笺上填好收信人的名称、邮件的标题和邮件正文，用户就可以方便地传送短信息。

发送时，可以由用户指定一个或若干个收信人，也可以事先编制好一个分发表或一个通信录，邮件将发送给表中列出的所有人。如果不能确定收信人的准确地址，可以调出全局目录查找。如果出现人名输错或网络障碍等问题，CEO 会拒发邮件，说明拒发的原因，并响铃通知发送人。发送人可以查阅自己的邮箱，对拒发的邮件进行处理并重发。系统内部有拼写校验功能。

（3）发送文件

通过 CEO 邮局（Post Office），用户可以邮寄存储在磁盘上的任意长度的 CEO 文档（包括表格、字处理文本、数据库和图形等）、文件、文件夹以及非 CEO 文件。发送邮件时，CEO 在屏幕上显示若干提示，用户可以按照提示输入有关信息，还可以在邮件前面对要发送的文件做必要的说明，以便收信者处理。其他具体处理与发送短信息相似。

（4）通信录管理

发送邮件时可以在收信人处填写通信录（Mailing List）名，于是系统就将邮件分别发给通信录中的所有人。用户可以根据需要建立多组通信录，也可以对通信录进行查看、修改、删除和打印。

（5）其他功能

① CEO 电传

CEO 系统含有一个 CEO 电传软件，通过在一个串行口上加一个与电传线路的接口，每个 CEO 用户就可以在自己的终端上发电传。系统将自动为用户的待发电传排队，进行格式检查，并在系统空闲时发送出去。外面发来的电传自动进入电传操作员的邮箱，然后由电传操作员将电传分发给指定用户。

② CEO 传真

RUSH 是一个供 MV 系列机用户发送传真的软件包，它可以将用户制作的 CEO 文档或 WordPerfect 文件转换为传真格式，然后自动地拨号并进行发送。RUSH 有效地提高了多用户系统中传真的发送速度，简化了管理工作。

③ 语音邮递

采用语音/数据终端的用户可以记录下一段声音信息并保存为一个语音文件，然后将其作为 CEO 文件发送给其他 CEO 用户。语音邮件的接受者如果也采用语音/数据终端，就可以对这段声音进行回放播出。

④ EDI

EDI 即电子数据交换（Electronic Data Interchange），是 80 年代初期发展起来的一种利用计算机和通信网络进行传递、处理业务文件的技术，常用于贸易、工业、运输等领域。CEO 利用一个电子数据交换软件——TRANSLATOR DG，完成以 EDI 标准格式交换购货单、发货单、单据认可证、运货单和其他文档的事务。

⑤ 来件应答

来件应答软件（CEO Answering Machine）提供了一种当办公人员不在现场时及时答复收到邮件的功能。用户可以事先将答复信息记录下来，当 CEO 收到邮件后，就从邮箱中取出记录的信息及时答复。此外，CEO Answering Machine 还具有一些更灵活的功能，它可以只对急件和机密邮件进行答复，而将其他邮件转发给其他人，还可以事先指定对哪些人不予答复。

⑥ 废信篓

这是对邮箱管理功能的扩展，主要是对邮箱进行清理，暂存待清理的邮件。其中的"碎纸"选项将彻底地、真正的清除无用的邮件。

3. 文件管理

（1）文件管理方式

CEO 具有很强的文件管理能力。其文件管理系统建立在 MV 的层次型数据库 INFOS II 的基础之上，以 INFOS II 强大的数据文件管理和分布式处理功能为支持，因而具有比其操作系统的文件管理更强的功能。

作为一个支持办公活动的自动化软件，CEO 为了减少用户使用系统的障碍，尽可能模仿真实办公环境，采用了与操作系统中的文件系统不同的管理方法。CEO 的基于 INFOS II 的用户文件管理体系，完全模仿办公室文件档案的管理方式，为每个用户建立私人的或公用的"文件柜（Cabinet）"，每个文件柜可以有任意多个"抽屉（Drawer）"，每个抽屉可以存放多个"文件夹（Folder）"，每个文件夹中可以存放多个文件。文件柜中的抽屉和文件夹可由用户根据需要命名。

CEO 文件命名和分类管理方式比操作系统中的更灵活，更方便。文件名中除了少数几个

224

符号(如#，"，/，*，，，=，+，:等)之外可以使用其他任何字符包括空格，文件名的长度可以多达 25 个字符。

CEO 的文件类型包括字处理文件(WRD)，表处理文件(LST)，扩展表(Spreadsheet)，文件(SPD)，外部文件(EXT)，PRESENT 查询文件(QRY)，图形文件(GKM)，数据交换文件(DIF)，数据表文件(DTB)等。

(2) 文件管理操作

① 建立文件

CEO 文件建立的方式灵活，可以在进行文件管理时建立，也可以是用户在运行字处理、表处理、信息展现、决策库程序等时建立的任何文件。用户在建立文件的同时可以建立"文件摘要"，记录文件作者名、文件类型、题目、文摘、关键字、打字者名等信息，作为以后文件检索的依据。

② 文件检索与访问

CEO 为用户提供了方便的文件检索功能。用户可以按照文件柜→抽屉→文件夹→文件名的方式访问已知存储位置的文件，也可以通过作者、文件类型、标题、建立日期、关键字或其他文件特性，组合列出检索式(可以包括通配符、布尔运算符、优先级和近似)，在所有的文件柜、抽屉和文件夹中快速检索到指定文件的具体位置并访问文件。用户访问文件时可以对文件进行各种编辑修改。

③ 其他管理

CEO 还有一些其他的管理操作，如，对抽屉、文件夹和文件的命名、查看、修改和删除；文件在任意抽屉或文件夹之间移动、复制；用户对拥有所有权的文件的删除；不同来源文件(如 PC 字处理文档、UNIX 字处理文档、Macintosh 字处理文档)的格式转换；多用户共享(同时访问)文件；文件加密、文件访问控制、建立后备文件(供文件受到破坏时进行恢复)以及"废纸篓(Wastebasket)"等，必要时，还可以借助 CEO 的电子邮政功能将指定文件发往其他用户。

其中，删除是将文件丢入废纸篓。用户可以对废纸篓中的文件进行查看、打印或"捡回(Restore)"。废纸篓由 CEO 管理员或由系统定时自动进行清除。废纸篓清除是将文件从磁盘上真正删除，清除后的文件不能再被"捡回"。各用户的废纸篓是私有的，不允许其他用户进行查看等操作。

4. 日程管理

CEO 的日程管理功能也称为 CEO 的行政管理支持，主要包括个人日程预约安排和办公资源(即由系统统一管理的公共办公设施)调度，是对办公活动中人、事、物的时间管理工具。CEO 为每个用户和办公资源都分配一个万年历(Calender)。用户可以用自己的年历安排、记录活动日程，可以与其他 CEO 用户预约会议，也可以向系统请求使用办公资源。

(1) 活动安排

活动安排是指在年历中增加新的活动记录。CEO 中的活动主要有会议(Meeting)、约会(Appointment)、旅行(Trip)、休假(Vacation)、私事(Personal)和其他(Other)。用户首先确定活动类型，然后填写 CEO 给出的格式化屏幕。根据用户填写的内容，CEO 将安排情况追加到用户的个人日程表中。在安排活动时，用户可以指定活动时间，也可以选择系统的"尽早安排"功能，由系统视日程表中的情况自动安排。

CEO 具有活动安排的冲突检测能力。如果新输入的活动安排与日程表中的原有安排时间有冲突,系统会提醒用户冲突的存在,并提供自动安排时间的功能。

CEO 具有用户活动提醒(Reminder)功能。如果需要系统提醒,用户可以在安排活动时加以说明,建立一份提醒单,系统会自动将其记入提醒信息文件。

"特权用户"功能实际上是系统允许指定人可以有权查看或修改某些人的个人日程表,这项功能可以方便办公系统内部上级对下级活动的安排与检查。

CEO 的日历预约可以维持过去 1 年,未来 20 个月的记录。系统将自动删除 1 年前的预约记录。如果是需要保存的重要的预约记录,用户可以在到期之前进行转存保留。

（2）议事日程显示

CEO 用户可以把自己的年历及其日程安排情况以日历、周历或月历的方式进行显示查看。显示可以是以日历形式显示其中的时间安排,也可以是把某一特定活动的详细安排情况,如活动的日期、时间、地点、内容和有关人员等全部显示出来。如果在活动安排时要求了活动提醒服务,一旦到了要求的提醒时间,若用户在 CEO 环境中,CEO 将响铃,并在屏幕的右上方出现闪烁字符以提醒用户注意;如果要求提醒的是同处 CEO 环境的多人会晤,到时系统将自动提醒所有参加者。

（3）会议预约

会议预约是 CEO 为用户提供的一种与其他用户预约会议(多人会晤)的功能。当用户指定了参加人员后,系统将扫描这些人的个人日程表(CEO 具有同时扫描 4 个日程表的能力),并将他们的空闲时间告之用户,以作为安排会议时间的参考。与前述活动安排类似,会议预约也有指定时间安排和尽早安排两种方式。当用户收到其他人发来的会议安排后,可以通知系统,用该信息调整自己的日程表。

与此类似,用户可以借助 CEO 对所需要的办公资源,如会议室、投影仪、扩音设备、录像机、汽车等进行预约,系统将对这些资源进行统一调度。

CEO 用户可以借助于远程网从其他地方访问自己的日程表。

5. 决策支持

CEO 的决策支持功能是由决策库(CEO Decision Base)和信息展现工具(PRESENT)组成,其共同的基础是各种数据管理系统和数据文件。

CEO 决策库是一个集成化的决策支持软件包,包括两个独立的程序:扩展表(Spreadsheet)和数据表(Data Table)。信息展现工具则包括有数据检索、表格的转换分析与报告生成等功能。

通过信息展现(PRESENT)程序,受权的 CEO 用户可以打开 数据库,并存取库中的数据。数据分析结果既可以直接打出表格报告,又可以调用商用绘图系统(TRENFVIEW)以图形方式给出。

（1）扩展表(Spreadsheet)

扩展表是进行财务分析、投资预算分析等的通用电子表格软件。用户首次进入 CEO 的扩展表时,系统将建立一个 SPD 文件,为用户提供一个大的空白表。用户可以根据需要对其进行电子表格软件所能够进行的各种操作。扩展表容量大,功能强,可以进行各种算术运算,还可以使用多种函数,包括指数、对数、取整、求模、三角函数和某些用于预测分析的组合函数。另外,扩展表还提供了方便的合并、拆分、数据排序、格式转换等操作,如扩展表文件可以与数据交换文件、表处理文件、字处理文件等进行数据交换。

（2）数据表格（Data Table）

数据表格是一种用于大量数据录入的软件。数据表为用户提供一个二维表格。用户可以通过一系列菜单建立数据表，如定义表头、确定表中每列的数据类型、数据长度等。对于建立起来的数据表格，可以进行数据的输入、编辑修改、排序、选择和连接。与扩展表类似，数据表格文件也可以与多种文件进行数据交换。

（3）信息展现（PRESENT）

信息展现是 CEO 决策支持中的主要功能，可以提供数据计算、图形显示、查询和报告生成等信息处理与展现手段。

具体来说，数据计算包括数据的选择与分类、计算算术值等；图形显示是指将数字化的分析报告转换为直观醒目的图形，包括曲线图、柱图和饼图。查询的方式比较灵活，可以用字处理软件编写一个用 RPESENT 的各种查询和处理命令组成的查询文件，指定数据源并运行查询文件后，由 PRESENT 自动生成用户要求的报告，也可以通过人-机交互访问文件。PRESENT 提供的查询功能有定期查询和临时查询两种，临时查询可以随时满足用户的需要，而定期查询则在办公活动中定期生成工作报告。报告生成功能主要供用户利用其他一些高级语言对数据进行进一步的分析处理，以生成财务、商贸活动中所需要的大规模数据表格。

通过 PRESENT，用户可以打开各种 CEO 文件、系统文件、INFOS-Ⅱ 文件，DG/DBMS 数据库和 DG/SQL 数据库，读取和处理其中的数据，将这些数据制成文字表格报告或以图形表示，并最终完成打印输出。

CEO 的决策支持库还提供了多种附加软件，如报表书写程序、图形处理与显示软件、商用图表软件等。

7.2 省级 OA 系统实例——SOIS

SOIS 是一个省级政府办公信息自动化管理系统。该系统的第一期工程于 1985 年向社会招标，1985 年底开工，1987 年开始运行，是我国投入运行最早的大型高层办公自动化系统之一，在全国起到了很好的示范作用。该系统以小型机为中心，结合计算机网络，使各办公室（终端或多功能工作站）既能完成相对独立的任务，又能通过通信网络相互配合，完成信息的传递与共享。

7.2.1 系统结构

SOIS 系统面向省级政府领导及有关主管部门，主要是为政府工作提供综合信息，提高政府机关的办公效率与管理水平，为高层领导的科学决策提供可靠的依据和现代化的手段。其系统设计的指导思想是：

① 充分发挥计算机技术的优点，充分注意先进性与实用性的结合。一方面，尽可能适应现行办公制度和办公习惯，另一方面，以新技术为突破口，带动管理体制和人的思想的改革；

② 采用简洁、清晰，具有开放性的系统结构，以便于使用、维护和扩展；

③ 遵循系统工程和软件工程的原则与设计方法。

SOIS 的功能模块如图 7.3 所示。

根据省级政府办公信息的规模、办公机构的分布和对 SOIS 的功能要求，系统设备的最初

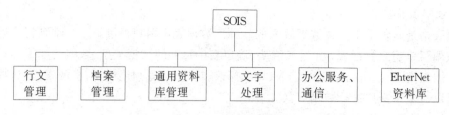

图7.3　SOIS的功能模块

配置为:大型机 VS 100、中型机 VS 65 各一台,小型机 VS 15 二台,以 IBM PC 为工作站的 EtherNet 局域网和轻印刷系统。

7.2.2 系统主要功能

1. 行文管理子系统

行文管理是政府机关的主要办公任务之一。典型的行文例程包括收发、登记、处理、催办、归档、查阅、统计等。行文管理直接关系到政府机关的办公质量和办公效率。

SOIS 利用计算机及其网络系统所具有的传递迅速、存储量大、检索方便和信息共享等特点,有针对性地解决了手工处理方式下存在的登录重复、查找不够及时和公文办理的总体情况难以掌握等问题,使系统成为辅助办公人员对公文及其办理过程进行动态跟踪与管理的手段。其基本功能有:

(1) 登录

按现行的收文登录格式登录文件文号、公文号、来文单位等具体项目。在整个系统中,每一件公文只需登录一次。

(2) 处理

记录公文办理过程中所产生的信息,如拟办意见、领导批示、转办单、答复等,可以进行摘录登录,也可以打印输出。这些信息供有权了解公文处理情况的办公人员使用。

(3) 发送与流转

将公文传送给有关处理部门进行办理,对公文的流转情况进行跟踪。

(4) 留存

将办理完毕的、过时的文件做留存处理,记录公文办理结束后的存放处、保管人等信息,以备日后查询。

(5) 催办

检查已经发送出去的公文的办理情况,对逾期未办的进行催办,并提供催办答复的方式。催办部门或催办人由两种方式指定,一种是人为指定;另一种是由计算机按照规则指定。

(6) 统计

对有关行文的综合性统计,包括收文情况、文件分送情况、文件办理情况、领导批示的摘要与统计;某时间段内收发文件数统计;批办件汇总统计;文件分类汇总等,使政府的办公事务管理部门(如办公厅)了解公文办理的综合情况与统计数据。

(7) 查询

办公人员在其权限范围内,可以通过各种条件组配,对公文的基本信息、流转过程、办理情况、留存情况等进行查询。

（8）归档

将应该归档的文件的基本信息转入档案管理子系统，以作为档案登录的基础信息。

（9）修改

用于修改键盘输入的差错。对于不是当前输入的、已经存储在数据库中的文件或历史资料，其修改对象和修改者的权限有严格的限制和具体规定。

（10）维护

是为系统管理人员提供的对该子系统进行管理的手段，包括增加用户、修改用户权限、历史数据转储等。

2. 档案管理子系统

档案管理的主要模块及其功能有：

（1）案卷组卷

案卷的组卷主要是对案卷级属性和案卷内文件级属性进行登录，并打印该案卷的"卷内目录"。利用文件管理子系统中归档模块转入的信息完成档案文件级属性的登录，可以减少汉字录入量，提高组卷的工作效率。

（2）案卷归档

完成案卷和案卷内文件的档案室属性的登录，打印案卷的备考表。

（3）转储

由于档案记录需要长期保存，转储提供了定时将以往文件转入磁盘或磁带进行保存的功能。

（4）查询

系统对案卷和文件的查询工作提供了多种检索方式，如按文件文号、文件标题进行单属性检索；按文件主题词、按文件日期和文件作者进行组合检索；按案卷目录和卷内目录逐级检索等。系统还支持模糊检索功能，以提高文件的查全率。

系统可以对查询结果进行打印输出，还可以按文件的主题分类打印文件索引并提供给有关办公人员，以提高档案的使用率。

（5）统计报表

完成档案管理人员所需要的"案卷卡"、"文件卡"、年度"案卷目录表"、年度"查阅案卷效果统计表"等管理用报表的打印。

（6）借阅管理

管理档案的借阅情况。借阅记录包括案卷档号、借阅人姓名、借阅人单位、介绍信编号、查阅日期、借阅日期、归还日期、借阅效果、复印数量、摘录张数等。

借阅管理还包括打印出借档案的催还单、打印借阅登记表的年度汇总表等。

3. 资料库管理子系统

该系统的资料库由政府各委（办）的各类文献目录组成。各委（办）自行录入文献目录后，首先建立起本委（办）的专用资料库，然后将可以提供全局共享的数据建立各委（办）共享的公用资料库。

其主要功能包括：

（1）资料录入

各委（办）对有关资料进行收集与分类，然后将资料的目录信息录入本委（办）的专用资料库,并根据资料的性质决定是否将该目录信息转入公用库。

(2) 资料检索

提供简单条件检索和组合条件检索方法,既可以对本委(办)的专用资料库进行检索,也可以对公用资料库进行检索。

(3) 资料修改和删除

资料修改和删除只能由资料的登录者完成,对于越权操作,系统将显示警告信息。

(4) 公用库管理

这是为系统管理员提供的管理公用库的手段。由于公用库的资料要求具有时间性和有效性,因而系统管理员应该及时对公用资料库的资料进行整理。

(5) 资料统计

对公用库和专用库内的资料进行各种分类统计。

4. 文字处理子系统

该子系统为办公活动提供中西文文字处理支持,其主要功能包括:

(1) 中西文编辑

系统支持对各类公文、文稿的起草、输入与编辑,可以实现文字处理软件的一般功能,并提供多种汉字输入方法供使用者选择。

(2) 公文排版与输出

该系统能够实现按排版要求和各类型文件格式要求进行自动分行、分页、编页号、行禁则、页禁则、标题、留空等功能,并能以宋体、仿宋体、黑体和楷体等多种字体、字型和字号进行打印,以完成符合要求的公文输出。通过选择可以打印文件的全部或一部分。

(3) 公文范文库

该系统收有多种常用公文格式作为范文。根据系统提供的范文,用户仅需填入少量的中文信息,就能打印出规范化的公文,方便地完成文件制作。

(4) 自动编辑简报

为使政府领导及时掌握当天的重要信息,便于处理和决策,市府办公厅和研究室将大量的公文、报刊资料、采访报道、动态等利用该模块编辑成供领导阅读的综合性简报。每天由政府所属各委(办)的工作站输入本委(办)当天的重要信息,经办公厅进行选样后,由系统自动编辑生成。

5. 信息咨询服务

信息咨询服务是在 SOIS 成功运行的基础上,为进一步加强信息管理功能,充分利用系统信息资源而对系统进行的扩充,1991 年开始正式运行。信息咨询服务子系统的服务对象分为三个层次:政府领导、政府机关和社会公众。主要内容包括:

(1) 法规管理

法规管理中的主要成分是法规库。法规库中包括中英文版《涉外经济法规》、《国务院文件汇编》以及《上海市法规汇编》等,可以按法规名称、颁布单位、颁布日期、主题词等多种途径进行法规检索,检索结果的显示有法规题录、段落乃至全文。有专人对库进行法规的收集与增加和更新维护工作。

(2) 统计信息咨询

统计信息咨询是汇总系统中的有关数据,然后向不同的用户提供其权限、级别范围之内的各种统计信息,如某一个范围内的年度、月份情况统计,还可以根据用户需要,提供相关的统计运算和趋势预测。

（3）政府综合信息管理

这一功能主要是面向政府管理人员的,包括有各级领导名单及其关系,也包括如历年灾害情况等市情综合信息,为政府首脑进行有关决策提供重要历史信息依据。

（4）公众咨询

公众咨询是面向广大市民的,为市民了解市情、了解政府的主要工作、了解有关法规政策等自己关心的话题提供了一个窗口,也使得政府工作的透明度有了一定的提高。该模块向社会提供涉外法规、财税法规、开发区政策、市民纳税须知、市民办事指南、涉外企业名录、市情综合统计数据等的查询服务。

SOIS 的信息咨询服务功能充分利用系统的信息资源,在支持政府办公活动的同时,发挥了系统的社会功用。在 1988 年的市人代会上,系统首次挂接信息服务模块试运行,当时主要是代表提案管理和政府工作热门话题 200 题等,获得了好评。以后又逐步扩展了法规库、年报库等,内容不断充实,服务范围不断扩大,成为该系统的一个重要特色。

6. 网络通信

为实现用户间的直接通信,SOIS 提供了以王安办公软件(Wang Office)为核心的一组应用程序,主要提供电子邮政、日程管理、个人电话簿等功能。同时,通过主机挂接局域网(如 EtherNet 网),实现市府机关与各委(办)的 OA 系统的连接,通过电话线与下属各县开发的 OA 系统连接,完成政务信息的传递和公用资料库的更新与查询。SOIS 还利用局域网、传真网和公用数据网等实现与其他省(市)以及国务院办公厅的通信。

SOIS 中的各子系统具有一定的独立性,可以单独运行使用。但它们之间又有密切的联系,主要是信息的传递与共享。例如,使用文字处理子系统录入和编辑的文件或资料,可直接转入到行文管理子系统或通用资料库管理子系统进行登录。除登录目录信息外,还可实现全文管理。这样就大大提高了系统的运行效率和系统性能。

SOIS 是一个开发较早的系统,但其采用了规范化的开发方法,早期的系统分析工作比较充分,系统的软硬件都具有较大的开发余地。多年来,利用系统具有的较好的可扩充性,该系统进行了不断地完善、扩充与调整,在政府的事务处理、信息管理和决策支持等方面发挥了越来越大的作用。

7.3　宾馆自动化管理系统

7.3.1　概述

1. 系统设计目标

① 为宾客提供客房预定、入住登记、各种消费记账及离店时一次性结账、住店历史档案记录等方面的管理。

② 为宾馆管理者提供各类统计信息报表,如客房各种情况的日、月及年统计报表,账目的日、月及年统计报表等。

③ 使宾馆的工作人员从繁重的手工文书工作中解放出来。

④ 为规模类似的宾馆提供一个通用的管理软件包。

2. 系统设计原则

根据管理信息系统设计规范,该系统的设计原则为:

① 模块化:该系统按业务活动分为四个子系统,各子系统自上而下逐层分解,直至完成所要求的功能。在设计中尽量减少参数传递,以减少其相关性。

② 数据的一致性:对系统内部数据进行分类编码,这样在处理速度上可略有增加,减少了数据冗余,也有利于解决多用户实时处理系统中常常遇到数据不一致问题。

③ 可靠性:系统采用双机实时热备份先进技术,利用密码来杜绝非操作人员进入系统,配有自动检错及拒入功能。

④ 实用性:按用户要求完成所要求的功能,使记账及结账等处理的时间缩短至一分钟左右,每班做统计报表的时间由原 2~3 小时缩短到小于 15 分钟。系统采用了人机对话的处理方式,用户可在菜单的提示下完成所需的工作,大部分功能均有提示信息,屏幕及输出报表格式均与原始单据格式一致,便于操作与理解,且为用户留出了人工干预口,从而进一步增加了系统的灵活性和实用性。

⑤ 可维护性:采用模块化设计为系统维护带来了方便。另外,利用每日自动运行的维护处理模块检测系统数据间的逻辑关系,并做纠错处理,减少了手工纠错的次数。

⑥ 通用性:为了使系统具有一定的通用性,缩短类似系统的开发周期,设计将各种属于某宾馆特有的数据放在程序模块之外,而通过一个系统生成模块生成这些参数,从而减少了因宾馆的条件不同而造成的系统差异。

3. 系统的构成

(1) 硬件构成

该系统由微机局域网、收款机网、电话程控交换机及微机工作站组成。其中:

• 宾馆内部的数据通信通过微机局域网完成。该系统采用 NESTAR 公司的 PLAN5000,其 CPU 为 MC68000,传输介质为电缆,传输速度 2.5MBps,网络最大布线距离 2200 英尺,采用令牌传送方式的 Token Passing 通信协议,并采用双机热备份工作方式保证系统工作的安全可靠。

• 餐厅配备的主要是 SWEDA L4545 收款机。收款机间为串联连接,数据通过收款机主机、数据转换器(CONVERTER)的 RS232C 串口送入 PC 进行处理,处理后,再记入 PLAN5000 网。

• 工作站由 9 台 IBM PC 机组成。其中,客房部、电话室、账务部各两台,管家部、经理室和电脑机房各 1 台。大部分工作站都配置了 NEC P7 24 针打印机。在属于电话室的两台工作站中,一台 PC 机负责处理手工转接长途电话单据及其他各种统计工作,另一台用于处理长途直拨 IDD 的工作。

该系统的硬件配置如图 7.4 所示。

(2) 软件构成

针对用户需求与系统运行的不同特点,该系统采用了不同的开发工具。绝大部分程序采用编译 BASIC 语言开发;对于要求作出快速响应的部分,采用了汇编语言;对于要求大规模数据管理能力的户籍查询功能,采用了 dBASE 数据库语言,通过数据格式转换处理实现 BASIC 语言与 dBASE 数据库之间的数据共享。

遵照前述通用性原则,在软件设计中,将那些因宾馆不同而异的数据放在应用程序外部,

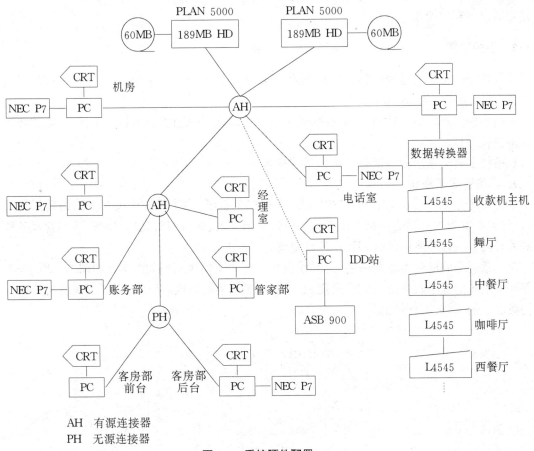

图7.4　系统硬件配置

通过调用方式将这些数据读入程序,从而在将该系统应用于其他宾馆时,只要对这些外部参数进行修改即可,不需要调整修改程序,这有助于缩短新系统的开发周期,加快其开发速度。

4. 数据结构的设计

宾馆管理系统设计的实质是如何组织宾馆宾客的各种信息,继而利用这些信息经过某种形式的运算得到所需的结果信息。

在该系统中,依据信息的特点将其分为三类:基本数据(如系统参数中的房间数等)、可变数据(如宾客户籍)和由可变数据派生出的数据。在具体设计中,可变数据的结构设计是非常重要的。

在数据结构的设计中,采用了索引、双向链表、循环链表等数据结构形式。例如账目文件的记录查找,采用了两级索引方法,以房间号或接待单位名为主关键字,通过 HASH 函数查到账目上的主文件中的位置。

在为每个房间或接待单位分配账号时采用动态分配方法。账目主文件有若干组记录宾客账目明细情况的记录空间,每个账号对应一组这样的记录空间。当某一组空间用完后,系统为其另外分配账号,两个账号之间用单项链表连接。

空房记录的链接采用双向链接表结构,以提高查找速度。

部分文件采用了静态分配方式,这样做虽然占据的存储空间略多,但处理简单,较易实现,存储空间也不存在问题。

7.3.2 系统功能

该管理系统由客房管理、餐饮管理、电话管理、账务管理四个子系统组成。各子系统均采用模块化设计,系统功能易于扩充。

系统中各模块通过树状目录相连接。各子目录内部同样采用类似的目录结构,功能的转移必须沿树枝进行。

该系统主要子系统的功能及模块调用结构如下:

1. 客房管理子系统

客房管理子系统是宾馆管理系统中的一个重要子系统,为本系统中大部分原始数据的录入口。该子系统的主要功能包括客房预定、开房、户籍录入、客房租赁处理、换房、房间管理各种方式的查询以及各种实时的日、月、年统计报表。

该子系统分成前台和后台两部分。其前台和后台功能模块结构如图7.5和图7.6所示。为了保证本系统的效率及系统的响应速度,根据各功能使用的频度,某些使用频度高的功能模块则同时放于前、后台工作站上。

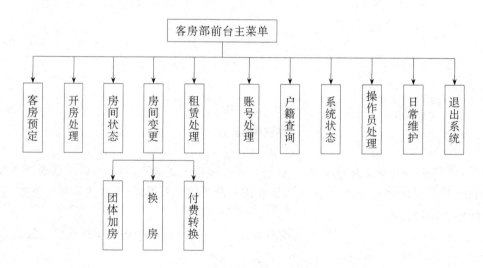

图7.5 客房管理子系统前台主要功能

(1) 客房管理前台功能

客房管理的前台设有10个功能模块,现将各模块功能简述如下:

① 客房预定

用来管理1~3年(取决于系统生成时所设定的值)的客房预定,可以查询在此期间内任何一天的空房数、查询预定记录、修改或取消预订并打印预定单。

② 开房处理

用来为住店宾客(个人、团体)生成房间、团体账号。

③ 房间状态

234

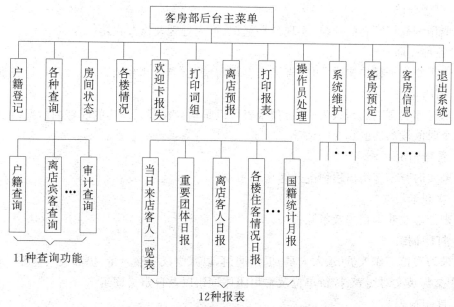

图7.6 客房管理子系统后台主要功能

用来查询房间各种实时状态,以便及时排房。

④房间变更

该模块下有三个子模块。第一,团体加房处理模块,用来将新增加的定房加入到某个当日开房的团体中;第二,换房模块,可以将原房间中的宾客及其消费账目转入新房中;第三,付费方式转换处理模块,用来将宾客的某类或某系列账目(如房费、餐费、电话费等)由原来的付费方式转换成所要求的其他方式(如原来房费由团体支付,而后改为由个人支付)。

⑤租赁处理

可以记录住店宾客的租赁要求,以便在晚间过账处理时自动记入租赁费用。

⑥账号处理

用来查询团体的账号、团体的占用房间数,为可以就餐的团体生成团体账号,且可选择回收无效的账号。

⑦户籍查询

可用来按不同关键字查询住房宾客,并允许采用模糊查询方法,还可实现房间人数的查询。

⑧ 系统状态

用来提供当前的各种信息,如系统生成时设定的某些参数、各种数据文件的使用情况、系统中当前各种房间的总数、出租率等。

⑨ 操作员处理

它允许更换上机的操作员,包括设定、查询、修改或删除操作员及相应的密码。

⑩ 系统维护处理

这一模块中包括许多独立的维护模块,主要用来对系统数据错误进行测试和自动纠正。

(2)客房管理后台功能

客房管理后台功能由12个功能模块组成,各模块功能主要为:

① 户籍登记

主要用来登记宾客的户籍,实现户籍登记、换人处理及修改户籍。

② 各种查询

由一组查询子模块构成,可以查询宾客住房情况、离店宾客档案及日/月审计查询。

③ 离店预报

用来打印宾客离店预报表。离店预报表可以是预计在某天离店的宾客的情况,也可以是预计在某个时间段离店的宾客的情况。

④ 各楼情况

用来实时查询客房出租情况及客房出租率。

⑤ 欢迎卡报失

用来处理欢迎卡报失及解除报失。

⑥ 打印词组

用来为宾馆工作人员(录入人员)提供词组,以减少汉字输入量,提高录入速度。例如国名词组、中文与英文对照表、接待单位及常用团体词组以及自定义词组。

⑦ 打印报表

用来自动打印每日客房部全部日统计表和月报表。例如,当日来店客人一览表、退房日报表、离店客人及房间履历日报表、当日离店宾客档案、各楼情况日报表、当日登记用户表、接待外宾情况月报表等。

⑧ 系统维护

当系统出现异常时,该模块被用来对系统进行维护处理。例如户籍的修改、各楼层月报的修改、客房月报的修改、审计查询修改以及恢复文件指针。

⑨ 客房信息

用来显示或打印客房出租情况及房价调整情况。

⑩ 客房预订表

用来打印客房预定单,以便统计来店宾客数量及所需的房间数量。

客房管理后台功能中的房间状态模块和操作员处理模块的功能与前台相应模块的功能相同。

2. 餐饮管理子系统功能

餐饮管理子系统包括餐厅管理及洗衣厂管理两部分,其功能如图 7.7 所示。

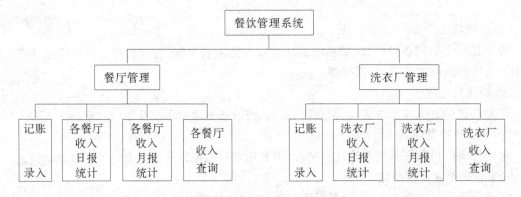

图7.7　餐饮管理子系统主要功能

该子系统的主要功能,一个是使宾客在用餐、洗衣等方面实行签单挂账制,以方便服务员的工作,减少不必要的环节,因而也方便了宾客;另一个是对各个餐厅、洗衣厂进行每日营业额的统计及月统计,这有助于宾馆主管了解经营情况和对下一步工作做出适当的安排。

　　餐厅管理和洗衣厂管理的基本功能相同,主要有四种,即账单录入、收入日统计、收入月统计和收入查询。现分述如下:

　　(1) 餐厅、洗衣厂的账单录入

　　餐厅、洗衣厂的账单录入是通过 SWEDA L4545 收款机实现的。该机功能较全,共有 7 种不同的付款方式。宾客用餐、洗衣可以直接付现金,也可签单挂账。若宾客要求签单挂账,收款员首先通过收款机将宾客住房号输入,查询是否确有此人。如确有,则可将单据录入该宾客的账号内,待客离店时一次付清;若无此人,则只能要求宾客以现金方式支付。

　　(2) 餐厅、洗衣厂收入日统计

　　在餐厅、洗衣厂每日下班前,需要将全天的各种信息送入系统。该系统有自动提取收款机各种报表的功能。各收款机工作站输入密码后,就可将各种信息提取出来,经分析、统计,最后打印输出。

　　(3) 餐厅、洗衣厂收入的月统计

　　月统计是在日统计的基础上进行的,功能、方法与日统计类似。

　　(4) 餐厅、洗衣厂收入查询

　　电脑室、前台均可随时查询餐厅、洗衣厂的营业收入,为前台收款员在各餐厅、洗衣厂下班时的收款提供参考,使前台收款员工作时做到心中有数,促使账务制度更加严密。

3. 长话管理子系统功能

长话管理子系统功能如图 7.8 所示。

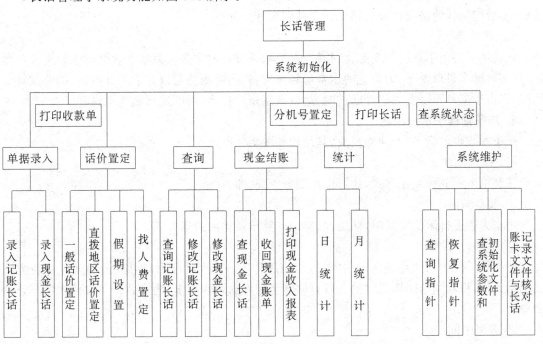

图 7.8　长话管理子系统主要功能

长话管理子系统主要模块的功能为：

（1）单据录入

长话单据分为两类：现金单据与记账单据。录入工作主要是由键盘人工完成，直拨业务则由机器直接输入。录入时，系统可以自动进行数据校验，若发现错误则给以屏幕提示。每张单据的录入时间约为 0.5 分钟。

（2）打印收款单

支付现金的宾客打完长话后，机器自动打印通话记录，服务员据此向宾客收取电话费。

（3）话价设置

该模块有两个功能：一是设置不同地区的话价，只要用户输入地区名，系统就可以调出相应地区的话价；二是由于有些时间段（如假期）话费减半，因此需要设置减半的时间段。话价设置为计算话费提供基础数据。

（4）查询

主要用于检查输入是否有误，以便进行修改。

（5）现金结账

用于处理长话现金话单，包括查询长话现金话单，收回现金账单及打印当日长话现金话单日报表。

（6）分机号置定

由于同一房间可安装数部电话机，各自的分机号可能不同。该模块功能是掌握分机号与房间的对应。

（7）统计

统计包括日统计和月统计，主要是把当日（或当月）记账的长话话单按照不同的地区进行统计，然后把统计的结果记入长话统计文件和审计文件。

（8）系统维护

该模块主要用于系统的初始化、指针维护等。系统初始化是从系统参数文件中取出有关参数值、接收操作员口令字，为系统的正常运转做准备；指针维护可以完成指针查询、指针恢复等功能，当由于某种原因发生指针断链时，运行恢复指针程序，可以进行适当地恢复。

4. 账务管理子系统功能

该子系统也包括 10 个功能模块，其结构如图 7.9 所示。

（1）结账处理

该宾馆采用 6 种结账方式，均可由此部分处理，即：

① 散客结账

用来为散客打印住房账单，明细、分类地计算出各类账的累计值。

② 团体离店结账

按接待单位给出团体离店的房间，打印该团体中各房间的账目，明细、分类地计算各类账目的累计值，将款中由团体支付的账目自动转至相应的团体账卡，为宾客打印自付款项部分的账单。

③ 客房中间结账

用来处理结账而不离店的情况，为宾客打印结账账目的明细，将公费转入团体账卡，并为宾客打印自付部分账单及收据。

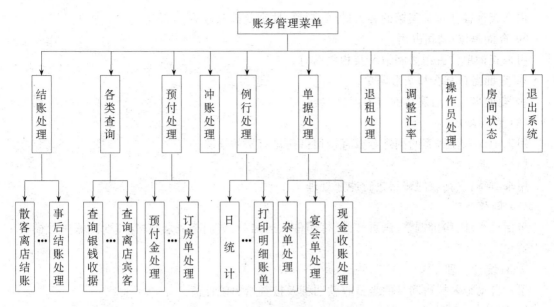

图7.9　账务管理子系统主要功能

④ 团体总账结算

用于对团体用户的结算,可结算团体的欠款,打印欠款明细、各类账目累计值及收据。

⑤ 非标准结账

用来单结某一笔账或某类账,并且打印收据。

⑥ 事后结账

用来处理前几种结账方式中选择事后付款的事务,将结算出的账目暂存系统中,最后用该模块功能再进行计算并打印收据。

(2) 查询处理

该模块主要供账务部进行日常查询,主要功能有:

① 查询收据

按币制查询当日收款情况,其币制包括人民币、运通卡、东美卡、外汇支票及人民币支票。

② 查询应收款账

查询每日应收款的房费总和、餐杂费总和以及总收、总存。

③ 查询团体卡片账

按房号、接待单位名或接待单位账号查询,目的要查询该房间或该单位的明细账。

④ 查询个人卡片账

查询某房间某客人的明细账。

⑤ 查询累计账

分为查询个人和团体累计账两种,通常按房费、餐费、洗衣费等分类查询累计结果。

⑥ 查询房账

也分为个人和团体两种,目的是用来查询个人或团体按房费、加床费/撤床费、电气费、中继线费等的分类统计结果。

⑦ 查询房间履历

用来查询曾住过该宾馆的客人姓名、国籍、性别及护照号等。

⑧ 查询单位/公司占房

用来查询单位占用房间情况及相关信息。

⑨ 查询当日宴会和杂散账单。

⑩ 查询当日离店宾客的有关信息。

(3) 预付处理

用来记录入住宾客的预定金或直接用订房单订房的情况。

(4) 冲账处理

用来对错记、错收的账目进行冲账处理。

(5) 例行处理

包括日统计、房价调整、满页转储、打印催款通知单、查询账卡余额,打印明细账单等模块。其中:

① 日统计处理

用来自动记入按房间号的当日收款明细及按类给出统计值。

② 日现金收入查询

可实现在屏幕上及打印机上计算出当日收款情况的统计值。

③ 房价调整

可以按某一折扣,某种房价调整房间价格,且打印出房价表。

④ 满页转储

可为记满的账卡重新生成一个账号及处理相应的链指针。

⑤ 打印催款通知单

可为欠款超过某一限额的房间打印催款通知单。

⑥ 查询余额

可实时地查询房间、接待单位的欠款额、累计总欠款,还可以检测出错误及错误显示。

(6) 单据处理

主要是对三种单据(杂散单据、宴会单据、现金单据)进行输入、查询等。

(7) 退租处理

可以对外币的种类进行增删。

(8) 调整汇率

设置处理调整汇率,并打印汇率表。

操作员处理模块和房间状态处理模块的功能与客房管理子系统中相应模块的功能相同。

5. 管家部管理子系统功能

管家部是该宾馆的一个职能部门。管家部管理子系统的功能结构如图 7.10 所示。

(1) **房间状态转换**

处理可租房、待清洁房、关闭房及备用房等不同房间状态之间的状态转换,可以设置、查询、取消按床位出租的房间或长期包用房。

(2) **房间信息处理**

用来查询客房状态、日租价、折扣、接待单位名及起止日期等。

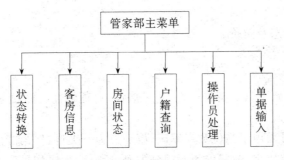

图 7.10　管家部管理子系统主要功能

房间状态模块、户籍查询模块和操作员处理模块的功能与客房管理子系统中相应模块的功能相同。

6. 经理室管理子系统功能

经理室管理子系统主要是为经理及时掌握全店各部门营业及服务情况而设置的,主要是提供多种查询功能,其功能结构如图 7.11 所示。

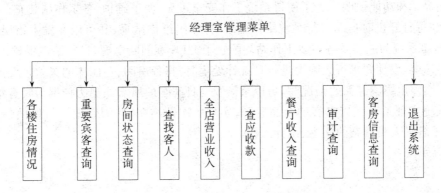

图 7.11　经理室管理子系统主要功能

（1）各楼住房情况查询

统计并显示宾馆当日住房情况及客房出租率。

（2）重要宾客查询

查询现住宾馆的重要客人及重要团体。

（3）房间状态查询

查询可租房、关闭房、借租房、结账房、出租房、待清洁房、过期房、待结账房等不同状态房间的情况。

（4）宾客查询

查询应收款总账、自付应收款账和团体付应收款账。

（5）餐厅查询

查询各餐厅、酒吧、舞厅、洗衣厂当日收入情况。

（6）审计查询

查询某日或某月全店各项营业额总收入。

（7）客房信息查询

查询宾馆各房间状态及房价。

7.3.3　代码设计

代码设计的原则是要求其具有惟一性、可扩展性、可理解性及简短。据此,该系统对内部数据进行编码,以方便处理。

① 账务管理中科目采用了二位数字编码,第一位为一级科目,第二位为二级科目。

② 操作员号为四位数字,前三位为部门分类号,后一位为操作员序号。

③ 对涉及多个工作站的共享文件增设了程序标识码。程序标识码有二位,第一位为研制该程序的开发人员的代号,第二位为该程序的标识,程序标识可以是任意可显示的字符。

7.3.4　系统评价

该系统采用模块化设计,各模块间具有较好的独立性,系统的修改与扩充方便。人-机间有较友好的界面,主要程序模块中的屏幕格式、报表输出格式基本上与用户的单据格式一致,有输入错误提示和功能说明。为了使得系统工作安全可靠,便于维护,各工作站装有自动测试维护程序,在每日开机时自动进行系统维护处理,打印出维护结果,并可以在发生错误时予以纠正。同时,该系统为主机及各主要工作站均配置了 UPS 不间断电源,进行断电保护。为了防止长时间的停电,设计要求每天晚上进行日统计处理时,将各房间、各团体的欠款余额打印出来,一旦发生因停电影响结账的情况时,可以余额及当日宾客的所有账单为依据为宾客结账。

该系统实现了对住店宾客的全面管理,实现一次性结账,并为管理人员提供各种统计信息,减轻了各种人员繁杂的文书、统计工作。

附　　录

附　录　I

计算机办公应用技能标准

定义：使用计算机及相关外部设备和一种办公应用套装软件处理办公室相应事务的技能。

适用范围：文秘人员和办公室工作人员。

等级：初级达到独立操作水平；中级达到熟练应用水平；高级达到独立分析、解决问题和进行教学水平。

培训期限：短期培训、强化培训。

初　级　标　准

知识要求：

1. 掌握微机及常用外部设备基本连接和简单使用的相关知识；

2. 掌握微机操作系统的基本知识和基本命令的使用知识；

3. 掌握一种中文平台的基本使用方法和知识；

4. 掌握一种办公应用套装软件的基本使用知识；

5. 掌握防病毒基本知识。

技能要求：

1. 具有基本的操作系统使用能力；

2. 具有基本的文书处理软件使用能力；

3. 具有基本的电子表格软件使用能力。

实际能力要求达到：能使用办公应用套装软件和相关设备独立完成办公室日常工作。

工作实例：

1. 计算机及相关外部设备的启动和正确使用；格式化磁盘，数据文件的复制、删除，数据的备份与恢复，目录的建立和管理；

2. 使用中文平台的工具对中文字符串作变形处理，对汉字作空心、旋转、阴影等效果处理；

3. 建立及编辑文书，版式设计与排版，命令与对话框操作，文字校对，多窗口操作；

4. 创建和编排工作表、工作簿及其使用，工作表分组，多窗口操作，简单计算操作；

5. 文书处理软件和电子表格软件的联合操作；

6. 文件的管理和打印。

中　级　标　准

知识要求：

1. 掌握微机及常用外部设备的连接和使用方法及相关知识；

2. 熟练掌握使用微机常用操作系统的知识；

3. 熟练掌握一种中文平台的使用方法和知识；

4. 熟练掌握一种办公应用套装软件的使用知识；

5. 熟练掌握防病毒及系统恢复基本知识。

技能要求：

1. 具有熟练的操作系统使用能力；

2. 具有熟练的文书处理软件使用能力；

3. 具有熟练的电子表格软件使用能力；

4. 具有基本的图形演示软件使用能力。

实际能力要求达到：能综合使用办公应用套装软件和相关设备熟练处理办公室日常工作。

工作实例：

1. 计算机软硬件及外部设备的基本设置和计算机系统的维护；

2. 使用中文平台的工具对中文字符串作变形处理，对汉字作空心、旋转、阴影等效果处理，进行补字处理；

3. 建立及编辑文书，版式设计与排版，命令与对话框操作，文字校对，多窗口操作，使用表格和图形；

4. 创建和编排工作表、工作簿及其使用，工作表分组，多窗口操作，计算操作，创建图表和管理数据；

5. 创建、保存及打开演示文稿，在幻灯片中输入文字；

6. 文书处理软件、电子表格软件、图形演示软件的联合操作；

7. 文件的管理和打印。

高 级 标 准

知识要求：

1. 熟练掌握调试各档微机及相关外部设备的系统知识；

2. 熟练掌握微机操作系统的基本原理和系统的使用知识；

3. 熟练掌握一种中文平台系统的使用知识，并了解其他中文平台的基本特点和简单使用方法；

4. 熟练掌握一种办公应用套装软件系统的使用知识，并了解其他办公套件的基本特点和简单使用方法；

5. 熟练掌握数据安全存储知识和系统恢复原理和方法。

技能要求：

1. 具有熟练的操作系统使用和分析解决问题能力；

2. 具有熟练的文书处理软件使用和分析解决问题能力；

3. 具有熟练的电子表格软件使用和分析解决问题能力；

4. 具有熟练的图形演示软件使用和分析解决问题能力；

实际能力要求达到：能综合使用办公应用套装软件和相关设备熟练处理办公室日常工作，并具有相应的教学能力。

工作实例：

1. 计算机软硬件及相关外部设备的设置、优化和计算机系统的管理；

2. 使用中文平台的工具对中文字符串作变形处理，对汉字作空心、旋转、阴影等效果处理，进行补字处理，运用单字节汉字；

3. 建立及编辑文书，版式设计与排版，命令与对话框操作，文字校对，多窗口操作，使用表格、图形和宏；

4. 创建和编排工作表、工作簿及其使用，工作表分组，多窗口操作，计算操作，创建图表和数据管理与分析，宏应用；

5. 创建、保存及打开演示文稿，在幻灯片中输入文字，对象操作及各种高级运用；

6. 文书处理软件、电子表格软件、图形演示软件的联合操作和综合应用；

7. 文件的管理和打印。

附加说明　本标准经国家职业技能鉴定专家委员会计算机专业委员会审议通过，由劳动部职业技能鉴定中心负责解释。

附　录　Ⅱ

计算机办公应用技能鉴定规范

一、鉴 定 要 求

本项目考核使用计算机及相关外部设备和办公应用软件处理办公室相应事务的技能。

根据办公应用软件的特点和要求,现对本项目提出如下要求:

（一）适用对象

文秘人员和办公室工作人员以及其他需要掌握办公软件操作技能的社会劳动者。

（二）申报条件

1. 申请参加初级考核的人员原则上须经过相应培训。

2. 申请参加中级考核的人员须事先获得本项目初级证书。

3. 申请参加高级考核的人员应事先获得本项目中级证书并经过相应的强化培训;直接申报高级资格的人员须经过指定的师资培训,并通过增加的实际操作技能测试。

（三）考评员构成

本项考核应由在劳动部职业技能鉴定中心注册的考评师组成考评组主持,每次考评组组成人员不得少于三名注册考评师,考生与考评师比例应不低于10∶1。

（四）鉴定方式与鉴定时间

初级:实际测试操作技能120分钟。

中级:笔试基础知识60分钟,实际测试操作技能120分钟。

高级:论文答辩60分钟;直接申报高级资格的人员须增加测试实际操作技能120分钟。

（五）设备要求

1. 满足软件运行条件的微型计算机。

2. 与项目有关的其他设备和软件。

二、鉴 定 内 容

初级

（一）基础知识

1. 微机及办公设备的型号、特点和连接,微机及相关外部设备的启动、关闭及正确使用,相关外部设备的准备。

2. 微机中央处理器的类型,内存的种类和容量,外存的配置、种类、规格、容量,显示器、扩展槽、接口的分类、标准及特点。

3. 操作系统的基本使用知识,中文平台的功能模块及其使用方法,会使用一种汉字输入方法。

4. 办公应用套装软件的组成和运行的软硬件环境要求,功能模块的作用及相互调用方法,汉字与图形的处理方式,文书、非文书、数据、表格和图形文件的格式。

5. 防病毒基本知识。

（二）操作系统及中文平台的使用

1. 操作系统的基本应用:格式化磁盘,数据文件的复制、删除,数据的备份与恢复,目录的建立和管理;以及窗口管理,菜单使用,程序管理(如 Windows 的 Program Manager)和文件管理(如 Windows 的 File Manager),系统随带的主要应用程序的使用,数据共享(如剪贴板、DDE-动态数据交换、OLE-对象的链接与嵌入)的应用。

2. 使用中文平台的工具对中文字符串作变形处理,对汉字作空心、旋转、阴影等效果处理。

（三）文书处理软件的使用

1. 建立和编辑文书:建立与编辑文件,进行文件保存、查阅、复制、删除和定义文件格式,在文件中进行输入、插入、删除和修改操作,查找与替换操作,文字块操作。

2. 格式化:格式化字符、段落等,设置页面,基本版式设计与排版。

3. 使用软件提供的工具进行文字校对等操作。

4. 命令与对话框操作和多窗口操作。

（四）电子表格软件的使用

1. 创建和编辑工作表:创建和编排工作表、工作簿及其一般使用,工作表分组、冻结及缩放,工作表的编辑操作。

2. 格式化工作表:改变列宽和行高,改变对齐方式,选择字体及字体尺寸,应用边框,格式化单元格中的公式,使用式样,复制格式。

3. 计算:使用操作符进行计算,确定单元格数据之间的关系,使用内部函数,命名单元格和区域,保护工作表。

（五）应用软件的联合操作

向文书处理软件创建的报表或备忘录加入电子表格软件的数据。

中级

（一）基础知识

1. 微机及办公设备的型号、特点和连接,微机及相关外部设备的启动、关闭及正确使用,相关外部设备的准备;系统的维护和扩充。

2. 微机中央处理器的类型,内存的种类和容量,外存的配置、种类、规格、容量、显示器、扩展槽、接口的分类、标准及特点;数据的物理存储状态,微机与外部设备之间数据的传输特点和格式。

3. 操作系统的基本使用知识,中文平台的功能模块及其使用方法,会使用一种汉字输入方法;系统的安装,汉字库的使用特点。

4. 办公应用套装软件的组成和运行的软硬件环境要求,功能模块的作用及相互调用方法,汉字与图形的处理方式,文书、非文书、数据、表格和图形文件的格式和相关的转换和调用知识。

5. 防病毒知识和系统恢复基本知识。

（二）操作系统及中文平台的使用

1. 操作系统的基本应用:格式化磁盘,数据文件的复制、删除,数据的备份与恢复,目录的建立和管理;批处理的设计,内存管理的设计;以及窗口管理,菜单使用,程序管理(如 Windows 的 Program Manager)和文件管理(如 Windows 的 File Manager),系统随带的主要应用程序的使用,数据共享(如剪贴板、DDE-动态数据交换、OLE-对象的链接与嵌入)的应用;系统的设置、优化和维护(如使用 Windows 的 Control Panel, Windows Setup, PIF Editor,非 Windows 应用程序的设置和启动),基本系统配置文件的编辑修改技巧(如 DOS 和 Windows 的 config. sys, WIN. INI, SYSTEM. INI)。

2. 熟练安装、启动、使用和优化中文平台;使用中文平台的工具对中文字符串作变形处理,对汉字作空心、旋转、阴影等效果处理,进行补字处理和运用单字节汉字。

（三）文书处理软件的使用

1. 建立和编辑文书:建立与编辑文件,进行文件保存、查阅、复制、删除和定义文件格式,在文件中进行输入、插入、删除和修改操作,查找与替换操作,文字块操作。

2. 格式化:格式化字符、段落等,设置页面,基本版式设计与排版。

3. 使用软件提供的工具进行文字校对等操作。

4. 命令与对话框操作和多窗口操作。

5. 使用表格和图形。

6. 简单宏的应用

（四）电子表格软件的使用

1. 创建和编辑工作表：创建和编排工作表、工作簿及其一般使用，工作表分组、冻结及缩放，工作表的编辑操作。

2. 格式化工作表：改变列宽和行高，改变对齐方式，选择字体及字体尺寸，应用边框，格式化单元格中的公式，使用式样，复制格式。

3. 计算：使用操作符进行计算，确定单元格数据之间的关系，使用内部函数，命名单元格和区域，保护工作表。

4. 图表：创建图表，缩放及移动图表，改变图表类型和格式，打印图表；

5. 管理数据：创建数据清单，编辑数据，查找及排序记录。

6. 简单宏的应用。

（五）图形演示软件使用

1. 创建、保存及打开演示文稿。

2. 在演示文稿中输入和编辑文字。

3. 对象（文字、图形、图像、表格等元素）的操作和增强效果处理。

（六）应用软件的联合操作

1. 向文书处理软件创建的报表或备忘录加入电子表格软件的数据。

2. 使用图形演示软件和电子表格软件创建图形并链接数据。

3. 使用文书处理软件、电子表格软件、图形演示软件联合操作创建演示文稿。

高级

（一）基础知识

1. 微机及办公设备的型号、特点和连接，微机及相关外部设备的启动、关闭及正确使用，相关外部设备的准备；系统的维护和扩充；掌握调试各档微机及相关外部设备的系统知识，操作系统的基本原理和系统的使用知识。

2. 微机中央处理器的类型，内存的种类和容量，外存的配置、种类、规格、容量，显示器、扩展槽、接口的分类、标准及特点；数据的物理存储状态，微机与外部设备之间数据的传输特点和格式；比较系统完整的有关计算机硬件的应用理论知识。

3. 操作系统的基本使用知识，中文平台的功能模块及其使用方法，会使用一种汉字输入方法；系统的安装，汉字库的使用特点；熟悉被破坏文件的恢复知识。

4. 办公应用套装软件的组成和运行的软硬件环境要求，功能模块的作用及相互调用方法，汉字与图形的处理方式，文书、非文书、数据、表格和图形文件的格式和相关的转换和调用知识。

5. 数据安全储存知识及相关的管理和系统恢复知识。

（二）操作系统及中文平台的使用

1. 操作系统的基本应用：格式化磁盘，数据文件的复制、删除，数据的备份与恢复，目录的建立和管理；批处理的设计，内存管理的设计；以及窗口管理，菜单使用，程序管理（如 Windows 的 Program Manager）和文件管理（如 Windows 的 File Maneger），系统随带的主要应用程序的使用，数据共享（如剪贴板、DDE-动态数据交换、OLE-对象的链接与嵌入）的应用；系统的设置、优化和维护（如使用 Windows 的 Control Panel，Windows Setup，PIF Editor，非 Windows 应用程序的设置和启动），基本系统配置文件的编辑修改技巧（如 DOS 和 Windows 的 config. sys，WIN. INI，SYSTEM. INI）；被破坏数据的修复。

2. 熟练安装、启动、使用和优化中文平台；使用中文平台的工具对中文字符串作变形处理，对汉字作空心、旋转、阴影等效果处理，进行补字处理和运用单字节汉字。

（三）文书处理软件的使用

1. 建立和编辑文书：建立与编辑文件，进行文件保存、查阅、复制、删除和定义文件格式，在文件中进行输入、插入、删除和修改操作,查找与替换操作,文字块操作。

2. 格式化:格式化字符、段落等,设置页面,基本版式设计与排版。

3. 使用软件提供的工具进行文字校对等操作。

4. 命令与对话框操作和多窗口操作。

5. 使用表格和图形。

6. 宏的使用。

7. 完整的文书处理软件使用知识和相关的教学知识。

(四)电子表格软件的使用

1. 创建和编辑工作表:创建和编排工作表、工作簿及其一般使用,工作表分组、冻结及缩放,工作表的编辑操作。

2. 格式化工作表:改变列宽和行高,改变对齐方式,选择字体及字体尺寸,应用边框,格式化单元格中的公式,使用式样,复制格式。

3. 计算:使用操作符进行计算,确定单元格数据之间的关系,使用内部函数,命名单元格和区域,保护工作表。

4. 图表:创建图表,缩放及移动图表,改变图表类型和格式,打印图表。

5. 管理数据:创建数据清单,编辑数据,查找及排序记录。

6. 数据分析;宏应用。

7. 完整的电子表格软件使用知识和相关的教学知识。

(五)图形演示软件使用

1. 创建、保存及打开演示文稿。

2. 在演示文稿中输入和编辑文字。

3. 对象(文字、图形、图像、表格等元素)的操作和增强效果处理。

4. 完整的图形演示软件使用知识和相关的教学知识。

(六)应用软件的联合操作

1. 向文书处理软件创建的报表或备忘录加入电子表格软件的数据。

2. 使用图形演示软件和电子表格软件创建图形并链接数据。

3. 使用文书处理软件、电子表格软件、图形演示软件联合操作创建演示文稿。

4. 完整的应用软件联合操作知识和相关的教学知识。

主 要 参 考 资 料

[1] 朱钟杰等主编：OA'2000 办公自动化国际学术研讨会论文集，电子工业出版社，2000 年

[2] 万博通公司技术部：宽带 IP 网络技术及其应用实例，海洋出版社，2000 年

[3] Steven L. Mandell & Sachi Sakthivel：Computers and Information Processing(7th ed.)，South-Western Educational Publishing，1999.

[4] 区益善等编著：计算机网络与办公自动化，电子工业出版社，1995 年

[5] 顾隽修等编著：计算机局域网络原理与应用，中国广播电视出版社，1993 年

[6] 薛华成主编：管理信息系统，清华大学出版社，1993 年

[7] 姜旭平：信息系统分析——概念·结构·机理·分支与发展，湖南科学技术出版社，1993 年

[8] 高纯德主编：现代办公室工作指南，电子工业出版社，1992 年

[9] 张海藩：软件工程导论，清华大学出版社，1992 年

[10] 陈一凡，宋利强：办公自动化，国防工业出版社，1990 年

[11] 杨德元编著：办公自动化基础，机械工业出版社，1990 年

[12] 邓良弟主编：信息管理与办公自动化，兵器工业出版社，1990 年

[13] 张惠等编著：办公自动化技术，国防工业出版社，1988 年

[14] David Barcomb 著；王绵兰，吴国强译：办公室自动化，机械工业出版社，1988 年

[15] R. P. 费希尔；张连超，张盛英译：信息系统的安全保密，科学出版社，1987 年

[16] 杨润生主编：办公自动化教程，湖南大学出版社，1986 年

[17] Wagoner & M. M. Ruprecht：Office Automation：A Management Approach. John Wiley & Sons，1984.

[18] A. Doswell：Office Automation. John Wiley & Sons，1983.

[19] 萨师煊，王珊：数据库系统概论，高等教育出版社，1983 年

[20] 计算机世界（报）

[21] 中国计算机报

[22] 中国计算机用户

[23] 计算机应用